# 计算机网络实验与学习指导
## ——基于 Cisco Packet Tracer 模拟器
### （第 2 版）

叶阿勇　赖会霞　张桢萍　陈秋玲　许　力　编著



電子工業出版社
Publishing House of Electronics Industry
北京 • BEIJING

**内 容 简 介**

本书于 2014 年首次出版，并于 2017 年进行第二次改版。新版主要在原结构和内容的基础上增加了无线网络、网络安全和三层组网等 8 项新内容，并对多数实验进行了优化和调整，提高了学习效果。

全书分为 7 章。第 1 章主要介绍 Packet Tracer 的操作方法。第 2～6 章围绕计算机网络系统中数据链路层、网络层、运输层、网络安全，以及应用层的主要协议和知识点精心设计了 27 个实验。第 7 章设计了两个综合实验，分别涉及协议栈和三层组网技术。各章节均附有思考题（附录 B 给出了部分思考题的参考答案），本书附有各实验的配套电子文档和教学课件，读者可从华信教育资源网下载。

本书各实验均介绍和归纳了所涉及的背景知识，因此，本书既可作为计算机网络课程的配套实验用书，也可单独作为自学教材使用。



**图书在版编目（CIP）数据**

计算机网络实验与学习指导：基于 Cisco Packet Tracer 模拟器 / 叶阿勇等编著. —2 版. —北京：电子工业出版社，2017.11

ISBN 978-7-121-32914-2

Ⅰ. ①计… Ⅱ. ①叶… Ⅲ. ①计算机网络－实验－高等学校－教材 Ⅳ. ①TP393-33

中国版本图书馆 CIP 数据核字（2017）第 257828 号

策划编辑：米俊萍
责任编辑：董亚峰　　　特约编辑：刘广钦　刘红涛
印　　刷：北京建宏印刷有限公司
装　　订：北京建宏印刷有限公司
出版发行：电子工业出版社
　　　　　北京市海淀区万寿路 173 信箱　邮编 100036
开　　本：787×1 092　1/16　印张：15.25　字数：298 千字
版　　次：2014 年 11 月第 1 版
　　　　　2017 年 11 月第 2 版
印　　次：2025 年 3 月第 13 次印刷
定　　价：88.00 元

凡所购买电子工业出版社图书有缺损问题，请向购买书店调换。若书店售缺，请与本社发行部联系，联系及邮购电话：（010）88254888，88258888。

质量投诉请发邮件至 zlts@phei.com.cn，盗版侵权举报请发邮件至 dbqq@phei.com.cn。

本书咨询联系方式：mijp@phei.com.cn。

# 前 言

“计算机网络”是信息技术各专业的重要基础课程之一。以 Internet 为代表的计算机网络已经发展成一个极其庞大的信息系统，涉及众多复杂的网络协议和算法。而且这些协议和技术大多被网络采用的分层设计方法所屏蔽和封装起来，比较抽象，不利于读者理解和学习。所以，能观察和分析协议原理的实验是学习计算机网络必不可少的实践环节，本书编写的目的就在于此。

本书设计的所有实验均在 Cisco Packet Tracer 网络模拟系统上进行。该软件是由 Cisco 公司发布的一个网络辅助学习工具，其最大的优点是能采用动画方式表现网络协议过程和数据封装，这对读者进一步理解网络的工作原理和体系结构有很大的帮助。在实验内容上，本书以跟踪数据在网络中的传输过程、捕获和分析数据传输中产生的数据包为主；在实验设计上，本书紧扣计算机网络教学中的重点、难点，通过学生亲自动手操作实验或者教师演示实验，使复杂抽象的网络概念、网络协议的学习和教学变得形象生动，有助于学习者理解和掌握相关的概念和协议。

全书分为 7 章，第 1 章主要介绍 Packet Tracer 的基本操作方法。第 2～6 章围绕计算机网络系统中数据链路层、网络层、运输层、网络安全及应用层的主要协议，精心设计了 27 个实验。第 7 章给出两个综合实验，一个涉及垂直协议栈，其目的是让读者深入理解 Internet 的工作原理和各层协议间的协作关系；另一个涉及三层组网技术，其目的是让读者理解网络工程中流量优化和高可靠等设计方法。与第一版相比，第二版增加了无线网络、网络安全和三层组网等 8 个新内容，并对多数实验进行了优化和调整，学习效果更优。

在章节结构上，本书各实验均介绍和归纳了所涉及的背景知识，因此，本书既可作为计算机网络课程的配套实验用书，也可单独作为自学教材使用。针对每个实验，作者都亲自动手完成并反复验证，并在书中给出了详细的实验操作步骤，确保实验内容的正确性及实验的可操作性。在每个实验之后，还给出了相关思考题，以进一步加强读者对知识点的理解。

本书第 1、6 章由赖会霞编写，第 2 章由赖会霞和陈秋玲合作编写，第 3 章由叶阿勇编写，第 4、5 章由张桢萍编写，第 7 章由叶阿勇和赖会霞合作编写，叶阿勇负责全书内容的选材和统稿工作，许力教授审阅了全书。

此外，本书附有各实验的配套电子文档和教学课件，读者可从华信教育资源网下载。另外，本书所有实验用例文件均基于 Cisco Packet Tracer 6.2 版本，请读者在进行实验时使用 Packet Tracer 6.2 或以上版本打开用例文件。

由于作者水平所限，书中难免存在不足和疏漏之处，恳请广大读者和同行批评指正。作者的联系电子邮箱：yay@fjnu.edu.cn。

作　者

2017 年 7 月

于福建师范大学长安山

# 目录

# 第 1 章 Packet Tracer 6.2 使用指南

## 1.1 Packet Tracer 6.2 概述

Packet Tracer 是由 Cisco 公司发布的一个辅助学习工具，为初学者学习网络原理与技术、设计和配置网络项目，以及排除网络故障等提供了一个简单易行的模拟环境。用户可以在图形用户界面上直接使用拖曳方法建立网络拓扑，并使用图形配置界面或命令行配置界面对网络设备进行配置和测试；也可在软件提供的模拟模式下观察数据包在网络中行进的详细过程，进行协议分析等；软件还附带多个已经建立好的演示环境、任务挑战。

本书后续章节所有实验用例文件均基于 Packet Tracer 6.2 版本，请读者在进行实验时使用 Packet Tracer 6.2 或以上版本打开用例文件。

## 1.2 Packet Tracer 6.2 操作界面

打开 Packet Tracer 6.2 进入其操作界面，如图 1-1 所示。

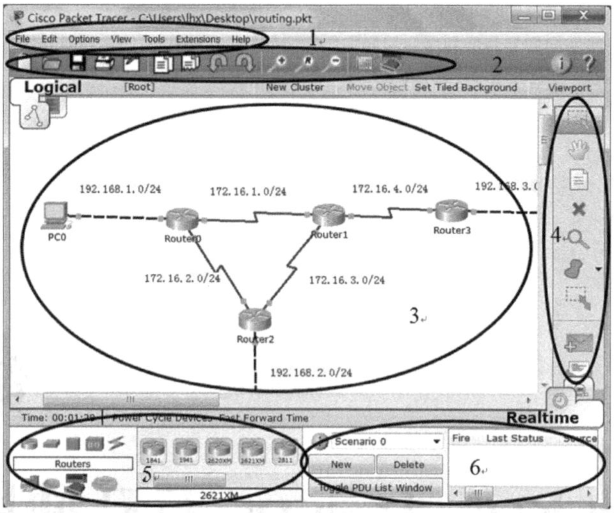


图 1-1　Packet Tracer 6.2 操作界面

Packet Tracer 6.2 操作界面由以下部分组成：

① 菜单栏；

② 工具栏；

③ 拓扑工作区；

④ 拓扑工作区工具条；

⑤ 设备列表区；

⑥ 报文跟踪区。

其中，工具栏提供了一些常用功能的快捷键，而报文跟踪区将在 1.4 节介绍。

## 1.2.1　菜单栏

菜单栏如图 1-1 中最上端椭圆框 1 所示，包括 File（文件）、Edit（编辑）、Options（选项）、View（视图）、Tools（工具）、Extensions（扩展）和 Help（帮助）菜单。使用菜单栏内的菜单，可以新建、打开、保存文件，还可以进行复制、粘贴等编辑功能，以及获取软件帮助信息等操作。在此仅对 Preferences（参数选择）菜单中常用功能项进行介绍。

如图 1-2 所示，单击菜单栏上的 Options，其中第一个菜单项为 Preferences（参数选择），单击该菜单项将打开参数选择对话框，如图 1-3 所示。

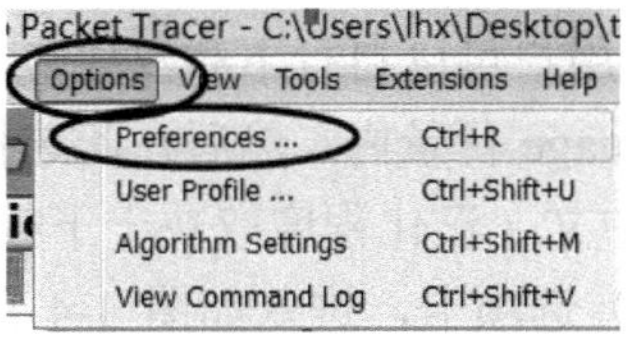


图 1-2 Preferences 菜单项

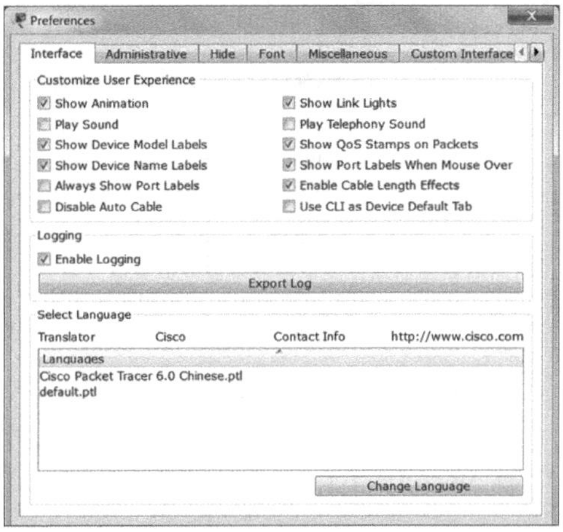


图 1-3 参数选择对话框

在该对话框的 Interface 选项卡中可以通过勾选 Customize User Experience（定制用户体验）选项组中的选项定制在拓扑工作区内显示哪些信息。

- Show Device Model Labels：显示设备型号，勾选该复选框将在拓扑图上显示每台设备的型号。
- Show Device Name Labels：显示设备名，勾选该复选框将在拓扑图上显示每台设备的设备名，便于用户识别。
- Always Show Port Labels：始终显示接口标签，勾选此复选框将在拓扑图上显示每个接口的接口名，便于用户了解拓扑图中各设备之间是如何连接的。
- Show Link Lights：显示链接指示灯，勾选此复选框将在拓扑图上设备接口旁显示该接口状态指示灯。指示灯为红色时，表示接口为关闭状态；交换机端口指示灯为橙色时，表示端口已连接设备并打开，但尚不可用；指示灯为绿色时，表示接口已打开且可用。

在 Select Language 选项组中可以选择软件操作界面的语言。默认

（default.ptl）为英文，用户可以自行下载汉化包并将其保存到 Packet Tracer 6.2 安装目录下的 language 目录内，然后在此选择汉化包对应的文件，则软件操作界面将呈现为中文（汉化程度取决于下载的汉化包）。

选择 Font（字体）选项卡，进入如图 1-4 所示的界面，在该界面内可以设置软件各部分的字体大小和颜色。

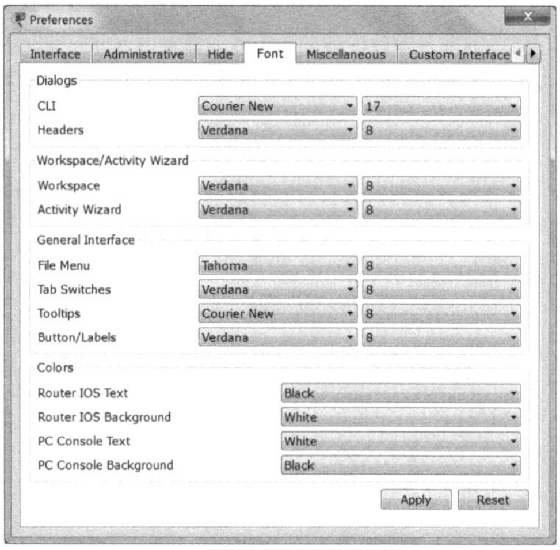


图 1-4　字体设置

## 1.2.2　拓扑工作区

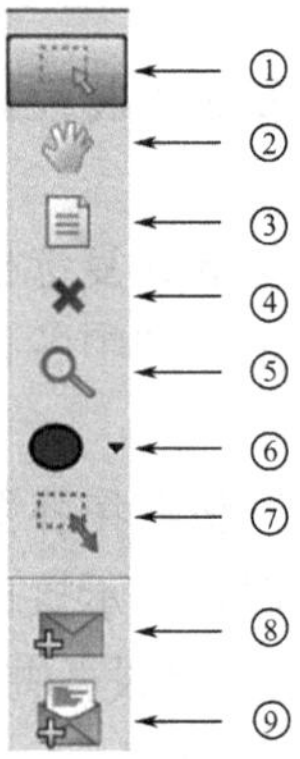


图 1-5　拓扑工作区工具条

拓扑工作区是创建网络拓扑、配置网络及测试网络的主要工作场所。该区域中间白色区域为主要工作区域，在此可以添加设备创建网络拓扑图，使用拓扑工作区工具对拓扑图进行编辑，对设备进行配置，以及测试网络，或者在模拟模式下分析网络协议（将在后续章节详述）等工作。

该区域右侧为拓扑工作区工具条，如图 1-5 所示。

① Select（选择）：选中该图标后，将鼠标移至拓扑图上，单击设备即可打开该设备的配置界面进行配置；或者选中设备并按住鼠标左键拖

动鼠标，可以调整设备在工作区中的位置。

② Move Layout（移动图层）：选中该图标后，将鼠标移至拓扑工作区将出现手形图标，此时按住鼠标左键拖动鼠标即可移动拓扑图。此工具在拓扑图较大时可以帮助我们查看拓扑图不同位置。

③ Place Note（添加标签）：在拓扑工作区内为设备添加标签或者添加拓扑图的说明等信息。

④ Delete（删除）：选中该图标后，可以单击删除拓扑图中的设备或者线缆。

⑤ Inspect（检查）：查看拓扑图中路由器/交换机的路由表、ARP 表等信息。此功能相当于在设备 CLI 接口下使用 show 命令查看相关信息。选中该图标后，在拓扑图上单击要查看的设备，并在弹出菜单中选择相应菜单项即可打开对应信息，如图 1-6 所示。

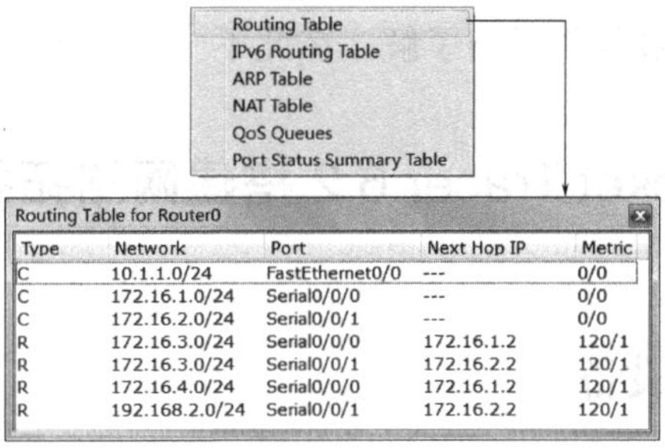


图 1-6　查看路由器路由表

⑥ Draw（绘图）：提供在拓扑工作区绘制多边形、矩形、椭圆形和直线的功能。

⑦ Resize Shape（重定义图形大小）：选中该图标后，在拓扑工作区选中使用 Draw 工具绘制的图形，在图形上会出现一个红色的小正方形，拖动它即可改变图形大小。

⑧ Add Simple PDU（添加简单 PDU）：将在 1.4 节详述用法。

⑨ Add Complex PDU（添加复杂 PDU）：将在 1.4 节详述用法。

### 1.2.3　设备列表区

设备列表区显示 Packet Tracer 6.2 支持的设备，由两部分组成：设备类型列表和设备型号列表，如图 1-7 所示。

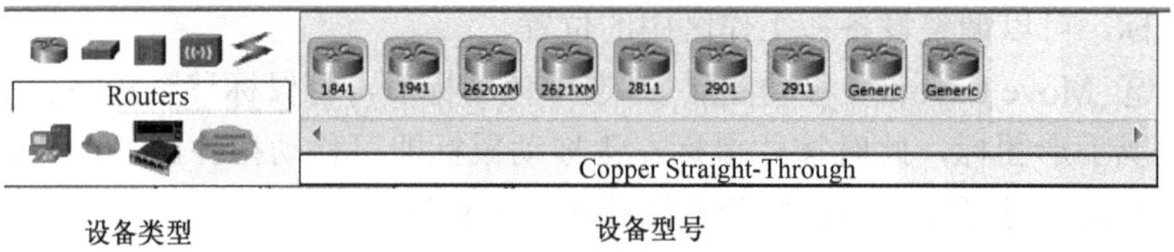


图 1-7　设备列表区

Packet Tracer 6.2 目前支持的设备在设备类型列表中依次是 Routers（路由器）、Switches（交换机）、Hubs（集线器）、Wireless Devices（无线设备）、Connections（连接线缆）、End Devices（终端设备）、WAN Emulation（广域网仿真）、Custom Made Devices（定制设备）和 Multiuser Connection（多用户连接）。

在设备类型列表中单击某种设备，在设备型号列表中将列出这类设备所有可供选择的型号。如图 1-7 所示，在设备类型列表中选中 Routers（路由器），设备型号列表中列出了所有可选的设备型号。Packet Tracer 6.2 支持的设备型号可以通过软件详细了解，在此不一一赘述。

## 1.3　使用 Packet Tracer 6.2 搭建网络拓扑

### 1.3.1　添加网络设备

如图 1-8 所示，添加网络设备按如下步骤进行操作。

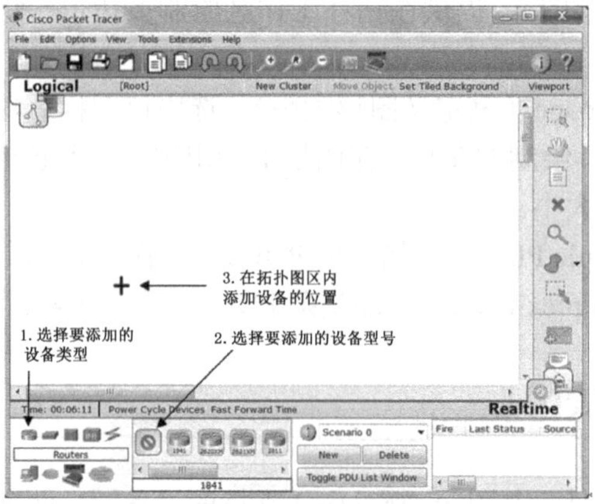


图 1-8　添加网络设备

① 在设备类型列表中选中要添加的设备类型，此时设备型号列表中将对应显示该类型设备的所有可选型号。

② 在设备型号列表中选择要添加设备的型号。被选中设备呈现为如图 1-8 中箭头 2 所指的图标。若选择了某设备后不想添加设备，只要重新单击该设备取消选择即可。

③ 鼠标移至拓扑工作区，选择要添加设备的位置，此时在鼠标所在位置会出现“+”符号，表示设备添加的位置。确定位置后单击即完成设备的添加。

④ 也可以在完成第一步操作后，直接选中设备型号列表中要添加的设备，按住鼠标左键拖动到拓扑工作区合适的位置，放开鼠标即可完成设备的添加。

设备添加完成后，如需移动设备，则选中拓扑工作区工具条上的 Select 图标（），在拓扑工作区中选中要移动的设备，按住鼠标左键，移动到合适的位置放开鼠标即可。

重复进行上述操作步骤中的①～③或者①和④，在合适的位置完成所有设备的添加，如图 1-9 所示。

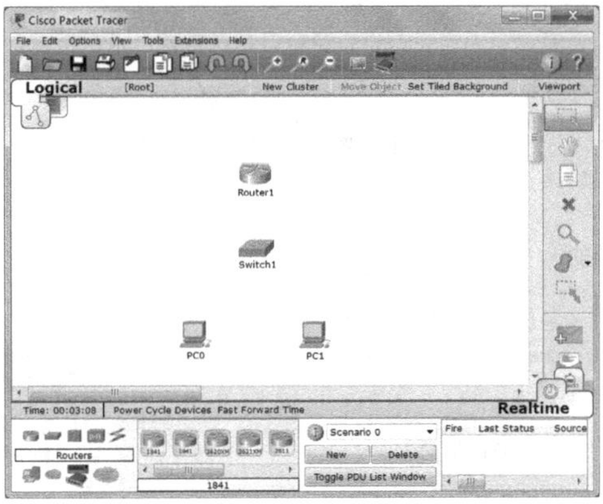


图 1-9　完成网络设备添加

为了便于对网络进行管理，往往需要根据网络设备在网络中所处的位置或者作用进行命名。如需修改拓扑图中网络设备的主机名，则单击设备下方主机名文本框，如图 1-10 所示，文本框将进入可编辑状态，

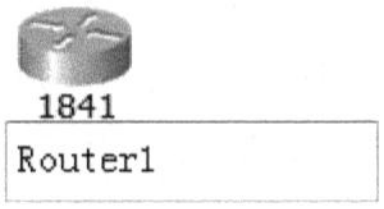


图 1-10　修改网络设备主机名

输入要修改的主机名即可。

## 1.3.2 添加设备模块

在 1.3.1 节中完成了网络设备的添加，此时有些设备尚未达到连接网络拓扑的要求。因为 Packet Tracer 6.2 提供的某些设备是模块化设备，即设备本身提供一些基本的功能，同时提供一些插槽和可选模块，用户可以根据自己的实际需求选择合适的模块添加到设备中，以获得所需功能。下面以路由器为例，介绍添加设备模块的操作步骤。

在拓扑工作区中单击要添加模块的设备 Router1，打开其配置窗口，如图 1-11 所示，模块的添加将在 Physical（物理的）选项卡中完成。

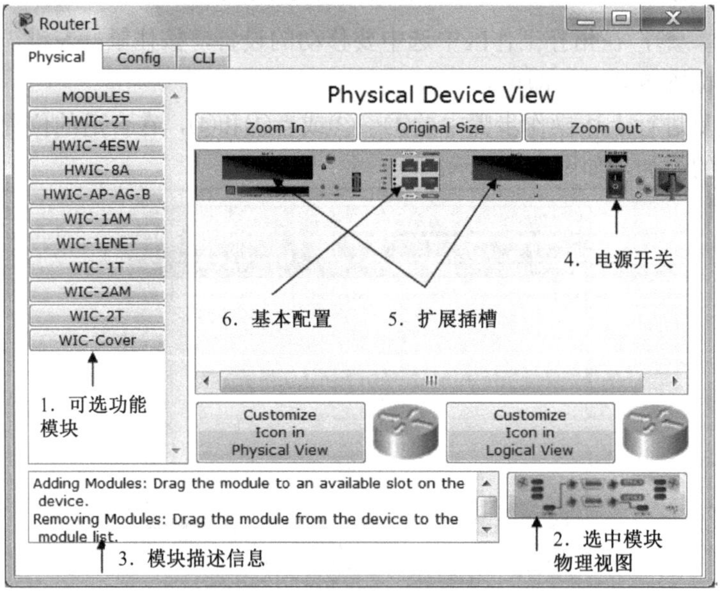


图 1-11 路由器物理设备视图（添加设备模块）

如图 1-11 所示，添加设备模块的操作界面由以下几部分组成。

① MODULES（加载模块列表）：位于窗口左侧的加载模块列表给出了该设备所有支持的扩展功能模块。单击最上方的 MODULES 可以收起或打开该列表。

② 模块物理视图：当选中加载模块列表中某个功能模块后，该功能模

块的物理视图显示在这里。

③ 模块描述信息：给出已选中模块的相关信息。

④ 电源开关：用于控制设备的开启和关闭。当需要向设备添加新模块时，需要先关闭设备电源。

⑤ 扩展插槽：添加设备模块时需要将其添加到空置的扩展插槽内。

⑥ 基本配置：Packet Tracer 6.2 已经为设备预装的基本功能模块。

⑦ 设备物理视图控制按钮 Zoom In（扩大）、Original Size（原始尺寸）、Zoom Out（缩小），用于调整设备物理视图的大小。

当需要为设备添加扩展功能模块时，可按如下步骤进行操作。

① 单击 MODULES 按钮，打开加载模块列表（如已打开可省略此步骤），选中需要添加的功能模块，此时窗口中将显示该模块的物理视图，并且显示其描述信息。用户可以通过阅读模块描述信息了解模块功能。

② 单击设备物理视图上的电源开关，关闭设备。Packet Tracer 6.2 中，所有设备默认都处于开机运行状态，需要添加模块时必须关闭电源，否则系统将提示添加模块失败，如图 1-12 所示。电源指示灯呈绿色，表示开机运行状态，呈黑色表示关机状态。

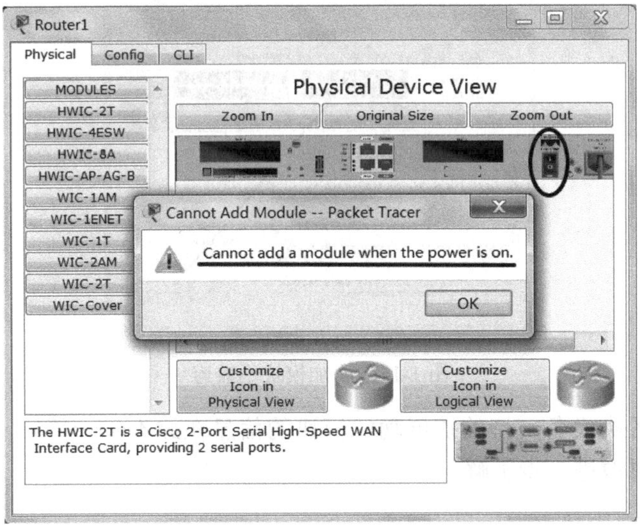


图 1-12　开机运行状态添加模块失败

③ 单击模块物理视图并按住鼠标左键，将其拖动到物理设备视图中的对应的插槽上，放开鼠标左键，完成模块的添加，如图 1-13 所示。单击电源开关，开启设备。

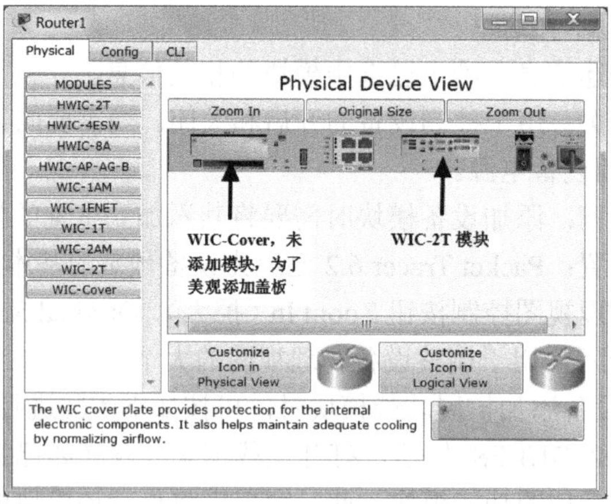


图 1-13　添加模块完成

需要注意，不同的功能模块对应不同的扩展插槽，如果将模块放置到错误的扩展插槽上，系统将提示添加模块失败。如图 1-14 所示，当试图将选中模块添加到箭头对应的扩展插槽上时，系统提示模块不兼容。

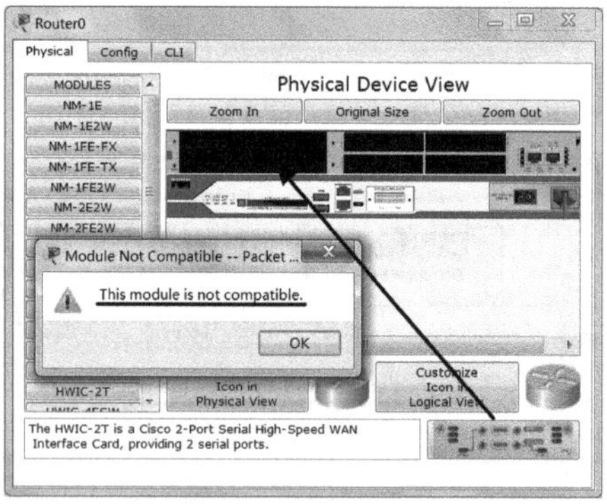


图 1-14　添加模块不兼容

有关各类设备支持的扩展功能模块的信息在此不一一赘述，可通过模块描述信息做进一步了解。

## 1.3.3　连接网络设备

添加设备模块之后需要把设备连接起来，此时需要用到连接线缆。选择设备类型列表中的 Connections（连接），在设备型号列表中将显示所有可选的线缆类型，如图 1-15 所示。

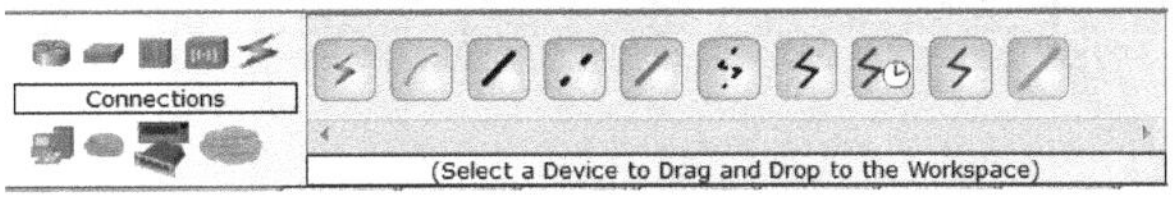


图 1-15　线缆类型

如需了解线缆类型，只要将鼠标移动到该线缆上，在设备型号列表下方将显示该线缆的信息，在此不一一赘述。下面介绍连接网络设备的步骤。

① 在设备型号列表中选择要使用的线缆，再将鼠标移至拓扑工作区中准备连接的设备上。

② 单击该设备，在弹出的菜单中选择要连接的接口，然后将鼠标移至要连接的另外一台设备，单击，在弹出菜单中选择要连接的接口，完成设备连接，如图 1-16 所示。

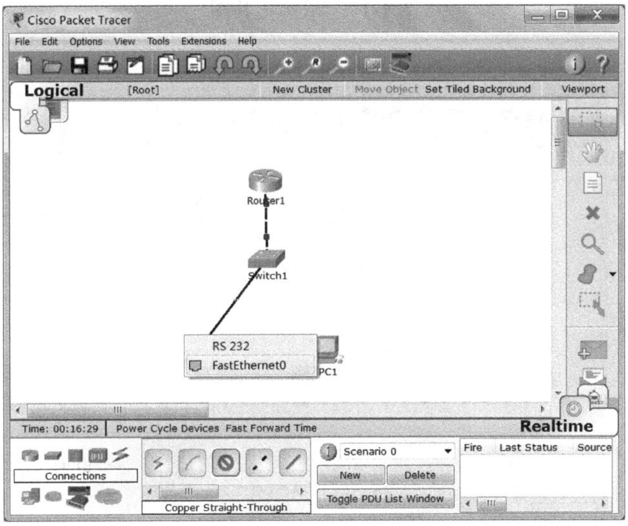


图 1-16　连接设备

在完成所有设备的连接后，拓扑图如图 1-17 所示。

在完成拓扑图的搭建之后，为了与他人共享实验拓扑图文件或者方便自己在以后使用该文件时容易理解拓扑图的作用或 IP 地址配置等信息，可以为拓扑图添加描述文本、IP 地址信息或者设备描述等信息，对拓扑图加以说明。选择拓扑图工具条上的 Lable 图标，然后在拓扑工作区内合适的位置单击，即可添加文本信息，如图 1-18 所示。

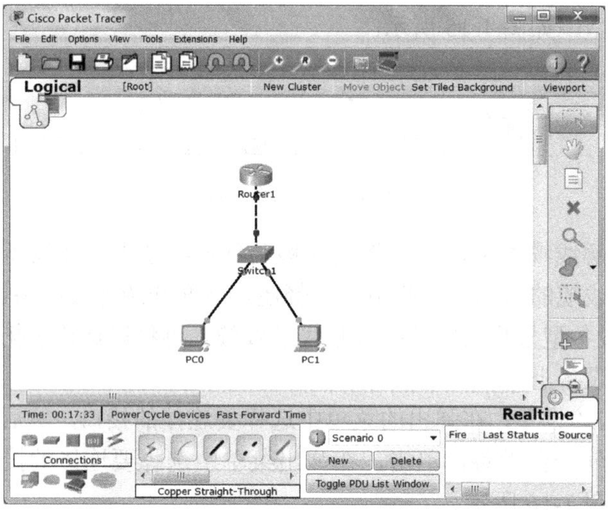


图 1-17　示例拓扑图

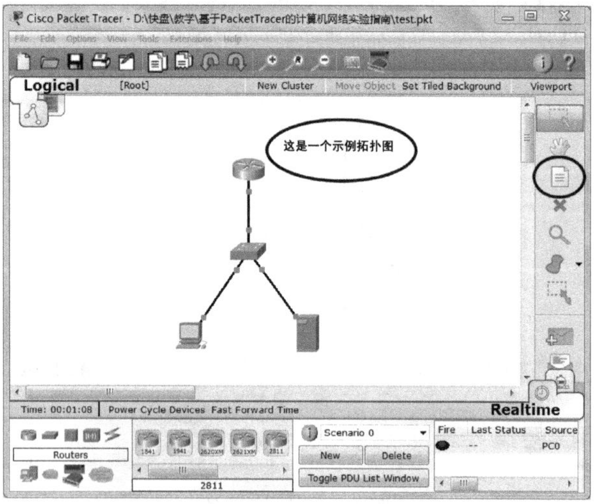


图 1-18　添加文本信息

## 1.4　使用 Packet Tracer 配置网络

在完成网络拓扑图的创建后，还需要对网络设备及 PC 进行配置。Packet Tracer 提供两种网络设备配置方法：图形化配置界面和 IOS 命令行配置接口（CLI）。本节将以路由器为例，介绍如何使用图形化配置界面完成设备的配置，以及命令行接口的基本操作命令。

### 1.4.1　图形化配置界面配置网络设备

单击拓扑图中需要配置的设备，打开其配置窗口。该窗口中有 3 个选项卡，其中 Physical 选项卡用于为设备添加模块，在前面章节中已经介绍过；另外两个选项卡 Config 和 CLI 分别是设备图形化配置界面和 IOS 命令行配置接口。下面以路由器为例介绍使用图形化配置界面配置网络设备的方法。

如图 1-19 所示，Packet Tracer 6.2 为用户提供了图形化配置界面。在该配置界面中包括 GLOBAL（全局）、ROUTING（路由）、SWITCHING（交换）和 INTERFACE（接口）几个主要的配置项。全局配置中可以修改主机名、保存/删除配置文件、导入/导出配置文件等，路由配置中可以配置静态路由、RIP 路由协议的相关参数，交换配置中可以添加/删除 VLAN 信息，接口配置中可以配置各接口的 IP 地址、子网掩码等基本信息。

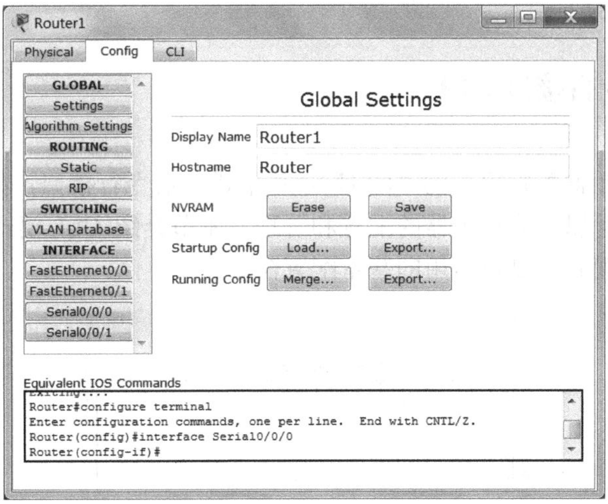


图 1-19　图形化配置界面

以快速以太网口 FastEthernet0/0 的配置为例，当需要配置该接口时，单击左侧列表中的该项目，右侧配置区中将显示该接口的配置界面，如图 1-20 所示。在此界面内依次输入所需参数，此时下方窗口中将出现配置该参数对应的 IOS 命令。

完成配置后，如需保存该配置，则单击 Settings 选项，打开其图形化配置界面，单击 Save 按钮完成保存，如图 1-21 所示。图形化配置界面能够完成的配置功能非常有限，如需对设备进行更复杂的配置，需要进入其 IOS 命令行接口完成（CLI 选项卡）；如用户使用该软件的目的是学习掌握网络的搭建和配置，也不建议使用图形化配置界面，而应通过命令行接口（CLI 选项卡）学习网络设备的配置。

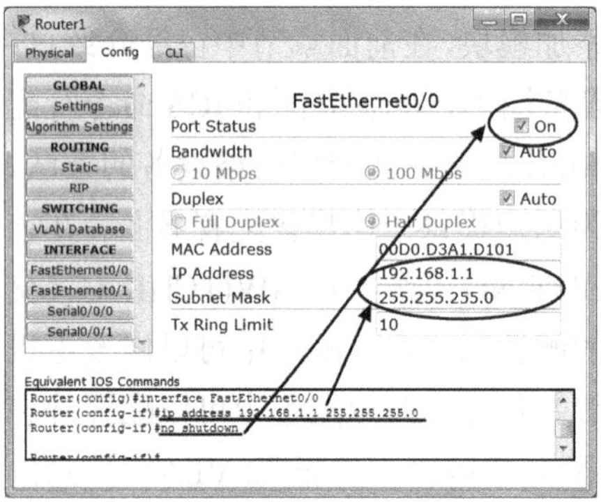


图 1-20　图形化界面配置以太网接口

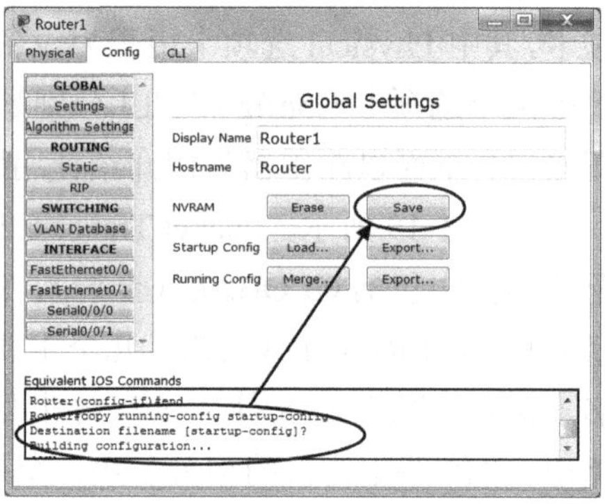


图 1-21　保存配置

## 1.4.2　命令行接口 CLI

选择路由器配置窗口的“CLI”选项卡进入命令行接口，如图 1-22 所示。在这里可以完成路由器的配置和管理。本节介绍 CLI 模式下，路由器的几种操作模式，以及常用的基本配置命令。

图 1-22　命令行接口 CLI

### 1. 命令行接口（CLI）及路由器操作模式

Cisco 路由器使用的命令行操作界面称为命令行接口 CLI，使用 CLI 可以输入 IOS 操作命令对路由器进行配置和管理。对路由器进行不同的操作需要在不同的模式下进行。主要的路由器模式如下。

1）用户模式：Router>

用户模式是登录路由器的默认模式。刚登录路由器时，首先进入用户模式，在该模式下，用户可进行有限的操作，不能查看和更改路由器的配置。用户模式的提示符为>。

2）特权模式：Router#

在用户模式下，输入 enable 命令并按 Enter 键，即可进入特权模式。在特权模式下可以使用绝大多数用于测试网络、检查系统、查看和保存配置等的命令，但不能对接口及网络协议进行配置。特权模式的提示符为#。

3）全局配置模式：Router(config)#

在特权模式下，输入 config terminal 并按 Enter 键，即进入全局配置模式。在全局模式下，可以配置路由器的全局参数，如主机名、特权密码等。全局模式的提示符为(config)#。

4）局部配置模式：Router(config - mode)#

局部配置模式要从全局配置模式下输入相应的命令进入。在局部配置模式下可以配置路由器某个局部的参数。如进入接口配置模式可对接口的参数进行配置，进入路由协议的配置模式可以对路由协议的参数进行配置等。提示符中的 mode 指局部配置模式，其具体信息与所进入的具体局部配置模式有关，如进入接口配置模式提示符为 Router(config-if)#。在此不一一介绍。

5）SETUP 模式

新路由器第一次进行配置时，系统会自动进入 SETUP 模式，并询问是否采用该方式进行配置。该模式采用对话方式，即一问一答的方式实现对路由器的配置，可以避免手工输入命令的烦琐。进入配置对话过程后，路由器首先会显示一些提示信息：

```
---System Configuration Dialog---
 At any point you may enter a question mark '?' for help.
 Use ctrl-c to abort configuration dialog at any prompt.
 Default settings are in square brackets '[]'.
```

这是一些提示信息，告诉配置对话过程中的任何地方都可以输入“？”得到系统的帮助，按 Ctrl+C 组合键可以退出配置对话过程，默认设置将显示在'[]'中。然后路由器会询问是否进入配置对话：

Would you like to enter the initial configuration dialog?[yes]:

输入 Y 或按 Enter 键，路由器就会进入设置对话过程：

First, would you like to see the current interface summary?[yes]:

输入 Y 或按 Enter 键，可以看到各端口当前的状况：

Any interface listed with OK? Value "NO" does not have a valid configuration

| Interface | IP-Address | OK? | Nethod | Status | Protocol |
|---|---|---|---|---|---|
| Ethernet0 | unassigned | NO | unset | up | up |
| Serial0 | unassigned | NO | unset | up | up |
| …… | …… | …… | …… | …… | …… |

然后，路由器就开始全局参数的设置。如配置路由器名，将路由器名修改为 cisco2811：Enter host name [Router]: cisco2811。

其他配置不一一赘述，可对照系统提示信息完成对话配置过程。若不想使用配置对话模式进行配置，只需在询问是否进入配置对话过程时输入 No，跳过该过程即可。

**2．路由器基本配置**

1）命令行的编辑特性

Cisco IOS 命令繁杂，以下规则可以简化操作或为我们提供帮助。

- Cisco 设备支持命令简写。IOS 命令允许简写，如 enable 可以简写为 en，configure terminal 可以简写为 conf t。但是必须保证简写命令在该模式下是唯一的。
- 使用 Tab 键补全命令。输入命令的前几个字母，再按 Tab 键，系统会自动补全命令。Tab 键补全的使用要点与命令简写一样，即输入的命令开头部分必须在当前模式下对应唯一的命令。
- 使用帮助选项“？”。在 CLI 命令后加“？”，可以获取该命令的帮助。

2）模式切换

在不同配置模式之间进行转换是配置路由器的基础，操作命令如下：

- 从用户模式进入特权模式。

```
Router>enable
Router#
```

- 在特权模式进入全局配置模式。

```
Router # config terminal
Router(config)#
```

- 退出某个模式。在任意配置模式下输入 exit 可退回到其上一级模式；在任意配置模式下输入 end 可直接退回到特权模式。

3）配置全局参数

- 修改路由器主机名。路由器默认的主机名是 Router，可以通过全局配置命令 hostname 来修改主机名：

```
Router(config)# hostname R1   //修改为 R1
R1(config)#
```

- 配置特权密码。Cisco IOS 提供两种设置特权密码的命令：

```
Router(config)# enable password cisco      //密码设置为“cisco”
Router(config)# enable secret 123456       //密码设置为“123456”
```

其中，enable password 配置的密码在配置文件中被明文保存，而 enable secret 配置的密码是加密保存的。

4）配置 Console 口密码保护

为了对 Console 进行保护，可以配置控制端口的用户密码：

```
Router(config)#line console 0            //进入控制线路配置模式
Router(config-line)#password cisco       //将密码设置为 cisco
Router(config-line)#login                //开启密码保护
```

需要注意，在给 Console 设置密码时，一定要使用 login 命令启用密码保护，否则配置的密码不生效。

5）配置 VTY 的密码保护

使用 telnet 方式登录路由器是通过使用路由器的虚拟 VTY 链路实现的。而 VTY 链路的使用要求路由器必须已经配置了特权密码和 VTY 的密码保护。其配置方法与 Console 口密码保护的配置相同，具体如下：

```
Router(config)#line vty 0 4              //进入 vty 线路配置模式
Router(config-line)#password cisco       //将密码设置为 cisco
Router(config-line)#login                //开启密码保护
```

其中，vty 指线路类型；0 和 4 指配置密码保护的线路编号范围，即配置针对 vty0～vty4 这 5 条 vty 进行保护。具体参数可参照所配置的路由器支持的 vty 数量，以及需要保护的 vty 范围进行配置。

6）保存配置文件

```
Router#copy running-config startup-config     //保存当前配置
```

7）Show 命令的使用

Show 命令用于查看各种配置、统计、状态等信息，是对路由器配置进行验证和排除故障时非常重要的命令。

Router#Show running-config //查看当前正在使用的所有配置信息

Router#Show startup-config //查看保存的配置信息

**3. 路由器接口的配置**

路由器接口的基本配置包括如下内容。

1）进入接口配置模式

要对路由器接口进行配置，必须在全局配置模式下执行下述命令：

Router(config)#interface *interface-type slot_num/port_num*

其中，Interface-type 为接口类型，slot_num 为插槽号，port_num 为接口号。例如：

Router(config)#interface fastethernet0/0 //进入 fastethernet0/0 接口

Router(config-if)# //接口配置模式提示符

2）激活接口

Cisco 路由器的接口默认都是处于关闭或称禁用状态（down），要使用路由器接口，首先需要开启或激活接口。开启和关闭接口的命令如下：

Router(config-if)#no shutdown //开启接口

Router(config-if)# shutdown //关闭接口

3）配置接口 IP 地址

在路由器接口上配置 IP 地址的命令如下：

Router(config-if)#ip address *ip_address subnet_mask*

其中，ip_address 为 IP 地址，subnet_mask 为子网掩码。例如：

Router(config)#interface f0/0

Router(config-if)#ip address 192.168.1.1 255.255.255.0

### 1.4.3 PC 的配置

Packet Tracer 提供两种 PC 的配置方式，分别对应其配置窗口中的 Config 和 Desktop 选项卡。Config 模式下，可以配置网卡 IP 地址、子网掩码、默认网关及 DNS 等基本信息，如图 1-23 和图 1-24 所示。

在 Desktop 配置模式下，提供了 IP Configuration（IP 地址配置）界面，以及 Terminal（终端软件）、Command Prompt（命令提示符）、Web Browser（浏览器）等常用工具，如图 1-25 所示。

单击 IP Configuration 图标，打开其配置窗口，可以对 PC 的 IP 地址、子网掩码、默认网关和 DNS 服务器等信息进行配置，如图 1-26 所示。

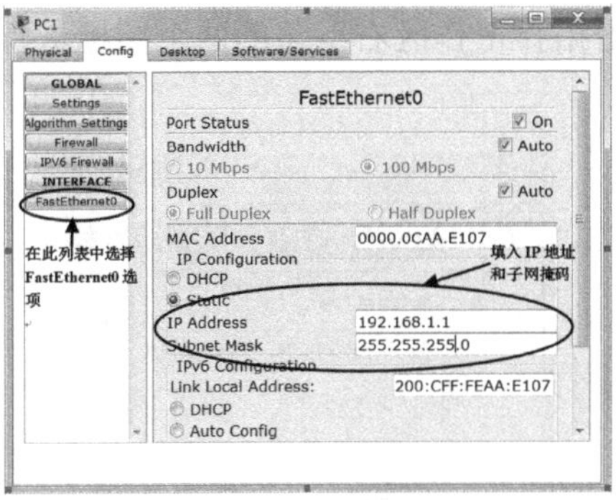


图 1-23 配置 IP 地址

图 1-24 配置默认网关和 DNS 服务器

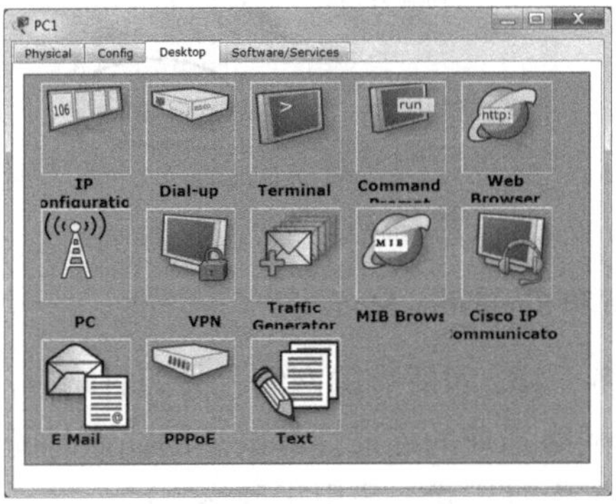


图 1-25 Desktop 选项卡

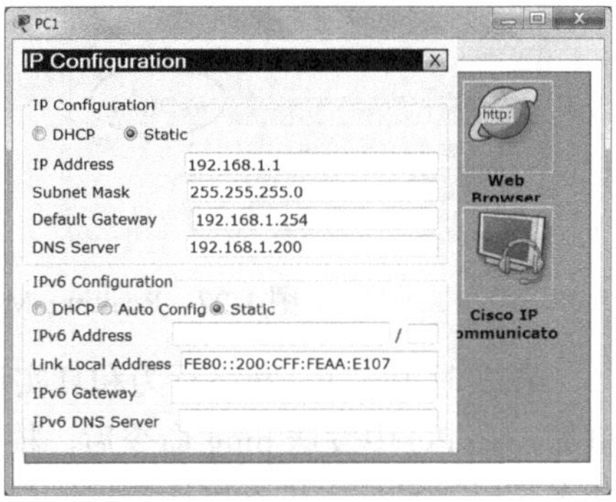


图 1-26 配置 IP 地址信息

## 1.5 使用 Packet Tracer 进行协议分析

Packet Tracer 除了提供搭建网络拓扑、对网络设备进行配置、测试网络的功能外，还为用户提供了以动画形式生动地演示数据包在网络中传输的过程、捕获网络数据包进而进行分析的功能。这一功能使得复杂抽象的网络概念、网络协议的学习和教学变得形象生动，帮助学习者理解和掌握相关的概念和协议。本节将以 1.3 节中搭建的网络拓扑为例，介绍 Packet Tracer 6.2 进行协议分析的基本操作方法。

### 1.5.1 Packet Tracer 操作模式

Packet Tracer 提供 Realtime Mode（实时模式）和 Simulation Mode（模

拟模式）两种操作模式。可以通过单击拓扑工作区右下角的两个图标进行模式切换，如图 1-27 所示。

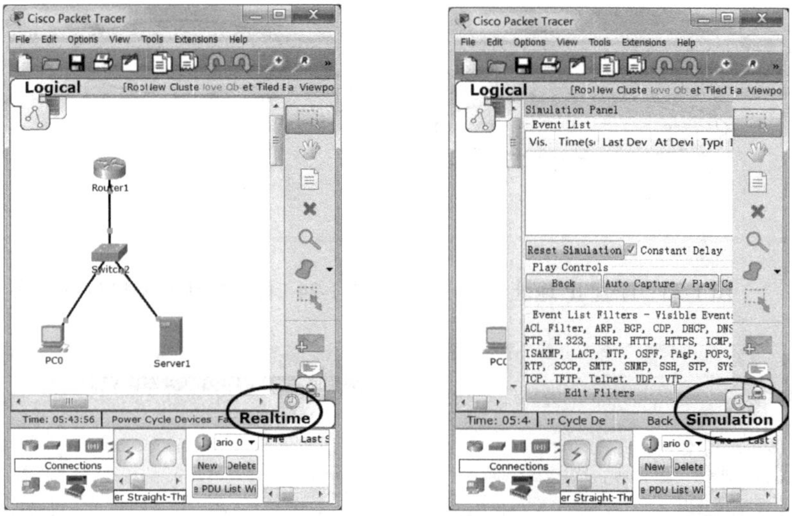


图 1-27　Realtime Mode 和 Simulation Mode

在实时模式下，网络行为和真实设备一样，对所有的网络行为即时响应，例如，在 PC 中发送 ping 命令后，根据网络当前的连通性即时返回往返时间或者超时、目标主机不可达等报错信息。实时模式一般用于网络测试。

模拟模式下，软件可以以动画形式形象地演示数据包在网络中传输的过程，用户可以对网络传输的数据包进行捕获，对捕获到的数据包进行协议分析。模拟模式的操作界面如图 1-28 所示。

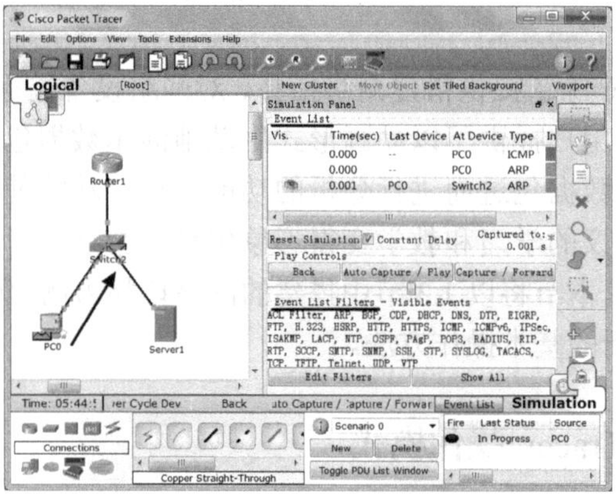


图 1-28　Simulation Mode（模拟模式）操作界面

- Simulation Panel（模拟面板）：单击选择了右下角的 Simulation 图标后，在拓扑工作区右端将出现模拟面板，显示用户可在模拟模式操作的按钮、工具及事件列表等信息。
- Event List（事件列表）：显示模拟模式下捕获到的事件列表，每个事件表示一次数据包的封装或者传输。正在处理的事件将在 Vis 列下出现眼睛图形，表示焦点事件。
- Reset Simulation（重置模拟）按钮：单击此按钮，将返回当前模拟过程的起始点。
- Back（返回）按钮：在模拟模式下使用 Auto Capture/Play（自动捕获/播放）或 Capture/Forward（捕获/前进）按钮捕获数据时，拓扑工作区中的拓扑图上将动画显示该数据包发送的过程，此时单击 Back 按钮将返回动画演示的上一步。同时在事件列表中焦点事件也将设置为上一步对应的事件。
- Auto Capture/Play（自动捕获/播放）按钮：单击此按钮，数据传输模拟过程自动进行，直至此次数据传输结束，同时自动捕获传输过程中生成的所有数据包，显示在事件列表中。
- Capture/Forward（捕获/前进）按钮：单击此按钮一次，拓扑工作区中数据包完成一次转发，例如，第一次单击此按钮，数据从 PC0 发送到 Switch，再次单击此按钮，则 Switch 向下一节点发送数据包。
- Event List Filters-Visible Event（事件列表过滤器—可见事件）：显示模拟过程中在拓扑工作区动画中出现的，以及捕获的数据包的协议类型。默认情况下，将显示 Packet Tracer 支持的所有协议类型，用户可以通过编辑过滤器修改此列表。
- Edit Filters（编辑过滤器）按钮：单击此按钮打开编辑过滤器操作窗口，可以选择在模拟过程中需要显示的协议类型。
- Show All（显示所有）：在模拟过程中显示所有协议类型的数据包。

单击 Auto Capture/Play（自动捕获/播放）按钮或者 Capture/Forward（捕获/前进）按钮捕获数据包时，当数据包的数量较多时，软件将会弹出 Buffer Full（缓存区满）对话框。此时，依据实验目的选择操作方式。如果实验目的仅仅是观察数据包在网络中传输的动画演示，则此时可以单击 Clear Event List（清空事件列表）按钮，事件列表中已捕获到的事件将全部被清空。如果需要查看捕获到的数据包的详细信息，则单击 View Previous Events（查看历史事件）按钮，此时事件列表中已捕获到的数据包仍然保留在该列表中，用户可以单击查看这些数据包，但是不再捕获新的事件，如图 1-29 所示。

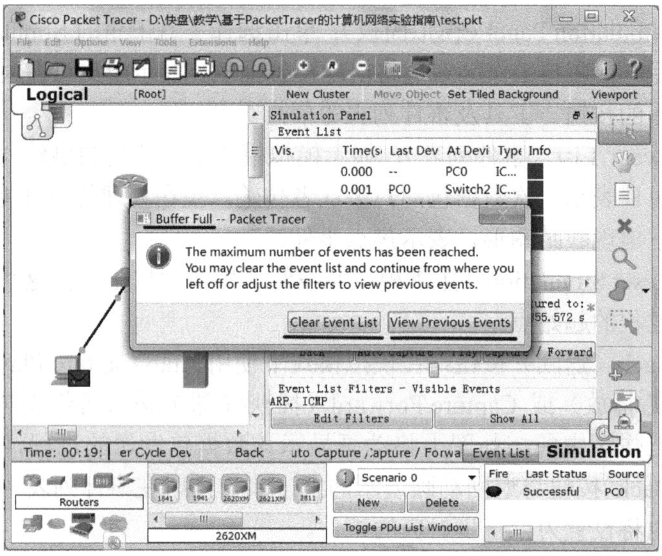


图 1-29　事件列表缓冲区满

## 1.5.2　添加 PDU

在测试网络或进行协议分析时，往往需要向网络中添加数据包。此时，除了可以使用 ping、tracert 等测试命令，使用 Web 浏览器等工具或者某些协议运行自动生成的数据包外，Packet Tracer 还提供了两种添加 PDU 的工具，即 1.2.2 节提到的 Add Simple PDU（添加简单 PDU）和 Add Complex PDU（添加复杂 PDU），位于拓扑工作区工具条上。

Add Simple PDU（添加简单 PDU）提供测试网络连通性的简单功能，实际上是添加一个从源节点到目标节点的 Ping 包，操作方法比较简单。选中拓扑工作区工具条上的 Add Simple PDU（添加简单 PDU）图标，将鼠标移动到拓扑工作区，单击源节点，然后移动鼠标至目标节点并单击，即完成了简单 PDU 的添加。

使用 Add Complex PDU（添加复杂 PDU）可以根据需要添加更为复杂的 PDU。用户可选择协议类型、源/目标 IP 地址、源/目标端口号、数据包大小、发送间隔等信息。当需要添加复杂 PDU 时，选中拓扑工作区工具条上的 Add Complex PDU（添加复杂 PDU）图标，将鼠标移至拓扑工作区上准备发送数据的节点上并单击，将弹出 Create Complex PDU（创建复杂 PDU）对话框，根据需要选择协议并输入相关参数，单击 Create PDU（创建 PDU）按钮，即可完成 PDU 的添加，如图 1-30 所示。

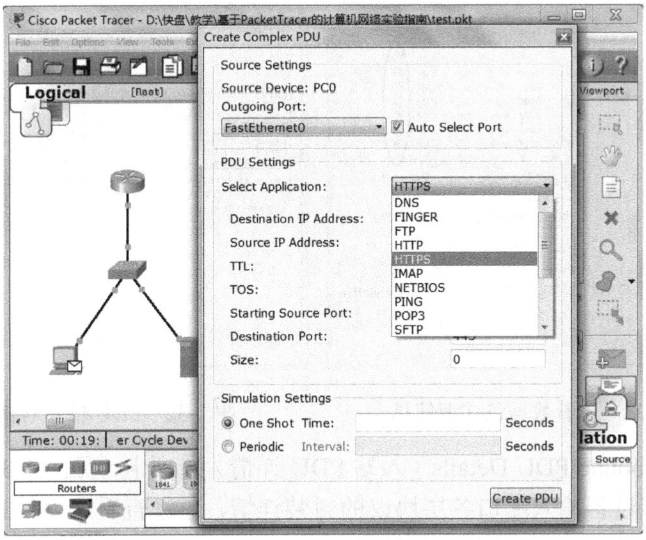


图 1-30 添加复杂 PDU

## 1.5.3 查看协议数据包

通过上文介绍的捕获数据包的操作方法捕获到数据包后，Packet Tracer 还提供了查看协议数据包详细信息的功能，帮助用户学习协议原理、了解数据包的封装格式。

按照上文介绍的方法，进入模拟模式，使用 Add Simple PDU（添加简单 PDU）添加示例拓扑图中 PC 到服务器的测试数据包，并单击 Auto Capture/Play（自动捕获/播放）按钮捕获数据包后，Event List（事件列表）区将显示捕获到的数据包。选中要查看的数据包，并单击其 Info 项下对应的色块，如图 1-31 所示，即可打开该数据包的 PDU Information（PDU 信息）对话框，如图 1-32 所示。

图 1-32 所示的对话框有 3 个选项卡：OSI Model（OSI 模型）、Inbound PDU Details（入站 PDU 详情）、Outbound PDU Details（出站 PDU 详情）。

- 在 OSI Model 选项卡（见图 1-32）中给出了各层 PDU 主要的封装参数，并在下方对各层的封装/解封过程进行描述。单击 Previous Layer（上一层）/Next Layer（下一层）按钮，可以切换 OSI 模型中各层的描述信息。

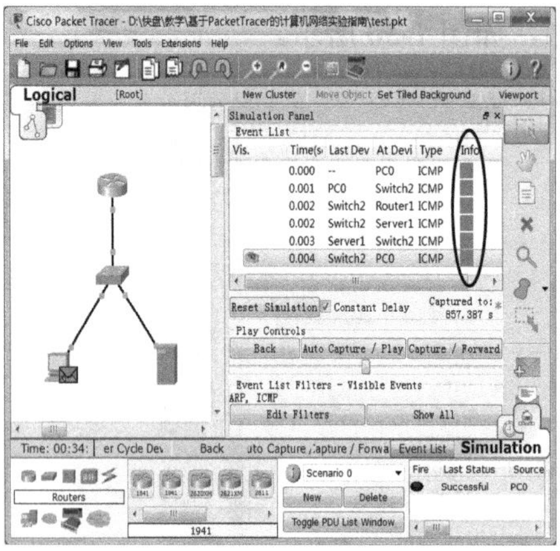


图 1-31　查看数据包详细信息

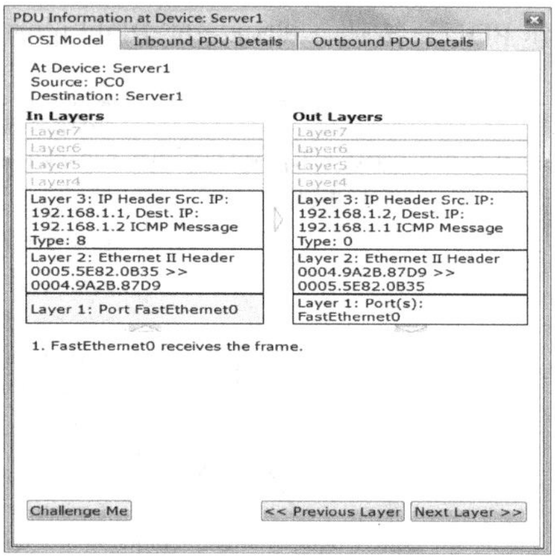


图 1-32　PDU 信息对话框

- Inbound PDU Details（入站 PDU 详情）选项卡（见图 1-33）中给出该设备输入端口各层协议的封装详情，通过查看这些信息，可以学习各协议原理和数据封装格式。Outbound PDU Details（出站 PDU 详情）选项卡与 Inbound PDU Details（入站 PDU 详情）选项卡类似，显示该设备输出端口各层协议的封装详情。

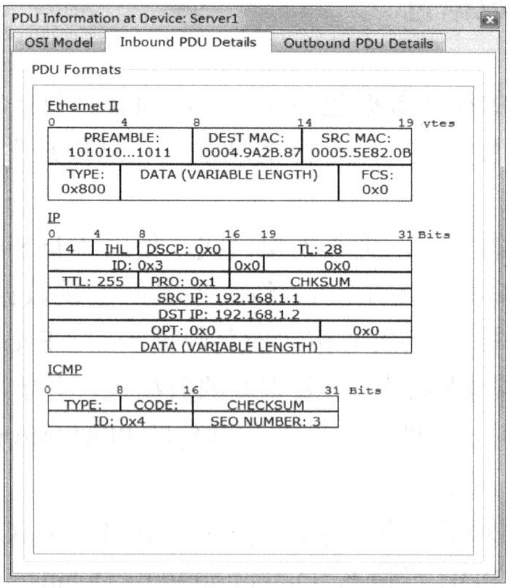


图 1-33　入站 PDU 详情选项卡

2

# 第2章 数据链路层实验

## 2.1 实验一：PPP 与 PPPoE 学习

### 2.1.1 背景知识

1. PPP

点到点协议（Point-to-Point Protocol，PPP）是目前点对点链路中应用最广的一种数据链路层协议。PPP 具有差错检测、支持多种网络层协议、允许动态协商 IP 地址、允许身份认证等功能。但 PPP 不提供可靠传输，不提供流量控制，不支持多点链路通信，因此，协议比较简单。

PPP 主要由以下三部分组成：①封装成帧，PPP 提供一种封装多协议数据报的方法；②链路控制协议（Link Control Protocol，LCP），用来建立、配置、管理和测试数据链路连接，在建立连接过程中，通信双方可以协商一些选项；③一组网络控制协议（Network Control Protocol，NCP），如 IPCP 和 IPXCP 等，每一个 NCP 支持不同的网络层协议。

PPP 帧的格式如图 2-1 所示。

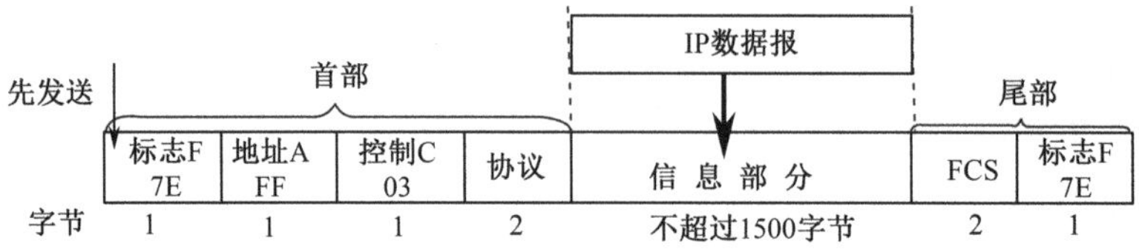


图 2-1　PPP 帧的格式

## 2. PPP 认证方式

PPP 协议支持两种验证协议：口令验证协议和握手鉴权协议。

口令验证协议，简称 PAP（Password Authentication Protocol）。PAP 使用两次握手方法认证对端节点。其原理如下：发起连接的一端反复向认证端发送用户名/口令对，直到认证端响应以验证确认信息或者拒绝信息。PAP 以明文形式发送用户名和口令，而且没有限制尝试认证次数，因此，安全性较差。

握手鉴权协议，简称 CHAP（Challenge Handshake Authentication Protocol）。CHAP 使用三次握手方法周期性地认证对端节点。其原理如下：认证端向对端发送“挑战”信息；对端节点根据挑战信息和指定算法计算出应答信息，并回复给认证端；认证端通过验证应答信息判定认证是否成功。与 PAP 相比，CHAP 通过使用唯一且不可预测的可变询问消息值提供回送攻击防护功能。在 CHAP 协议中，认证端每隔一段时间就会发出一个新的“挑战”信息，以确认对端连接是否经过授权。

## 3. PPPoE

基于以太网的点对点协议，简称 PPPoE 协议（Point-to-Point Protocol over Ethernet）。PPPoE 为使用桥接以太网的用户提供了一种宽带接入手段，同时还能提供方便的接入控制和计费。PPP 不能直接适用于广播的以太网，于是产生了 PPPoE 协议，它通过把最经济的以太网技术和 PPP 协议的可扩展性及管理控制功能结合在一起，网络服务提供商便可利用可靠、熟悉的技术来加速部署高速互联网业务。目前流行的宽带接入方式 ADSL 就使用了 PPPoE 协议。PPPoE 在协议栈中的位置如图 2-2 所示。

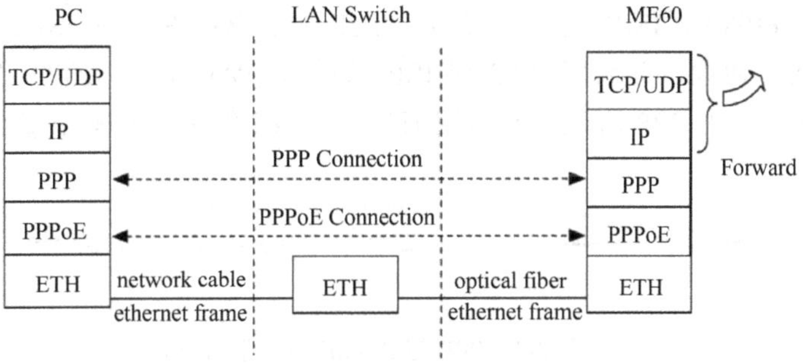


图 2-2　PPPoE 在协议栈中的位置

PPPoE 报文作为以太网帧的净载荷封装在以太网帧中，发现阶段承载一些会话标记，会话阶段承载 PPP 数据报文。发现阶段的 PPPoE 帧格式和会话阶段的 PPPoE 帧格式分别如图 2-3（a）和图 2-3（b）所示。

| | | |
|---|---|---|
| 标记类型16bit | 标记长度16bit | 标记值 |

（a）发现阶段的 PPPoE 帧格式

| | | | |
|---|---|---|---|
| 版本4b | 类型4b | 代码8bit | 会话ID 16bit |
| 长度16bit | | | 净载荷 |

（b）会话阶段的 PPPoE 帧格式

图 2-3　PPPoE 帧格式

## 2.1.2　实验目的

① 熟悉 PPP 的封装格式。

② 了解 PPPoE 的封装格式。

③ 理解 PPP 的两种认证方式。

## 2.1.3　实验配置说明

本实验对应的练习文件为“2-1 PPP 协议与 PPPoE 协议学习.pka”。

### 1. 拓扑图

PPP 与 PPPoE 协议学习拓扑如图 2-4 所示。其中，PC1 到 ISP1 段的链路使用 PPPoE，ISP1 已经配置为 PPPoE 服务器；ISP1 和 ISP2 之间的链路使用 PPP 协议，并启用 ISP2 对 ISP1 的单向 PAP 认证；ISP2 和 ISP3 之间的链路也使用 PPP 协议，并启用 ISP3 对 ISP2 的单向 CHAP 认证。

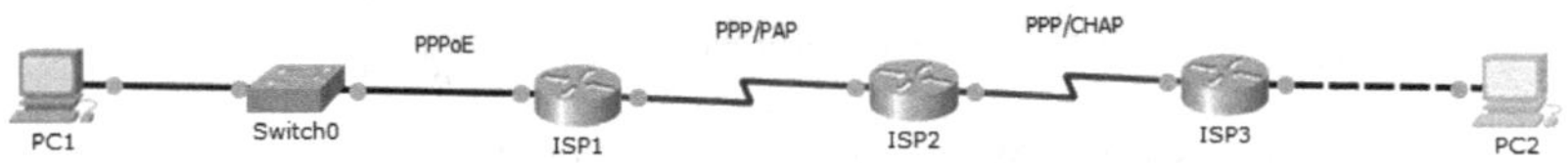


图 2-4　PPP 与 PPPoE 协议学习拓扑

### 2. IP 地址配置

IP 地址信息如表 2-1 所示。

表 2-1　IP 地址信息

| 设备名 | 接口名 | IP 地址 | 子网掩码 | 默认网关 |
|---|---|---|---|---|
| ISP1 | F0/0 | 220.10.0.1 | 255.255.255.0 | — |
| | S0/0/0 | 202.119.93.1 | 255.255.255.0 | — |
| ISP2 | S0/0/0 | 202.119.93.2 | 255.255.255.0 | — |
| | S0/0/1 | 202.119.95.1 | 255.255.255.0 | — |
| ISP3 | S0/0/0 | 202.119.95.2 | 255.255.255.0 | — |
| | G0/0 | 202.119.94.254 | 255.255.255.0 | — |
| PC2 | — | 202.119.94.1 | 255.255.255.0 | 202.119.94.254 |

PC1 在使用 PPPoE 拨号时自动从服务器即 ISP1 获取 IP 地址，ISP1 上配置的 PPPoE 拨号的地址池为 220.10.0.10 到 220.10.0.100，PC1 将在此范围内获取 IP 地址。

## 2.1.4　实验步骤

### 1. 任务一：观察 PPP 和 PPPoE 的数据封装格式

✧　**步骤 1：准备工作**

打开实验对应的练习文件“2-1 PPP 协议与 PPPoE 协议学习.pka”。若此时拓扑图中交换机端口指示灯呈橙色，则单击主窗口右下角 Realtime 和 Simulation 模式切换按钮数次，直至交换机指示灯呈绿色。这一操作可以使交换机快速完成初始化工作。

单击下方的“Delete”按钮，删除预设场景。

✧　**步骤 2：建立 PPPoE 连接**

切换到实时模式，并单击拓扑图中的PC1。在弹出的窗口中选择Desktop选项卡，选择桌面上的 Command 工具，在其中输入 ipconfig 命令查看 PC1 的 IP 地址信息，此时可以发现，PC1 在初始状态下并未配置 IP 地址。

关闭 Command 窗口。选择 PPPoE 拨号工具，在弹出的窗口中输入 User Name 和 Password，ISP1 已预设了两个用户名，分别为 user 和 admin，密码与用户名相同。输入拨号信息后单击 Connect 按钮，建立 PPPoE 连接。如果出现图 2-5 所示的对话框，则表示连接建立成功，此时 Connect 按钮将切换为 Disconnect 按钮。如果连接建立失败，可关闭失败窗口重新建立连接。

注：模拟器中有时可能不会弹出 Success 对话框，只要 Connect 按钮切换为可用的 Disconnect 按钮（Disconnect 按钮呈黑色），且执行下面的操作查看 PC1 已经获取到 IP 地址即表示连接建立成功。

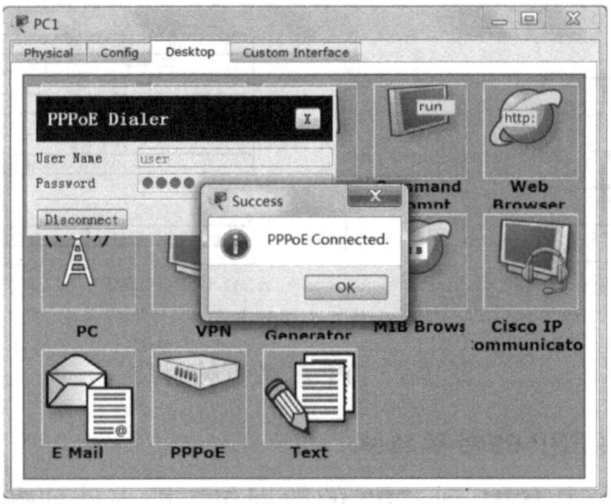


图 2-5　PPPoE 拨号

关闭 PPPoE 拨号窗口，重新打开 Command 工具，输入 ipconfig 命令查看 PC1 是否获取到 IP 地址。如已获取到 ISP1 预设的地址池范围内的 IP 地址，则表示 PPPoE 拨号成功，可继续后续实验步骤。

✧　**步骤 3：添加并捕获数据包**

进入 Simulation 模式。设置 Event List Filters 只显示 ICMP 事件。

单击 Add Simple PDU 按钮，在拓扑图中添加 PC1 向 PC2 发送的数据包。单击 Auto Capture/Play 按钮捕获数据。

等待通信结束，即 PC1 成功接收到 PC2 响应的数据包。此时 PC1 上出现信封图标，并在信封图标上闪烁“√”图标。再次单击 Auto Capture/Play 按钮停止捕获数据包。若实验过程中弹出 Buffer Full 窗口，请单击 View Previous Events 按钮。

✧ **步骤 4：观察 PPPoE 封装格式**

选择事件列表中 PC1 到 Switch0 或者 Switch0 到 ISP1 的数据包，即事件列表中的第二或第三个数据包。单击其 Info 项上的色块，在弹出的 PDU 信息窗口中选择 Inbound PDU Details 选项卡，如图 2-6 所示。观察 PPPoE 帧的封装方法，特别观察其与 PPP 帧和 Ethernet 帧之间的封装关系，以此理解 PPPoE 在协议体系结构中所处的层次。

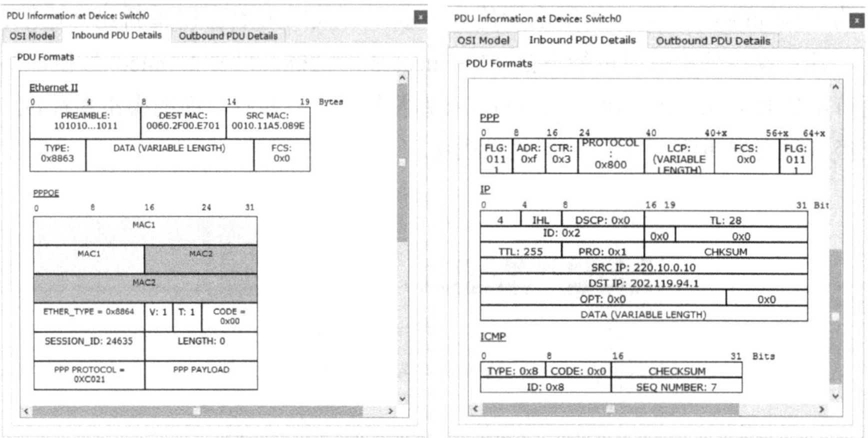


图 2-6 PPPoE 数据帧封装

✧ **步骤 5：观察 PPP 的封装格式**

选择事件列表中 ISP1 到 ISP2 的数据包，即事件列表中第四个数据包。单击其 Info 项上的色块，在弹出的 PDU 信息窗口中选择 Inbound PDU Details 选项卡。观察 PPP 的封装，将鼠标焦点置于协议某字段内，按住鼠标左键并上下或左右拖动鼠标可以观察到该字段完整的取值。

### 2. 任务二：观察 PPP 的 PAP 认证机制

✧ **步骤 1：查看 PAP 认证机制的配置信息**

选择 Realtime 选项卡，进入实时模式。单击打开 ISP1，单击 CLI 进入命令行模式；在特权模式下执行 show running-config 命令，可以查看 ISP1 作为被验证方的 PAP 协议配置信息。找到 interface Serial0/0/0 部分，如下：

```
ISP1#show running-config
略！
interface Serial0/0/0
ip address 202.119.93.1 255.255.255.0
encapsulation ppp                                   //接口下封装 PPP 协议
ppp pap sent-username ISP1 password 0 123   //发送 PAP 认证的用户名和密码
```

再单击打开 ISP2，单击 CLI 进入命令行模式；在特权模式下执行 show running-config 命令，可以查看 ISP2 作为验证方的 PAP 协议配置信息。其中，验证方 ISP2 需在本地保存被验证方 ISP1 的用户名和口令。找到 interface Serial0/0/0 部分，可见配置信息如下：

```
ISP2#show running-config
略！
username ISP1 password 0 123                          //保存 ISP1 的用户名和口令
略！
interface Serial0/0/0
ip address 202.119.93.2 255.255.255.0
encapsulation ppp                                        //接口下封装 PPP 协议
ppp authentication pap                                   //PPP 启用 PAP 认证方式
```

✧ **步骤 2：在 debug 模式中观察 PAP 认证成功的过程**

Debug 命令是 Packet Tracer 模拟器提供的一种协议事件捕获方法。选择“Realtime”选项卡，进入实时模式。单击打开 ISP1，单击 CLI 进入命令行模式；在特权模式下执行 debug ppp authentication 命令，按 Enter 键得到的结果如下：

```
ISP1>enable                                              //进入特权模式
ISP1#debug ppp authentication                            //观察 PAP 验证过程
PPP authentication debugging is on
```

再通过重新启用端口来触发 PAP 认证过程。单击打开 ISP2，单击 Config 并选择 Serial0/0/0，将端口关闭再重新打开。这时切换到 ISP1 界面，可观察到以下输出信息：

```
%LINK-5-CHANGED: Interface Serial0/0/0, changed state to down
%LINEPROTO-5-UPDOWN: Line protocol on Interface Serial0/0/0, changed state to down
%LINK-5-CHANGED: Interface Serial0/0/0, changed state to up
Serial0/0/0 Using hostname from interface PAP
Serial0/0/0 Using password from interface PAP   //发送用户名和口令
Serial0/0/0 PAP: O AUTH-REQ id 17 len 15        //认证成功
Serial0/0/0 PAP: Phase is FORWARDING, Attempting Forward
%LINEPROTO-5-UPDOWN: Line protocol on Interface Serial0/0/0, changed state to up
```

可以看到链路从断开到重新连接成功的全过程。通过 ping 命令也可观察到链路是通的，具体信息如下：

```
ISP1#ping 202.119.93.2
Type escape sequence to abort
Sending 5, 100-byte ICMP Echos to 202.119.93.2, timeout is 2 seconds:
!!!!!
Success rate is 100 percent (5/5), round-trip min/avg/max = 5/7/15 ms
```

如果通信双方的链路因为身份认证的原因而没有建立成功，利用"debug ppp authentication"命令可以很容易发现问题所在。

✧ **步骤 3：在 debug 模式中观察 PAP 认证失败过程**

单击打开 ISP2，单击 CLI 进入命令行模式。通过修改本地保存的 ISP1 密码来观察 PAP 认证失败的过程。具体配置信息如下：

```
ISP2# conf  t
ISP2(config)#no username ISP1 password 123      //删除原口令
ISP2(config)#username ISP1 password 12          //重新设置口令为 12
```

单击 Config 并选择 Serial0/0/0，将端口关闭再重新打开。这时切换到 ISP1 界面，可观察到以下输出的报错信息：

```
%LINK-5-CHANGED: Interface Serial0/0/0, changed state to down
%LINEPROTO-5-UPDOWN: Line protocol on Interface Serial0/0/0, changed state to down
%LINK-5-CHANGED: Interface Serial0/0/0, changed state to up
Serial0/0/0 Using hostname from interface PAP
Serial0/0/0 Using password from interface PAP
Serial0/0/0 PAP: O AUTH-REQ id 17 len 15
Serial0/0/0 PAP: I AUTH-NAK id 17 len 26 msg is "Authentication failed"   //认证失败
```

通过 ping 命令也可以观察到链路是不通的，具体信息如下：

```
ISP1#ping 202.119.93.2
Type escape sequence to abort.
Sending 5, 100-byte ICMP Echos to 202.119.93.2, timeout is 2 seconds:
.....
Success rate is 0 percent (0/5)
```

在特权模式下执行 undebug all 命令，可以终止调试。

### 3. 任务三：观察 PPP 的 CHAP 认证机制

✧ **步骤 1：查看 CHAP 认证机制的配置信息**

单击打开 ISP2，单击 CLI 进入命令行模式；在特权模式下执行 show running-config 命令，可以查看 ISP2 作为被验证方的 CHAP 协议配置信息。其中，被验证方 ISP2 需在本地保存验证方 ISP3 的用户名和口令。找到 S0/0/1 部分的配置信息，如下：

```
ISP2>en
```

```
ISP2#show running-config
略!
username ISP3 password 0 321                    //保存 ISP3 的用户名和口令
interface Serial0/0/1
ip address 202.119.95.1 255.255.255.0
encapsulation ppp                               //接口下封装 PPP 协议
ppp authentication chap                         //PPP 启用 CHAP 认证方式
```

单击打开 ISP3，单击 CLI 进入命令行模式；在特权模式下执行 show running-config 命令，可以查看 ISP3 作为验证方的 CHAP 协议配置信息。其中，验证方 ISP3 需在本地保存被验证方 ISP2 的用户名和口令。这里的口令与 ISP2 保存的口令一致。部分配置信息如下：

```
ISP3>en
ISP3#show running-config
略!
username ISP2 password 0 321                    //保存 ISP2 的用户名和口令
interface Serial0/0/0
ip address 202.119.95.2 255.255.255.0
encapsulation ppp                               //接口下封装 PPP 协议
```

✧ **步骤 2：在 debug 模式观察 CHAP 认证**

单击打开 ISP2，单击 CLI 进入命令行模式；在特权模式下执行 debug ppp authentication 命令，按 Enter 键得到的结果如下：

```
ISP2>enable                                     //进入特权模式
ISP2#debug ppp authentication                   //观察 CHAP 验证过程
PPP authentication debugging is on
```

单击打开 ISP3，单击 Config，选择 Serial0/0/0，将端口关闭，然后又重新打开。这时再切换到 ISP2，可看到以下输出信息：

```
%LINK-5-CHANGED: Interface Serial0/0/1, changed state to down
%LINEPROTO-5-UPDOWN: Line protocol on Interface Serial0/0/1, changed state to down
%LINK-5-CHANGED: Interface Serial0/0/1, changed state to up
Serial0/0/0 IPCP: I CONFREQ [Closed] id 1 len 10
Serial0/0/0 IPCP: O CONFACK [Closed] id 1 len 10
Serial0/0/0 IPCP: I CONFREQ [REQsent] id 1 len 10
Serial0/0/0 IPCP: O CONFACK [REQsent] id 1 len 10
%LINEPROTO-5-UPDOWN: Line protocol on Interface Serial0/0/1, changed state to up
```

可以看到链路从断开到重新连接成功。通过 ping 命令也可观察到链路是通的，具体信息如下：

```
ISP2#ping 202.119.95.2
Type escape sequence to abort.
Sending 5, 100-byte ICMP Echos to 202.119.95.2, timeout is 2 seconds:
```

```
!!!!!
Success rate is 100 percent (5/5), round-trip min/avg/max = 5/10/25 ms
```

✧ **步骤 3：制造故障，观察 CHAP 认证的报错信息**

单击打开 ISP3，单击 CLI 进入命令行模式。通过修改本地保存的 ISP2 密码来观察 CHAP 认证过程。具体的配置信息如下：

```
ISP3# conf  t
ISP3(config)#no username ISP2 password 321
ISP3(config)#username ISP2 password 32
```

单击 Config 并选择 Serial0/0/0，将端口关闭再重新打开。这时切换到 ISP2 界面，可观察到以下输出的报错信息：

```
%LINK-5-CHANGED: Interface Serial0/0/1, changed state to down
%LINEPROTO-5-UPDOWN: Line protocol on Interface Serial0/0/1, changed state to down
%LINK-5-CHANGED: Interface Serial0/0/1, changed state to up
Serial0/0/1 IPCP: I CONFREQ [REQsent] id 1 len 10
Serial0/0/1 IPCP: O CONFNACK [REQsent] id 1 len 10
Serial0/0/1 IPCP: I CONFREQ [Closed] id 1 len 10
Serial0/0/1 IPCP: O CONFACK [Closed] id 1 len 10
....
```

通过 ping 命令可观察到链路是不通的，具体信息如下：

```
ISP2#ping 202.119.95.2
Type escape sequence to abort
Sending 5, 100-byte ICMP Echos to 202.119.95.2, timeout is 2 seconds:
.....
Success rate is 0 percent (0/5)
```

在特权模式下执行 undebug all 命令，可以终止调试。

### 2.1.5 思考题

（1）ADSL 接入采用 PPPoE 的优点有哪些？

（2）PPPoE 中，PPP 帧和 Ethernet 帧的封装关系是什么？

## 2.2 实验二：以太网帧的封装实验

### 2.2.1 背景知识

#### 1. 以太网技术概述

以太网（Ethernet）由美国施乐（Xerox）公司的帕罗阿尔托研究中心

（PARC）于 1975 年研制成功。最初的以太网以无源电缆作为传输介质来传输数据，是一种基带总线局域网。由 DEC、Intel 和 Xerox 三家公司组成的以太网联盟先后于 1980 年和 1982 年制定了以太网规范 DIX Ethernet V1 和 DIX Ethernet V2 版本。目前所说的以太网严格意义上是指 DIX Ethernet V2 版本的局域网。

以太网可以采用同轴电缆、双绞线和光纤作为传输介质，拓扑结构主要采用总线型或星形拓扑。由于以太网是基于共享总线的广播类型的网络，所以，当网络中有两个或两个以上站点同时发送数据时将引起冲突，因此，以太网使用 CSMA/CD（Carrier Sense Multiple Access with Collision Detection，载波监听多路访问/冲突避免）协议作为媒体控制协议解决冲突问题。

CSMA/CD 协议的基本原理如下：在站点发送数据前先监听信道，信道空闲时发送数据；在发送数据过程中持续监听信道，如果监听到冲突信号则立即停止发送数据；同时发送强化冲突信号，以使网络中正在发送数据的其他站点能够监听到冲突。

### 2. 以太网帧的格式

DIX Ethernet V2 标准的以太网帧格式如图 2-7 所示。

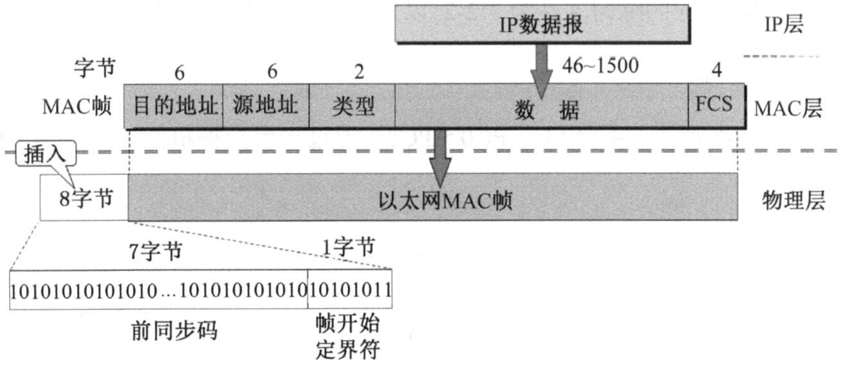


图 2-7 DIX Ethernet V2 标准的以太网帧格式

在以太网中，使用 MAC 地址标识站点，MAC 地址又称为硬件地址或物理地址。MAC 地址长度为 48 位，固化在适配器的 ROM 中，在以太网中唯一地标识一个站点。以太网帧中的源 MAC 地址和目标 MAC 地址标识该数据帧的发送方和接收方。以太网中的站点接收到数据帧后，对数据帧中的目标 MAC 地址进行检查，如果该帧是发往本站的则接收并处理数据帧，如果该帧不是发往本站的，则丢弃此帧不做任何处理。

以太网中目标 MAC 地址有三种类型。

- 单播地址：拥有单播地址的数据帧发送给唯一一个站点，该站点的 MAC 地址与帧中的目标 MAC 地址相同。拥有单播地址的数据帧称为单播帧。
- 多播地址：拥有多播地址的帧将发送给网络中由组播地址指定的一组站点。拥有多播地址的数据帧称为多播帧。
- 广播地址：拥有广播地址的帧将发送给网络中所有的站点。拥有广播地址的数据帧称为广播帧。

### 2.2.2 实验目的

① 观察以太网帧的封装格式。

② 对比单播以太网帧和广播以太网帧的目标 MAC 地址。

### 2.2.3 实验配置说明

本实验对应的练习文件为“2-2 以太网帧的封装实验.pka”。

1. 拓扑图

如图 2-8 所示，4 台 PC（PC0～PC3）通过一台交换机组成一个简单的以太网。

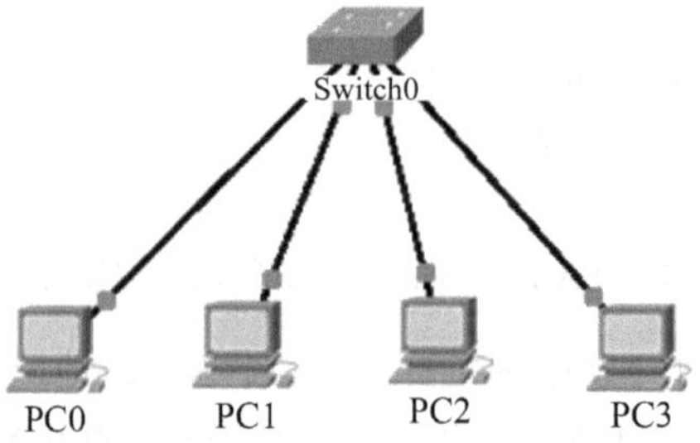


图 2-8 以太网帧实验拓扑

### 2. IP 地址配置（见表 2-2）

表 2-2　IP 地址配置

| PC | IP 地址 | 子网掩码 |
|---|---|---|
| PC0 | 192.168.1.1 | 255.255.255.0 |
| PC1 | 192.168.1.2 | 255.255.255.0 |
| PC2 | 192.168.1.3 | 255.255.255.0 |
| PC3 | 192.168.1.4 | 255.255.255.0 |

## 2.2.4　实验步骤

### 1. 任务一：观察单播以太网帧的封装

✧　**步骤 1：准备工作**

打开该实验对应的练习文件“2-2 以太网帧的封装实验.pka”，若此时交换机端口指示灯呈橙色，则单击主窗口右下角 Realtime 和 Simulation 模式切换按钮数次，直至交换机指示灯呈绿色。此步骤可加速完成交换机的初始化。

单击下方的 Delete（删除）按钮，删除练习文件中的预设场景。

✧　**步骤 2：捕获数据包**

进入 Simulation 模式。设置 Event List Filters 只显示 ICMP 事件。

单击 Add Simple PDU 按钮，在拓扑图中添加 PC0 向 PC2 发送数据包。

单击 Auto Capture/Play 按钮，捕获数据包。当 PC2 发送的响应包返回 PC0 后通信结束，再次单击 Auto Capture/Play 按钮，停止数据包的捕获。

✧　**步骤 3：观察以太网帧的封装格式**

选择事件列表中第二个数据包（PC0 到 Switch0 的数据包），单击其右端 Info 项中的色块。注意弹出窗口顶端的窗口信息：PDU Information at Device：Switch0，即当前查看的是交换机 Switch0 上的 PDU 信息。在弹出的窗口中选择 Inbound PDU Details 选项卡。

观察其中 Ethernet（以太网）对应的封装格式。重点观察第一个字段 PREAMVBLE（前导码）的组成，DEST MAC（目标 MAC 地址）和 SRC MAC（源 MAC 地址）的取值（将鼠标焦点置于 MAC 地址字段内，按住鼠标左键并向右、向左拖动，可以观察完整取值），并将其记录下来。

✧　**步骤 4：观察交换机是否会修改以太网帧各字段取值**

选择事件列表中第三个数据包（Switch0 到 PC2 的数据包），单击其右端 Info 项中的色块。注意弹出窗口顶端的窗口信息：PDU Information at Device：PC2，即当前查看的是 PC2 接收到的 PDU 信息。在弹出的窗口中选择 Inbound PDU Details 选项卡。

仔细观察其中 Ethernet 各字段取值，与步骤 3 中观察的各字段取值进行对比，哪些字段取值发生了变化？重点观察 DEST MAC 和 SRC MAC。

### 2．任务二：观察广播以太网帧的封装

✧ **步骤 1：捕获数据包**

单击窗口下方的 Delete（删除）按钮，删除任务一产生的场景。

单击 Add Complex PDU（添加复杂 PDU）按钮，单击 PC0，在弹出的对话框中设置参数：Destination IP Address（目标 IP 地址）设置为 255.255.255.255（这是一个广播地址，表示该数据包发送给源站点所在广播域内的所有站点），Source IP Address（源 IP 地址）设置为 192.168.1.1（该实验拓扑中预设的 PC0 的 IP 地址），Sequence Number（序列号）设置为 1，Size 设置为 0，Simulation Settings 选中 One Shot 单选按钮，其对应的 Time 设置为 1，然后单击该对话框下方的 Create PDU 按钮，创建数据包图，如图 2-9 所示。

单击 Auto Capture/Play 按钮，捕获数据包。当不再产生新的数据包时，表示通信结束，可再次单击 Auto Capture/Play 按钮，停止捕获数据。

在此过程中观察拓扑工作区中动画演示的数据传输过程，该广播帧（PC0 发送的数据帧）被交换机转发给哪些节点？哪些节点接收该广播帧？

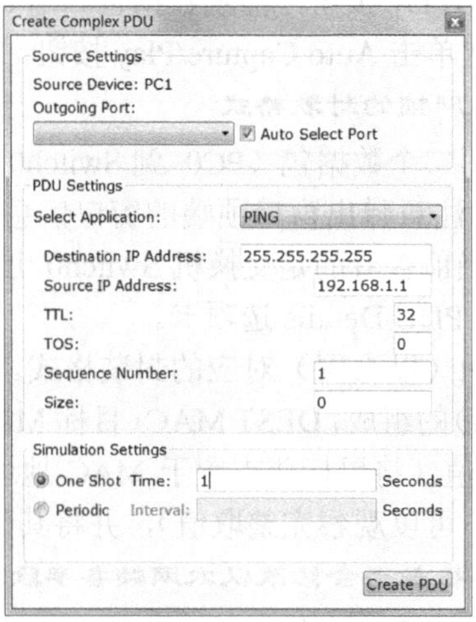


图 2-9　创建复杂 PDU

**注**：设备上出现信封图标表示数据包到达该设备，信封上闪烁“X”表示设备丢弃数据包，信封上闪烁“√”表示此次通信成功完成。

✧　**步骤 2：观察该广播包的以太网封装**

选择事件列表中的第二个数据包（PC0 到 Switch0 的数据包），单击其右端 Info 项中的色块。在弹出的窗口中选择 Inbound PDU Details 选项卡。

观察其 Ethernet 的封装，重点观察其 DEST MAC 字段的取值并进行记录。结合背景知识中 MAC 地址的类型，思考 DEST MAC 字段取值的含义。

### 2.2.5　思考题

（1）任务一中，观察到的以太网帧封装格式中前导码字段的取值是什么？阐述其在数据帧传输过程中的作用。

（2）任务一中，Switch0 在转发数据帧时是否修改其源 MAC 地址和目标 MAC 地址？

（3）交换机接收数据帧后，依据什么判断该数据帧是单播还是广播？或依据什么判断向哪个目标节点转发？

## 2.3　实验三：集线器与交换机的对比实验

### 2.3.1　背景知识

#### 1．冲突域与广播域

冲突域：以太网共享信道的传输机制决定了在网络中只能有一个站点发送数据。如果两个或两个以上站点同时发送数据，将发生冲突。虽然以太网在 MAC 层采用 CSMA/CD 协议有效地降低了冲突的可能性，但是由于传播时延的存在，以及多个站点同时监听到信道空闲等情况的存在，冲突仍会发生。所谓冲突域，是指在该域内某一时刻只能有一个站点发送数据，如果两个站点同时发送数据会引起冲突，则这两个站点处于同一个冲突域内。

广播域：以太网是广播网络，采用共享信道的传输机制来传输数据。在以太网中，一个站点向所有站点发送数据的传输过程称为广播，这一过程中传输的数据帧称为广播帧。在以太网中，能够接收到任意站点发送的广播帧的所有站点的集合称为一个广播域。

### 2. 集线器和交换机

集线器和交换机都是为了扩大以太网覆盖范围而使用的连接设备，但二者的工作原理却存在很大的差异。

集线器是早期以太网中的主要连接设备，它工作在 OSI 体系结构的物理层。集线器的主要功能是对接收到的信号进行放大、转发，从而扩展以太网的覆盖范围。由于物理层传输的信号是无结构的，因此，集线器无法识别接收方，集线器只能将从一个端口接收到的信号放大后复制到所有其他端口，即向与该集线器连接的所有站点转发。因此，使用集线器作为连接设备的以太网仍然属于共享式以太网，集线器连接起来的所有站点共享带宽，属于同一个冲突域和广播域。

交换机是目前以太网中使用最为广泛的连接设备，它工作在 OSI 参考模型的第二层数据链路层。交换机使用以太网帧中的 MAC 地址进行数据帧转发，从而有效地过滤数据帧。交换机内部使用专用集成电路，可以在数据链路层把任意两个端口连接起来，形成专用数据传输通道。交换机可以在多个端口对之间同时建立多条并发连接，使得与不同端口连接的站点同时发送数据彼此互不影响。交换机接收到数据帧时读取帧中源 MAC 地址和目标 MAC 地址，并在其对应的端口间建立一条专用的数据传输通道，而不是向所有端口转发数据。由于数据传输过程中，传输通道是收发站点对应的端口专用的，所以，其他站点不会受到影响，交换机相连的所有站点中两个或两个以上站点同时发送数据不会引起冲突。

使用以太网作为连接设备的以太网称为交换式以太网，它可以有效地根据 MAC 地址过滤数据帧、隔离冲突域。交换机的每个端口是一个独立的冲突域。但是作为数据链路层的连接设备，交换机不能隔离广播域，所有与交换机相连的站点仍属于同一个广播域。

## 2.3.2 实验目的

① 了解集线器和交换机如何转发数据。
② 理解冲突域和广播域的概念。
③ 理解集线器和交换机在扩大网络规模中的作用和局限性。

### 2.3.3　实验配置说明

本实验对应的练习文件为“2-3 集线器与交换机的对比实验.pka”。

1．拓扑图

该实验用到 4 个拓扑图。其中拓扑图 1 和拓扑图 2 是以集线器为中心的共享式以太网，拓扑图 3 和拓扑图 4 是以交换机为中心的交换式以太网。拓扑图 1 和拓扑图 2 主要用于观察集线器的运行及理解冲突域的概念，拓扑图 3 和拓扑图 4 主要用于观察交换机的运行及理解交换机隔离冲突域但不隔离广播域的特性。在对应的实验步骤中，需要将拓扑图 1 和拓扑图 2 使用交叉双绞线连接起来，将拓扑图 3 和拓扑图 4 也使用交叉双绞线连接起来，从而观察使用集线器和交换机进行以太网扩展时对冲突域和广播域的影响，理解两类设备在扩展以太网时的作用和局限性，如图 2-10 所示。

2．IP 地址配置（见表 2-3）

表 2-3　IP 地址配置

| 主机名 | IP 地址 | 子网掩码 | 主机名 | IP 地址 | 子网掩码 |
|---|---|---|---|---|---|
| PC0 | 192.168.1.1 | 255.255.255.0 | PC6 | 192.168.1.1 | 255.255.255.0 |
| PC1 | 192.168.1.2 | 255.255.255.0 | PC7 | 192.168.1.2 | 255.255.255.0 |
| PC2 | 192.168.1.3 | 255.255.255.0 | PC8 | 192.168.1.3 | 255.255.255.0 |
| PC3 | 192.168.1.4 | 255.255.255.0 | PC9 | 192.168.1.4 | 255.255.255.0 |
| PC4 | 192.168.1.5 | 255.255.255.0 | PC10 | 192.168.1.5 | 255.255.255.0 |
| PC5 | 192.168.1.6 | 255.255.255.0 | PC11 | 192.168.1.6 | 255.255.255.0 |

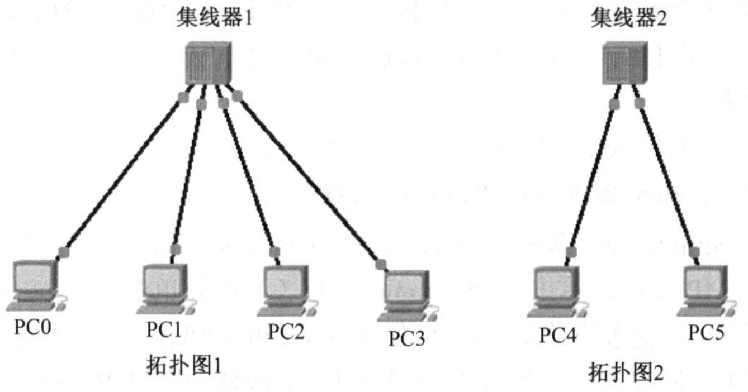


图 2-10　集线器与交换机对比实验的 4 个拓扑

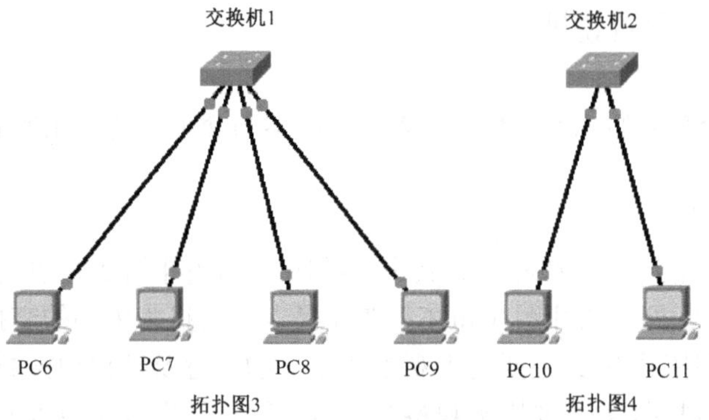


图 2-10　集线器与交换机对比实验的 4 个拓扑（续）

## 2.3.4　实验步骤

### 1．任务一：观察集线器和交换机的运行

✧　**步骤 1：准备工作**

打开该实验对应的练习文件“2-3 集线器与交换机的对比实验.pka”。若此时交换机端口指示灯呈橙色，则单击主窗口右下角的 Realtime 和 Simulation 模式切换按钮数次，直至交换机指示灯呈绿色。

为了避免 ARP 协议（将在第 3 章介绍）增加实验的复杂性，使后续实验更加简洁清晰，首先要对实验拓扑进行初始化训练。在 Realtime（实时模式）下，当拓扑图中集线器及交换机各端口均呈绿色后，双击右下角事件列表中 Fire 项下的暗红色椭圆图标，至 Last Status 均为 Successful 状态。若单击后 Last Status 不是 Successful，则重新双击该事件对应的暗红色椭圆图标。

单击下方的 Delete 按钮，删除所有场景。

✧　**步骤 2：观察集线器对单播包的处理**

进入 Simulation（模拟模式），设置 Event List Filters（事件列表过滤器）只显示 ICMP 事件。单击 Add Simple PDU（添加简单 PDU）按钮，添加一个 PC0 向 PC2 发送的数据包。单击 Auto Capture/Play（自动捕获/播放）按钮捕获数据，仔细观察数据包发送过程中，集线器向哪些 PC 转发该单播包，以及各 PC 接收到数据包后如何处理该数据包。记录观察结果，以便后续实验进行对比分析。

✧ **步骤 3：观察交换机对单播包的处理**

单击下方的 Delete 按钮，删除所有场景。进入 Simulation（模拟模式），设置 Event List Filters（事件列表过滤器）只显示 ICMP 事件。

单击 Add Simple PDU（添加简单 PDU）按钮，添加一个 PC6 向 PC8 发送的数据包。

单击 Auto Capture/Play（自动捕获/播放）按钮，仔细观察数据包发送过程中，交换机向哪些 PC 转发该单播包，以及各 PC 接收到数据包后如何处理该数据包。记录观察结果并与步骤 2 进行对比分析。

✧ **步骤 4：观察集线器对广播包的处理**

单击下方的 Delete 按钮，删除所有场景。

进入 Simulation（模拟模式），设置 Event List Filters（事件列表过滤器）只显示 ICMP 事件。

单击 Add Complex PDU（添加复杂 PDU）按钮，单击 PC0，在弹出的对话框中设置参数：Destination IP Address（目标 IP 地址）设置为 255.255.255.255（这是一个广播地址，表示该数据包发送给源站点所在广播域内的所有站点），Source IP Address（源 IP 地址）设置为 192.168.1.1（该实验拓扑中预设的 PC0 的 IP 地址），Sequence Number（序列号）设置为 1，Size 设置为 0，在 Simulation Settings（模拟设置）中选中 One Shot 单选按钮，其对应的 Time 设置为 1，然后单击该对话框中下方的 Create PDU 按钮，创建数据包，如图 2-11 所示。

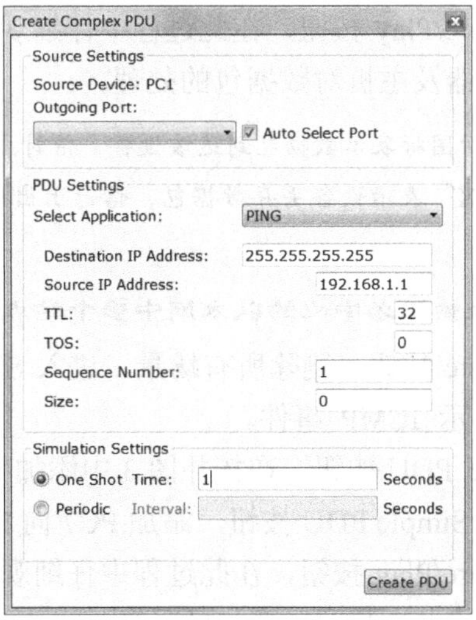


图 2-11　创建复杂 PDU

单击 Capture/Forward（捕获/转发）按钮，数据包到达集线器，再次单击 Capture/Forward（捕获/转发）按钮，集线器向与源站点 PC0 在同一广播域的所有站点转发数据包。仔细观察这一过程中集线器如何处理广播包，进而观察以集线器为中心的以太网的广播域的范围。

✧ **步骤 5：观察交换机对广播包的处理**

单击下方的 Delete 按钮，删除所有场景。参照步骤 4 的方法，在 PC6 上添加一个复杂的 PDU，参数设置与步骤 4 相同（PC6 的预设 IP 地址也是 192.168.1.1）。

单击 Capture/Forward（捕获/转发）按钮，数据包到达交换机，再次单击 Capture/Forward（捕获/转发）按钮，交换机向与源站点 PC6 在同一广播域的所有站点转发数据包。仔细观察这一过程中交换机如何处理广播包，进而观察以交换机为中心的以太网的广播域的范围。

### 2. 任务二：分别观察以集线器和以交换机为中心的以太网中，多个站点同时发送数据的情况，理解冲突域的概念

✧ **步骤 1：观察以集线器为中心的以太网中多个站点同时发送数据的情况**

单击下方的 Delete 按钮，删除所有场景。进入 Simulation 模式。设置 Event List Filters 只显示 ICMP 事件。

单击 Add Simple PDU 按钮，在拓扑图 1 中添加 PC0 向 PC2 发送的数据包；再次单击 Add Simple PDU 按钮，添加 PC1 向 PC3 发送的数据包。

单击 Auto Capture/Play 按钮，在此过程中仔细观察数据包到达各个节点的情况，以及集线器及主机对数据包的处理。

**注**：设备上出现信封图标表示数据包到达该设备，信封上闪烁“√”表示通信成功完成，信封上闪烁“X”表示设备丢弃数据包，信封上出现闪烁的火苗表示数据冲突。

✧ **步骤 2：观察以交换机为中心的以太网中多个站点同时发送数据的情况**

单击下方的 Delete 按钮，删除所有场景。进入 Simulation 模式。设置 Event List Filters 只显示 ICMP 事件。

单击 Add Simple PDU 按钮，在拓扑图 3 中添加 PC6 向 PC8 发送的数据包；再次单击 Add Simple PDU 按钮，添加 PC7 向 PC9 发送的数据包。

单击 Auto Capture/Play 按钮，在此过程中仔细观察数据包到达各个节点的情况，以及交换机及主机对数据包的处理。

### 3. 任务三：观察集线器和交换机在扩展以太网覆盖范围的同时，对冲突域和广播域范围的影响

✧　**步骤 1：观察集线器扩展以太网时对冲突域范围的影响**

单击下方的 Delete 按钮，删除所有场景。单击左下方的 Connections（连接）图标，选中 Copper Cross-Over（交叉线），在拓扑图 1 中单击集线器 1，在弹出的菜单中选中 port4；拖动鼠标，单击集线器 2，在弹出的菜单中选中 port2。至此，得到一个由两台集线器互连起来的以太网。

进入 Simulation 模式。设置 Event List Filters 只显示 ICMP 事件。

单击 Add Simple PDU 按钮，在拓扑图中添加 PC0 向 PC2 发送的数据包；再次单击 Add Simple PDU 按钮，添加 PC4 向 PC5 发送的数据包。

依次单击 Capture/Forward（捕获/转发）按钮，直至此次通信结束。在此过程中仔细观察并思考每一步骤数据包是被如何处理的。在这一过程中，由于延迟的存在，在 PC4 发送的数据到达集线器 1 冲突之前，PC0 发送的数据包已经到达 PC2，而在 PC2 发送应答包时，与到达集线器 1 的数据冲突。间隔一定时间后。PC2 重新发送数据包，最终数据到达 PC0。PC4 与 PC5 的情况类似。

✧　**步骤 2：观察集线器扩展以太网时对广播域范围的影响**

单击下方的 Delete 按钮，删除所有场景。参照任务一中步骤 4 的操作方法，在 PC0 向其所在广播域内所有节点发送广播包。依次单击 Capture/Forward（捕获/转发）按钮，观察广播包的发送范围。

✧　**步骤 3：观察交换机扩展以太网时对冲突域及广播域的影响**

单击下方的 Delete 按钮，删除所有场景。参照步骤 1 和步骤 2，观察交换机扩展以太网时对冲突域和广播域范围的影响。

## 2.3.5　思考题

（1）集线器在接收到发送给某节点的单播包时是如何转发数据的？交换机又是如何处理单播包的？

（2）在以集线器/交换机为中心的以太网中，当多个站点同时发送数据时，是否会发生冲突？为什么？

（3）使用集线器扩大以太网规模时，有没有可能会使以太网的性能下降？为什么？

（4）使用交换机扩大以太网规模时，有没有可能会使以太网的性能下降？为什么？

# 2.4 实验四：交换机工作原理

## 2.4.1 背景知识

正如前文所述，以太网交换机是工作在数据链路层的设备，作为以太网的连接设备，可以扩大以太网的覆盖范围。它使用以太网帧中的目标MAC地址对数据包进行转发和过滤。当交换机接收到一个数据帧时，并不是向所有端口转发，而是根据帧中的目标 MAC 地址和转发表确定转发端口或者将数据帧丢弃。

转发表是交换机转发数据帧的依据，其主要信息是网络中各站点的 MAC 地址与其接入该交换机的端口之间的对应关系。图 2-12 所示的拓扑图给出了设备连接情况及其中交换机 2 的转发表的信息（此处为了便于理解转发表，已经把转发表简化，仅给出地址和端口信息，且用主机名代替 48 位的 MAC 地址）。

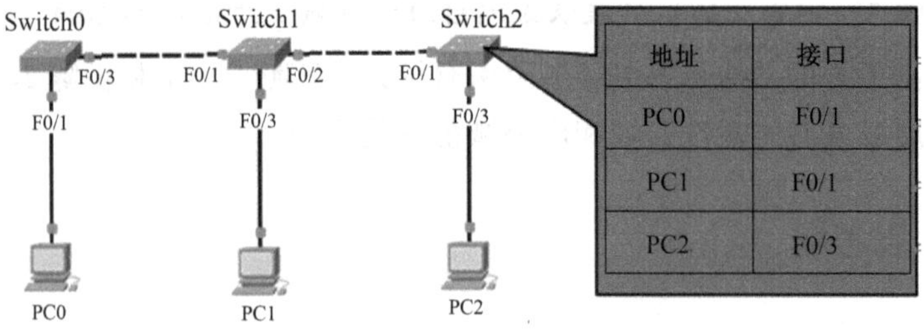


图 2-12　设备连接情况及交换机的转发表

交换机是即插即用设备，即只要将交换机接入以太网就可以工作，无须人工配置转发表。一台交换机刚刚接入一个以太网中时，其地址转发表是空的，为了有效地过滤和转发数据帧，它需要建立转发表。交换机使用逆向自学习算法（Reverse Selflearning Algorithm）建立转发表。逆向自学习算法的基本思想如下：如果交换机通过端口 N 接收到站点 A 发送的数据帧，那么相反，交换机也可以通过端口 N 把数据帧传送给站点 A。因此，交换机建立转发表的过程是根据其接收到的数据帧中的源 MAC 地址与接收端口之间的映射关系建立起来的。当交换机接收到某站点发送的数据帧时，将其源 MAC 地址与该帧进入交换机的端口写入转发表中。

交换机转发数据帧时，查找转发表中是否存在与目标 MAC 地址匹配的表项。根据转发表中对该 MAC 地址的记录情况处理该数据帧。交换机转发数据帧的规则如下：

① 若转发表中无目标 MAC 地址对应的表项，则交换机采用洪泛转发，即向所有其他端口转发该数据帧。

② 若转发表中有目标 MAC 地址对应的表项，且该表项中记录的转发端口与数据帧进入交换机的端口相同，则丢弃该数据帧。

③ 若转发表中有目标 MAC 地址对应的表项，且该表项中记录的转发端口与该数据帧进入交换机的端口不同，则向转发端口传送该数据帧。

### 2.4.2　实验目的

① 理解交换机通过逆向自学习算法建立地址转发表的过程。

② 理解交换机转发数据帧的规则。

③ 理解交换机的工作原理。

### 2.4.3　实验配置说明

本实验对应的练习文件为“2-4 交换机工作原理.pka”。

#### 1. 拓扑图

该拓扑图用于对交换机工作原理的观察和理解。在数据包的发送过程中，观察交换机地址转发表的变化情况，以及其根据地址转发表的不同情况采用不同的方式处理数据包的过程，从而理解交换机通过逆向自学习建立地址转发表及其对数据包的转发规则，如图 2-13 所示。

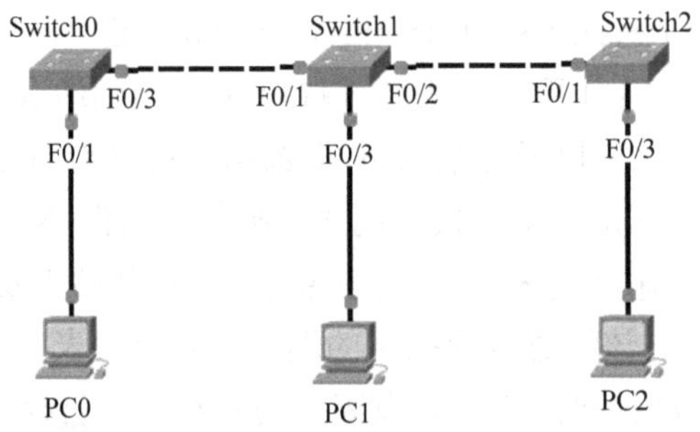


图 2-13　交换机工作原理实验拓扑

2. IP 地址配置（见表 2-4）

表 2-4　IP 地址信息

| 主机名 | IP 地址 | 子网掩码 |
|---|---|---|
| PC0 | 192.168.1.1 | 255.255.255.0 |
| PC1 | 192.168.1.2 | 255.255.255.0 |
| PC2 | 192.168.1.3 | 255.255.255.0 |

## 2.4.4　实验步骤

在该任务中，需要分别观察 PC0 向 PC2 发送数据、PC1 向 PC0 发送数据、删除 Switch1 的地址转发表后 PC1 向 PC0 发送数据的过程。观察每个数据包发送过程中，每台交换机在接收到数据前/后地址转发表的变化情况，目的是验证交换机通过逆向自学习建立地址转发表的过程；观察在现有地址转发表的情况下交换机如何处理数据包（转发？洪泛转发？丢弃？），目的是验证交换机转发数据的规则。

在此，仅给出 PC0 向 PC2 发送数据的详细操作步骤，另外两个数据发送过程的操作步骤以此作为参考。

在完成 PC1 向 PC0 发送数据的过程后，需要删除 Switch1 的地址转发表后，重复 PC1 向 PC0 发送数据的过程，目的是观察在 Switch2 上，源端主机和目的端主机与同一端口相连时交换机对数据包的处理方式。删除 Switch1 上地址转发表的操作方法如下：

单击 Switch1，在弹出的窗口中选择 CLI 选项卡，将鼠标焦点置于其工作区内并按Enter键，在其命令提示符下输入如下相应命令删除地址转发表：

```
Switch>enable                                   //进入特权操作模式
Switch#clear mac-address-table                  //清空地址转发表
```

### 1. 任务一：准备工作

✧ **步骤 1：拓扑训练**

打开该实验对应的练习文件“2-4 交换机工作原理.pka”。若此时交换机端口指示灯呈橙色，则单击主窗口右下角的 Realtime 和 Simulation 模式切换按钮数次，直至交换机指示灯呈绿色。在 Realtime（实时模式）下，当拓扑图中交换机各端口均呈绿色后，双击右下角事件列表中 Fire 项下的暗红色椭圆图标，至 Last Status 均为 Successful 状态。若 Last Status 不是 Successful，则重新双击该事件对应的暗红色椭圆图标。单击下方的 Delete 按钮，删除所有场景。

✧ **步骤 2：删除交换机地址转发表**

参照上文给出的删除 Switch1 上地址转发表的操作方法，分别删除 Switch0、Switch1 和 Switch2 上的地址转发表。

### 2. 任务二：观察交换机的工作原理

✧ **步骤 1：查看并记录 PC0 和 PC2 的 MAC 地址**

单击 PC0，在弹出的窗口中选择 Config 选项卡，选择 FastEthernet0，查看并记录其 MAC 地址，如图 2-14 所示。用同样的方法，查看并记录 PC2 的 MAC 地址。

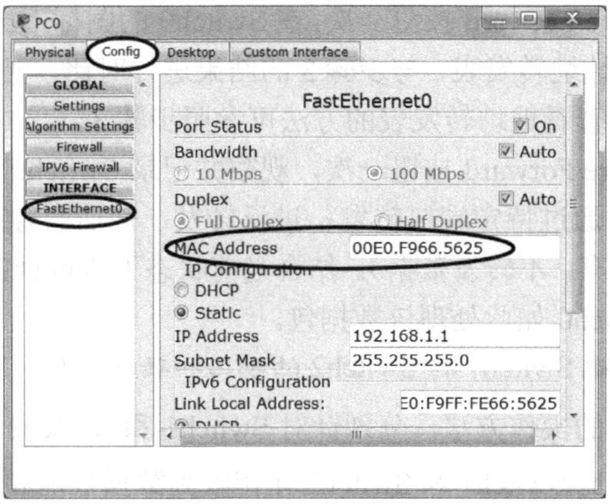


图 2-14 查看 PC MAC 地址

✧　**步骤 2：添加 PC0 到 PC2 的数据包**

进入 Simulation（模拟）模式。设置 Event List Filters（事件列表过滤器）只显示 ICMP 事件。单击 Add Simple PDU（添加简单 PDU）按钮，在拓扑图中添加 PC0 向 PC2 发送的数据包。

✧　**步骤 3：分别查看三台交换机在发送数据前的地址转发表**

选中拓扑工作区工具条上的 Inspect 工具，在拓扑工作区单击 Switch0，在弹出的菜单中选择 MAC Table 菜单项，弹出窗口中显示 Switch0 当前的地址转发表，如图 2-15 所示（注：图 2-15 仅为说明地址转发表的含义，并不是该步骤的查询结果，实验者需要自行查看并记录结果）。

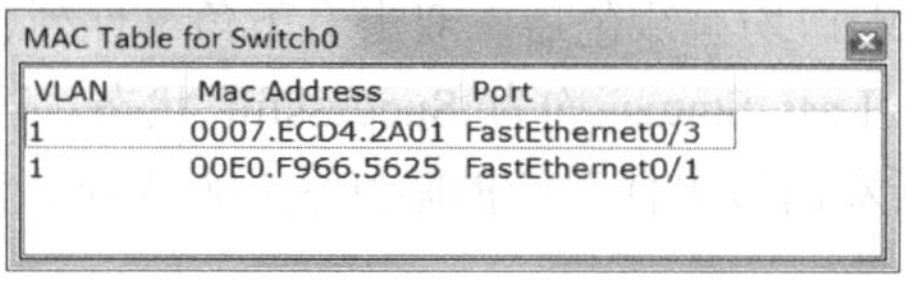

MAC Table for Switch0

| VLAN | Mac Address | Port |
|---|---|---|
| 1 | 0007.ECD4.2A01 | FastEthernet0/3 |
| 1 | 00E0.F966.5625 | FastEthernet0/1 |

图 2-15　交换机地址转发表

其中，Mac Address 是 PC 的 MAC 地址，Port 是该 PC 与交换机相连的端口号或者 PC 与通过此端口与该交换机相连的交换机相连，例如，PC4 与 Switch2 相连，Switch2 与 Switch1 相连，Switch1 与 Switch0 的 Fa0/3 相连，PC4 的 MAC 地址在 Switch0 的地址转发表中将对应 Fa0/3 口。

该步骤重点观察并记录源端主机 PC0 和目标主机 PC2 的 MAC 地址是否存在于 Switch0 的地址转发表中。

参照上述步骤查看并记录 Switch1 和 Switch2 的地址转发表。

✧　**步骤 4：查看 Switch0 的学习和转发过程**

单击 Capture/Forward 按钮一次，在 Switch0 的图标上出现信封图标后，查看 Switch0 的地址转发表，与步骤 3 的结果进行对比，观察并记录增加的地址转发表项。查看地址转发表的方法可参照步骤 3。

单击 Capture/Forward 按钮一次，观察并记录 Switch0 是如何处理该数据包的（转发，通过特定端口转发；洪泛转发，向所有除接收端口外的其他端口转发；丢弃，不转发数据）。结合当前状态下 Switch0 的地址转发表，思考为什么 Switch0 如此处理该数据包。

✧　**步骤 5：观察 Switch1 和 Switch2 的学习和转发过程**

参照步骤 4 的操作方法，分别针对 Switch1 和 Switch2 完成上述操作，在这个过程中对比 Switch1 和 Switch2 在接收到数据包前和接收到数据包后地址转发表的变化情况，以及观察其对数据包的处理方式。结合当前状态下地址转发表，对结果进行思考和分析。

单击下方的 Delete 按钮，删除所有场景。

参照上述操作步骤，完成 PC1 向 PC0 发送数据、删除 Switch1 的地址转发表后 PC1 向 PC0 发送数据的实验操作。

### 2.4.5　思考题

（1）在实验过程中，将观察结果填入下表。转发表栏内填写交换机接收到数据后 MAC 地址转发表中增加的项，如无增加或该交换机未收到该数据帧，则用横线表示。对数据的处理填写转发、洪泛或丢弃，如交换机未收到该数据帧，则用横线表示。

| 发送的帧 | Switch0 的转发表 | | Switch1 的转发表 | | Switch2 的转发表 | | Switch0 的处理 | Switch1 的处理 | Switch2 的处理 |
|---|---|---|---|---|---|---|---|---|---|
| | 地址 | 接口 | 地址 | 接口 | 地址 | 接口 | | | |
| PC0→PC2 | | | | | | | | | |
| PC1→PC0 | | | | | | | | | |
| PC1→PC0 | | | | | | | | | |

（2）Switch0 收到 PC0 向 PC2 发送的数据帧后，其地址转发表是否有变化？如有，给出增加的条目并解释原因。

（3）Swtich1 收到 PC0 向 PC2 发送的数据帧后，是如何处理的？说明其如此处理的原因。

（4）在删除 Switch1 上的地址转发表前后，PC1 向 PC0 发送数据时 Swtch2 是如何处理的？说明其如此处理的原因。

## 2.5　实验五：生成树协议（STP）分析

### 2.5.1　背景知识

为了提高网络的可靠性，在以太网中设备或链路出现故障时网络不至于中断，我们往往需要在以太网中增加冗余链路，即网络中任意两个节点可以通过两条甚至多条路径连通，这样网络拓扑图中将出现环形路径。在这种情况下，如果网络中某条链路出现故障，冗余链路仍可保证网络正常通信。然而，在冗余链路提高了网络可靠性的同时，也给网络带来了新的问题。当以太网中传输广播帧时，该广播帧将被复制到所有的冗余链路上。这样，交换机将通过多个端口接收到多个该广播帧的副本，然后交换机每接收到一个副本，都将其通过除接收端口之外的所有端口重新转发出去。这将导致广播帧在环形路径中永无休止地传播下去，即产生了“广播风暴”。这就是以太网中的环路问题。

广播风暴的出现将大量消耗网络资源，使得网络无法正常转发其他数据帧。因此，以太网中引入生成树协议（Spanning Tree Protocol，STP）来解决环路问题。STP 工作在交换机的第二层——数据链路层，其主要功能如下：利用生成树算法，在包含物理环路的网络中创建一个以某台交换机为根的生成树，形成无环路的树形逻辑拓扑；在网络发生拓扑变化时（如链路故障），重新计算生成树，启用冗余链路，保证网络正常运行。

### 2.5.2 实验目的

① 理解链路中的环路问题。

② 理解生成树协议的工作原理。

### 2.5.3 实验配置说明

本实验对应的练习文件为“2-5 生成树协议（STP）分析.pka”。

#### 1．拓扑图

在该实验对应的练习文件中包含两个拓扑图，其中拓扑图 1 中关闭了 4 台交换机的生成树协议，拓扑图 2 中开启了 4 台交换机的生成树协议。实验过程中，任务一在拓扑图 1 中完成，任务二和任务三在拓扑图 2 中完成。拓扑图 1 和拓扑图 2 的其他配置完全相同，如图 2-16 所示。

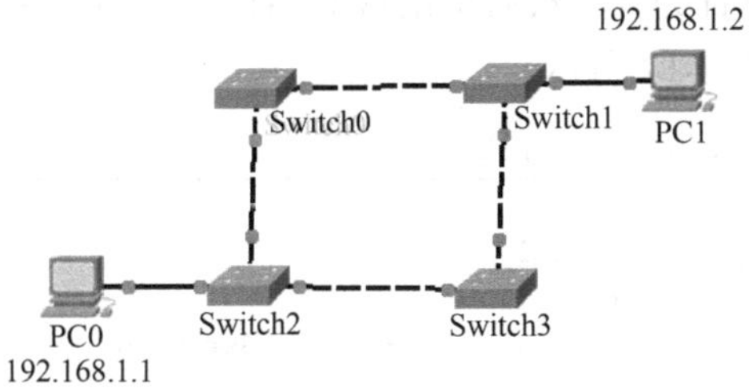


图 2-16 生成树协议（STP）实验拓扑图

### 2. IP 地址配置（见表 2-5）

表 2-5 IP 地址信息

| 主机名 | IP 地址 | 子网掩码 |
|---|---|---|
| PC0 | 192.168.1.1 | 255.255.255.0 |
| PC1 | 192.168.1.2 | 255.255.255.0 |

## 2.5.4 实验步骤

### 1. 任务一：观察无生成树协议的以太网环路中广播帧的传播

✧ **步骤 1：准备工作**

打开该实验对应的练习文件“2-5 生成树协议（STP）分析.pka”。若此时拓扑图 1 中交换机端口指示灯呈橙色，则单击主窗口右下角的 Realtime 和 Simulation 模式切换按钮数次，直至交换机指示灯呈绿色。

否则，略过此步骤。

✧ **步骤 2：在拓扑图 1 中添加广播包**

进入 Simulation 模式。设置 Event List Filters 只显示 ICMP 事件。

单击 Add Complex PDU（添加复杂 PDU）按钮，单击拓扑图 1 中的 PC0，在弹出的对话框中设置参数：Destination IP Address（目标 IP 地址）设置为 255.255.255.255（广播地址），Source IP Address（源 IP 地址）设置为 192.168.1.1（该实验拓扑中预设的 PC0 的 IP 地址），Sequence Number（序列号）设置为 1，Size 设置为 0，Simulation Settings（模拟设置）选中 One Shot，

其对应的 Time 设置为 1，然后单击该对话框中下方的 Create PDU 按钮，创建数据包，如图 2-17 所示。

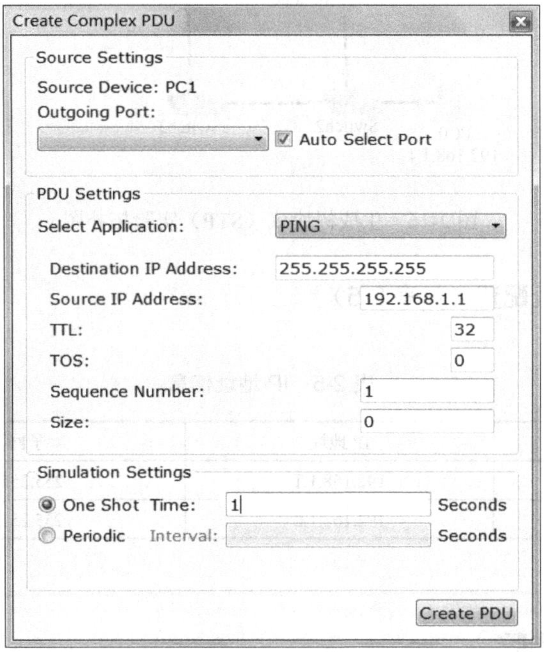


图 2-17　创建数据包

✧　**步骤 3：捕获数据包，观察广播包的传播**

单击 Auto Capture/Play 按钮，捕获数据包。观察拓扑图 1 中广播包的传播动画。

此时，我们会注意到每台交换机在接收到数据包后都会通过其他所有端口转发出去。因此，交换机不停地接收来自其他交换机转发的数据包，不停地向其他交换机转发数据包，导致该广播包无休止地在四台交换机间形成的环路中传播。

**注**：此过程不会停止，完成步骤 3 后单击 Realtime（实时模式）按钮切换到实时模式，进行步骤 4 的操作。

✧　**步骤 4：在实时模式下，测试网络是否正常**

进入 Realtime（实时模式），单击 PC0，在打开的窗口中选择 Desktop（桌面）选项卡，选择其中的 Command Prompt 工具，在操作界面中输入 ping 192.168.1.2（测试 PC0 与 PC1 是否能够连通）并按 Enter 键，实验结果如图 2-18 所示。

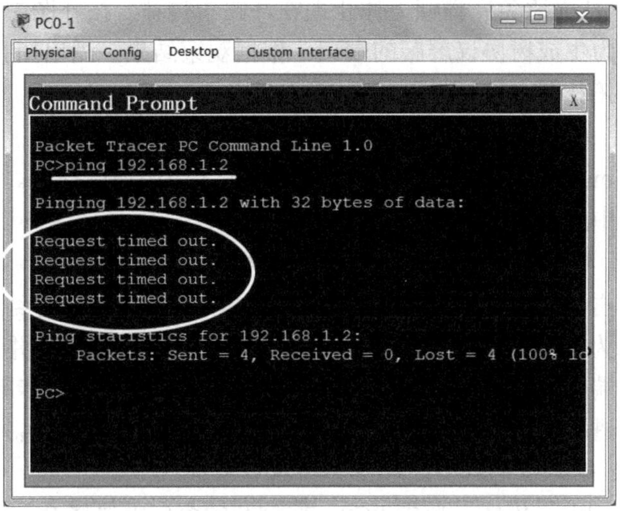


图 2-18　无生成树拓扑中 PC0 与 PC1 的连通性

如图 2-18 所示，PC0 到 PC1 的连通测试失败，反馈结果为 Request timed out，即请求超时。这是因为上述操作步骤中的广播包仍然在网络中不停转发（切换到实时模式拓扑图中不再显示数据包传输动画），形成了广播风暴，耗尽网络资源导致 PC0 发往 PC1 的请求包无法到达 PC1。

单击下方的 Delete（删除）按钮，删除所有场景，为下一任务实验做好准备。

### 2．任务二：观察启用生成树协议的以太网环路中广播帧的传播

**✧　步骤 1：观察拓扑图 2 中启用生成树协议后的逻辑拓扑图**

观察拓扑图 2 中各端口指示灯的颜色。端口指示灯为绿色表示该端口可以接收和转发数据帧，端口指示灯颜色为橙色表示该端口不能接收和转发数据帧。

注：因为生成树协议计算生成树需要消耗一定的时间，所以，如果打开练习文件“2-5 生成树协议（STP）分析.pka”后直接进行任务二的实验，可能需要等待 1～2 分钟拓扑图才能完成生成树的计算，进入正常运行状态。这一过程可以通过单击主窗口右下角的 Realtime 和 Simulation 模式切换按钮数次进行加速。直至拓扑图中只有一个端口指示灯呈橙色时，方可进行实验。

在网络正常运行情况下，生成树协议会将以太网环路中的一些端口屏

蔽，禁止其接收和转发数据帧，形成无环的树形逻辑拓扑（实际转发数据的拓扑图），从而避免广播帧无休止地在环路中传播。拓扑图中指示灯为橙色的端口即为生成树协议屏蔽的端口。根据观察结果，画出拓扑图 2 对应的树形逻辑拓扑图。

✧ **步骤 2：在拓扑图 2 中添加广播包**

进入 Simulation（模拟）模式，在拓扑图 2 中添加广播包。具体操作可参照任务一中的步骤 2。

✧ **步骤 3：捕获数据包，观察广播包的传播**

连续单击 Capture/Forward 按钮捕获数据包，直至该过程结束不再产生新的数据包为止。在此过程中仔细观察广播包的转发情况，并记录每台交换机的哪些端口丢弃该广播包，哪些端口转发该广播包。与步骤 1 记录的树形拓扑图进行对比，观察数据包是否沿树形拓扑中的链路转发。

✧ **步骤 4：在实时模式下，测试网络是否正常**

进入 Realtime 模式，单击 PC0，在打开的窗口中选择 Desktop（桌面）选项卡，选择其中的 Command Prompt 工具，在操作界面中输入 ping 192.168.1.2 并按 Enter 键，如图 2-19 所示。

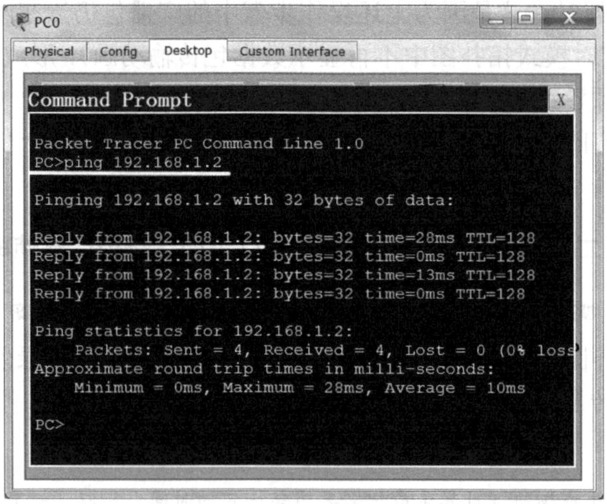


图 2-19　启用生成树拓扑中 PC0 与 PC1 的连通性

测试结果为 Reply from 192.168.1.2：……此结果表示 PC0 发送了请求包后，接收到来自 192.168.1.2 的响应，即 PC0 和 PC1 之间可以正常通信。

对比任务一和任务二中连通性测试结果，理解生成树协议的作用。

单击下方的 Delete（删除）按钮，删除所有场景，为下一任务实验做好准备。

### 3. 任务三：观察链路故障时生成树协议启用冗余链路的情况

✧　**步骤 1：制造故障链路**

单击拓扑图 2 中的 Switch3，在其配置窗口中选择 Config 选项卡，在 INTERFACE 列表下单击 FastEthernet0/1 端口。在右端 FastEthernet0/1 的配置界面中取消勾选 Port Status 项对应的复选框，即关闭该端口，如图 2-20 所示。

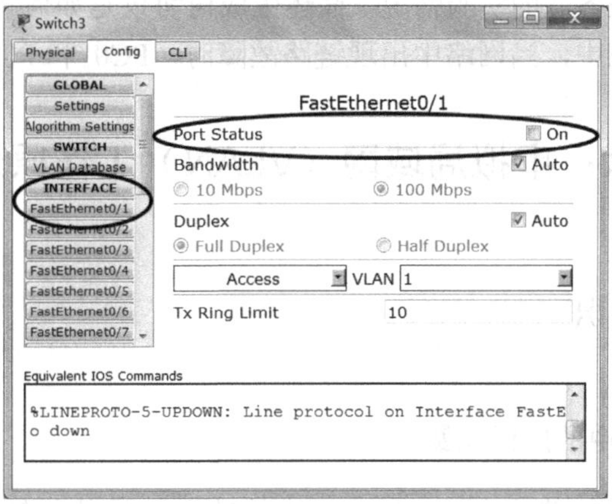


图 2-20　关闭交换机端口

此时，观察拓扑图 2 中 Switch3 和 Switch2 连接的链路上两个端口指示灯为红色，表示端口关闭，即该链路已经中断。

✧　**步骤 2：观察生成树协议启用冗余链路**

当树形逻辑拓扑图中出现链路故障时，生成树协议将自动启用屏蔽端口形成新的树形拓扑，保证网络的连通性。为了加快这一过程，可单击主窗口右下角的 Realtime 和 Simulation 模式切换按钮数次，直至原来橙色指示灯变为绿色为止。

**注：**因为生成树协议需要重新交换数据，重新计算生成树，在 Packet Tracer 6.0 中这一过程耗时较长，可能持续数 10 秒甚至一两分钟时间。

重复执行任务二中的步骤 2、步骤 3 和步骤 4，观察数据包转发路径的变化并确认链路故障时网络的连通性。

✧ **步骤 3：恢复故障端口，并观察生成树的变化**

参照步骤 1 的操作方法，重新打开 FastEthernet0/1。参照步骤 2，观察拓扑图中各端口指示灯颜色的变化，即生成树屏蔽端口的变化。在新的生成树计算完成后，重复执行任务二中的步骤 2、步骤 3 和步骤 4，观察数据包转发的路径。

### 2.5.5 思考题

（1）任务一中，为什么 PC0 无法 ping 通 PC1？

（2）结合任务二的实验情况，简述生成树协议是如何解决环路问题的。

（3）任务三中，当网络中出现链路故障时，PC0 和 PC1 是否能通信？

## 2.6 实验六：虚拟局域网（VLAN）工作原理

### 2.6.1 背景知识

#### 1. 局域网中的广播风暴

随着交换机的普遍应用，以太网中的冲突问题得到有效解决，使得建立更大规模的局域网的需求成为一种可能。但是交换机扩大网络规模的同时也扩大了广播域，这就使得局域网又面临新的问题——广播风暴。

在 2.2 节中已经提到，在以太网中有 3 种通信方式：单播、多播和广播通信。在广播通信过程中，广播域内所有的站点都要接收该广播帧。那么随着网络规模的扩大、广播域的扩大，广播域内传输的大量广播帧将占用太多资源，使得网络性能下降，甚至由于资源耗尽而导致网络瘫痪，这就是局域网中的“广播风暴”。

为了解决这个问题，大型局域网需要进一步分割广播域，提高网络性能。

#### 2. VLAN 技术概述

三层设备路由器可以分割广播域，但是使用路由器分割广播域存在一些弊端。例如，每个广播域与路由器的一个以太网口相连，所以，要求广播域内的站点在同一个物理网段；当广播域的数量较多时，要求路由器提供更多的以太网口，而一般情况下路由器的以太网接口的数量有限，从而增加组网成本；跨广播域的通信必须通过路由器，使得网络数据传输速度下降。VLAN 技术的出现很好地解决了这些问题。

VLAN（Virtual Local Area Network）的中文名为虚拟局域网。VLAN 是一种将局域网设备从逻辑上划分成一个个网段，从而实现虚拟工作组的新兴数据交换技术。VLAN 技术应用在交换机上，它是在第二层数据链路层分割广播域的技术。在实际应用中，使用 VLAN 技术可以把同一物理局域网内的不同用户逻辑地划分为不同的 VLAN，一个 VLAN 就是一个独立的广播域。每一个 VLAN 都包含一组有着相同需求的工作站（例如，公司内同一部门的员工使用的工作站、学校内同一院系使用的工作站等）。由于它是从逻辑上划分的，而不是从物理上划分的，所以，同一个 VLAN 内的各个工作站没有限制在同一个物理范围内，即这些工作站可以在不同物理 LAN 网段。

VLAN 技术将广播帧的传播范围限定在一个 VLAN 内。当局域网规模较大时，可以根据实际情况划分多个 VLAN，控制广播帧的传播范围，从而有效避免广播风暴的出现，提高网络性能。划分 VLAN 后，同一 VLAN 内的站点间可以直接通信，不同 VLAN 内的站点需要通过三层设备的路由才能通信。

VLAN 的划分可以根据交换机端口划分、基于 MAC 地址划分、基于策略划分等。目前使用较多的是基于交换机端口的划分。

通常由网络管理员创建 VLAN，并将交换机的端口分配到不同的 VLAN 内。管理员创建 VLAN 后，确定与交换机各端口相连的工作站分属哪个 VLAN，并将端口分配到对应的 VLAN 内，完成 VLAN 的划分。

### 2.6.2　实验目的

① 理解虚拟局域网 VLAN 的概念。
② 了解 VLAN 技术在交换式以太网中的使用。
③ 理解 VLAN 技术在数据链路层隔离广播域的作用。

### 2.6.3　实验配置说明

本实验对应的练习文件为“2-6 虚拟局域网（VLAN）工作原理.pka”。

### 1．拓扑图

该实验用到的拓扑图已经预先按任务一的需求进行配置了。在实验过程中，任务二也在该拓扑图的基础上完成，即 VLAN 的创建和划分。而任务三必须在任务二的基础上完成，因此，实验过程中不能跳过任务二，如图 2-21 所示。

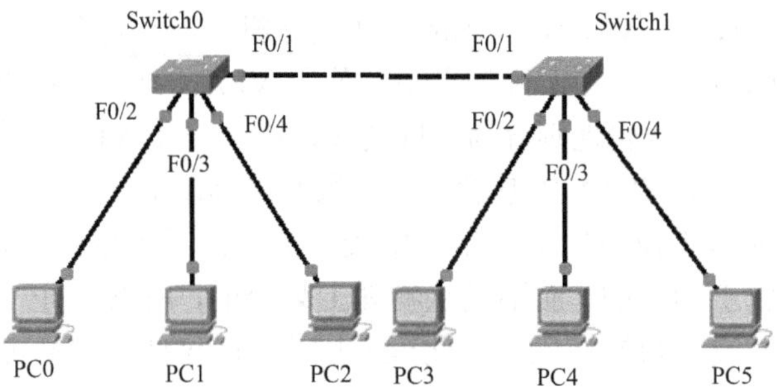


图 2-21　虚拟局域网实验拓扑

### 2．IP 地址配置（见表 2-6）

**表 2-6　IP 地址及 VLAN 信息**

| 主机名 | IP 地址 | 子网掩码 | 所属 VLAN |
|---|---|---|---|
| PC0 | 192.168.1.1 | 255.255.255.0 | VLAN 1 |
| PC1 | 192.168.1.2 | 255.255.255.0 | VLAN 1 |
| PC2 | 192.168.1.3 | 255.255.255.0 | VLAN 1 |
| PC3 | 192.168.1.4 | 255.255.255.0 | VLAN 1 |
| PC4 | 192.168.1.5 | 255.255.255.0 | VLAN 1 |
| PC5 | 192.168.1.6 | 255.255.255.0 | VLAN1 |

## 2.6.4　实验步骤

### 1．任务一：观察未划分 VLAN 前，交换机对广播包的处理

✧　**步骤 1：准备工作**

打开该实验对应的练习文件“2-6 虚拟局域网（VLAN）工作原理.pka”。若此时交换机端口指示灯呈橙色，则单击主窗口右下角的 Realtime 和

Simulation 模式切换按钮数次，直至交换机指示灯呈绿色。

✧ **步骤 2：查看交换机上的 VLAN 信息**

选中拓扑工作区工具条中的 Inspect 工具，将鼠标移至拓扑工作区，单击 Switch0，在弹出的菜单中选择 Port Status Summary Table 选项卡，打开端口状态信息窗口。如图 2-22 所示，当前 Switch0 上所有端口均属于 VLAN1（VLAN1 为交换机默认 VLAN），即未划分 VLAN。用同样的方法查看 Switch1 的 VLAN 信息。

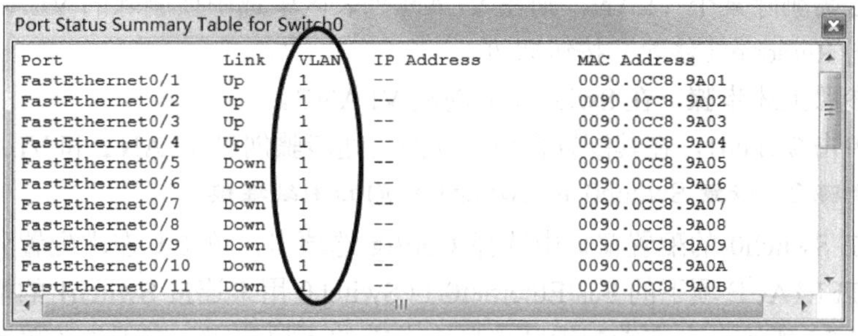
Port Status Summary Table for Switch0

| Port | Link | VLAN | IP Address | MAC Address |
|---|---|---|---|---|
| FastEthernet0/1 | Up | 1 | -- | 0090.0CC8.9A01 |
| FastEthernet0/2 | Up | 1 | -- | 0090.0CC8.9A02 |
| FastEthernet0/3 | Up | 1 | -- | 0090.0CC8.9A03 |
| FastEthernet0/4 | Up | 1 | -- | 0090.0CC8.9A04 |
| FastEthernet0/5 | Down | 1 | -- | 0090.0CC8.9A05 |
| FastEthernet0/6 | Down | 1 | -- | 0090.0CC8.9A06 |
| FastEthernet0/7 | Down | 1 | -- | 0090.0CC8.9A07 |
| FastEthernet0/8 | Down | 1 | -- | 0090.0CC8.9A08 |
| FastEthernet0/9 | Down | 1 | -- | 0090.0CC8.9A09 |
| FastEthernet0/10 | Down | 1 | -- | 0090.0CC8.9A0A |
| FastEthernet0/11 | Down | 1 | -- | 0090.0CC8.9A0B |

图 2-22　Switch0 的 VLAN 信息

✧ **步骤 3：观察在未划分 VLAN 的情况下，交换机对广播包的转发方法**

进入 Simulation 模式，设置 Event List Filters 只显示 ARP 和 ICMP 事件。

单击 Add Simple PDU 按钮，在拓扑图中添加 PC0 向 PC2 发送的数据包。此时，在 Event List 会出现两个事件，第一个是 ICMP，第二个是 ARP（这两个协议将在第 3 章中详述）。

双击 ARP 右端的色块，弹出 ARP 包的详细封装信息，会观察到其目标 MAC 地址为 FFFF.FFFF.FFFF，这是一个广播地址，所以，这个 ARP 包是一个广播包。

单击 Auto Capture/Play（自动捕获/播放）按钮，观察数据发送过程。重点观察交换机向哪些站点发送 ARP 广播包，记录该广播包的传播范围。

单击下方的 Delete（删除）按钮，删除所有场景，为下一任务实验做好准备。

### 2. 任务二：创建两个 VLAN，并将端口划分到不同 VLAN 内

✧ **步骤 1：创建 VLAN**

单击拓扑图中的 Switch0，在弹出的窗口中选择 Config 选项卡，如

图 2-23 所示。单击左端配置列表区中的 SWITCH（交换机）项下的 VLAN Database（VLAN 数据库）按钮，在右端配置区将显示 VLAN Configuration（VLAN 配置）界面。

如图 2-23 所示，在 VLAN Number（VLAN 编号）文本框中输入 VLAN 编号“2”；在 VLAN Name 文本框中输入 VLAN 名“vlan2”；单击 Add（添加）按钮，此时在下方 VLAN 列表区中将会增加 VLAN 2 的信息，即表示 VLAN 2 创建成功。

若需删除某个 VLAN，则在 VLAN 列表区中选中要删除的 VLAN，然后单击 Remove（移除）按钮即可。

参照上述步骤，在 Switch0 上创建 VLAN 3。

单击 Switch1，在其配置窗口中参照上述步骤创建 VLAN 2 和 VLAN 3。

✧ **步骤 2：设置 Switch0 和 Switch1 之间的中继连接**

在 Switch0 的配置窗口中选择 Config 选项卡，单击其左端配置列表中的 INTERFACE 项下的 FastEthernet0/1（Switch0 用来连接 Switch1 的端口），如图 2-24 所示，在右端配置区内单击左端的下拉按钮，在下拉菜单中选择 Trunk 选项。该选项表示将端口设置为 Trunk 模式（中继连接模式）。

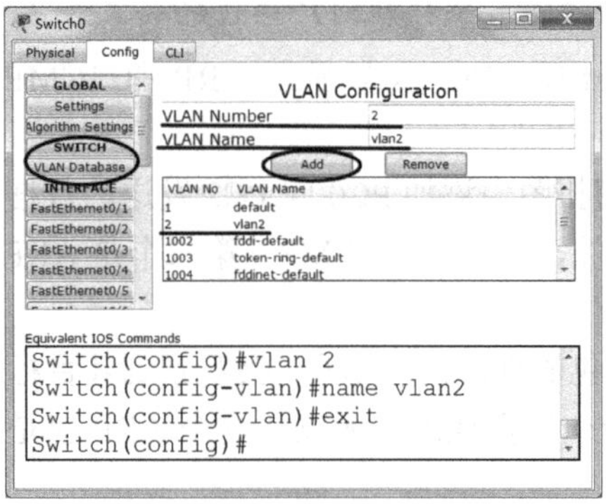


图 2-23 创建 VLAN

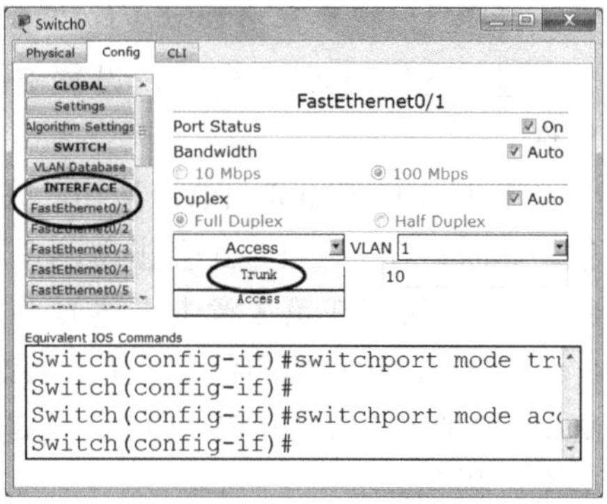


图 2-24 设置 Trunk 模式

参照上述操作步骤，将 Switch1 的 FastEthernet0/1 设置为 Trunk 模式。

✧ **步骤 3：将端口划分到不同 VLAN 内**

在 Switch0 的配置窗口中选择 Config 选项卡，单击其左端配置列表中的 INTERFACE 项下的 FastEthernet0/2。如图 2-25 所示，保持其端口模式为 Access 不变，单击右端 VLAN 项对应的下拉按钮，在下拉菜单中勾选对应的 VLAN，对于 FastEthernet0/2 端口，勾选 vlan2。

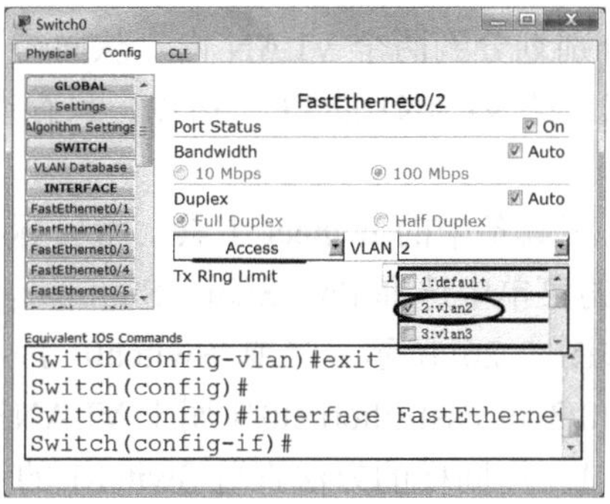


图 2-25　划分 VLAN

参照上述步骤，并对照表 2-7 将 Switch0 和 Switch1 上连接了主机的端口划分到不同的 VLAN 内。

表 2-7　VLAN 划分

| 设备名 | 端口号 | 连接的主机 | 所属 VLAN | 主机 IP 地址 | 子网掩码 |
|---|---|---|---|---|---|
| Switch0 | FastEthernet0/2 | PC0 | 2 | 192.168.1.1 | 255.255.255.0 |
| | FastEthernet0/3 | PC1 | 3 | 192.168.2.1 | 255.255.255.0 |
| | FastEthernet0/4 | PC2 | 3 | 192.168.2.2 | 255.255.255.0 |
| Switch1 | FastEthernet0/2 | PC3 | 2 | 192.168.1.2 | 255.255.255.0 |
| | FastEthernet0/3 | PC4 | 2 | 192.168.2.3 | 255.255.255.0 |
| | FastEthernet0/4 | PC5 | 3 | 192.168.1.3 | 255.255.255.0 |

✧　**步骤 4：修改 PC IP 地址**

步骤 3 中将 PC 划分到不同的 VLAN 内，因此，需要按照表 2-7 重新规划 PC 的 IP 地址。

单击 PC，选择其配置窗口的 Desktop 选项卡，单击 IP Configuration 工具，在配置窗口中 IP Address 和 Subnet Mask 栏内分别对照表 2-7 列出的 PC 的 IP 地址和子网掩码信息，完成 PC 的 IP 地址的配置。

若此时交换机端口指示灯呈橙色，则单击主窗口右下角的 Realtime 和 Simulation 模式切换按钮数次，直至交换机指示灯呈绿色为止。

### 3. 任务三：观察划分 VLAN 后，交换机对广播包的处理

✧　**步骤 1：查看交换机上的 VLAN 信息**

在任务二中，已经在两台交换机上创建了两个 VLAN：VLAN2 和

VLAN3，并将 PC 分别划分到两个 VLAN 内，从而得到两个广播域（在此拓扑中，没有接入默认的 VLAN1 的 PC，所以，只存在 VLAN2 和 VLAN3 两个广播域）。

选中拓扑工作区工具条中的 Inspect 工具，将鼠标移至拓扑工作区，单击 Switch0，在弹出的菜单中选择 Port Status Summary Table 选项，打开端口状态信息窗口。如图 2-26 所示，当前 Switch0 上 FastEthernet0/2 属于 VLAN2，FastEthernet0/3 和 FastEthernet0/4 属于 VLAN3。其他端口未接 PC，仍属于默认的 VLAN1。用同样的方法查看 Switch1 的 VLAN 信息。

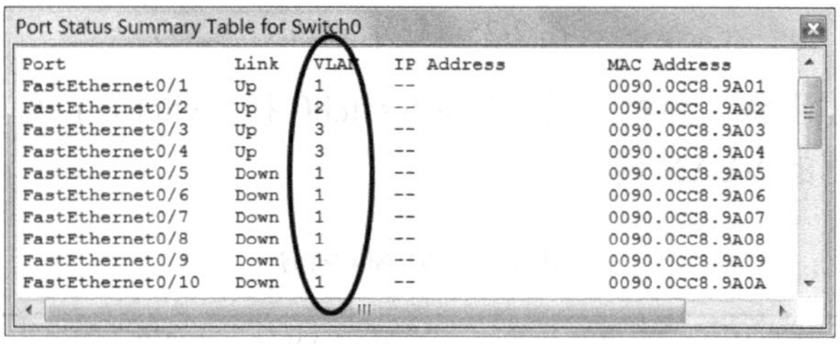


图 2-26　Switch0 VLAN 信息

✧　**步骤 2：观察交换机对广播包的处理，理解划分 VLAN 情况下，广播域的范围**

进入 Simulation 模式。设置 Event List Filters 只显示 ARP 和 ICMP 事件。单击 Add Simple PDU 按钮，在拓扑图中添加 PC0 向 PC3 发送的数据包。

双击 ARP 右端的色块，弹出 ARP 包的详细封装信息，观察到其目标 MAC 地址为 FFFF.FFFF.FFFF，是一个广播地址，所以，这个 ARP 包是一个广播包。

单击 Auto Capture/Play 按钮，观察数据发送过程。重点观察两台交换机转发该广播包的范围，即哪些 PC 最终接收到了该广播包，哪些 PC 最终没有接收到该广播包。结合步骤 1 查看的 VLAN 信息，对结果进行分析。

按照上述步骤，在拓扑图中添加 PC1 向 PC2 发送的数据包，观察其 ARP 广播包发送的情况并记录其结果。

#### 4. 任务四　观察 802.1Q 帧封装格式

✧　**步骤：在划分 VLAN 情况下，观察跨交换机的帧封装格式**

单击下方的 Delete 按钮，删除练习文件中的预设场景。

进入 Simulation 模式。设置 Event List Filters 只显示 ICMP 事件。

单击 Add Simple PDU 按钮，在拓扑图中添加 PC0 向 PC3 发送的数据包。单击 Auto Capture/Play 按钮，观察数据发送的过程。当数据包从交换机 Switch0 转发到交换机 Switch1 时，双击 ICMP 右端的色块，弹出 ICMP 包的详细封装信息，会观察到如图 2-27 所示的 802.1Q 帧封装格式。与原来的封装格式相比，多了字段 TPID 和 TCI，即为 VLAN 标记，用来指明发送该帧的工作站属于哪一个 VLAN。如果还使用原来的以太网格式，那么就无法划分虚拟局域网。

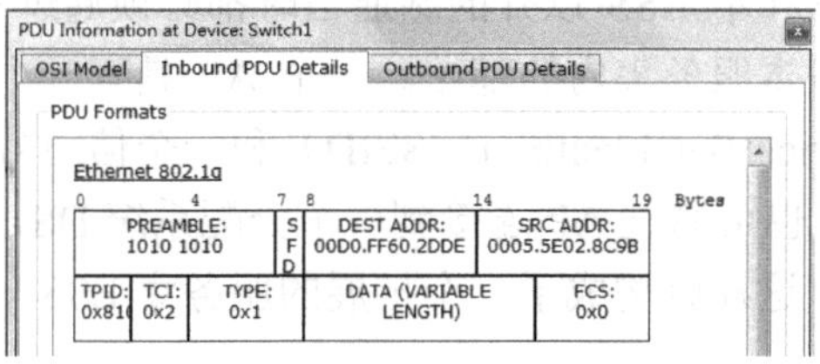


图 2-27　ICMP 包 802.1Q 帧封装格式

按照上述步骤，在拓扑图中添加 PC1 向 PC5 发送的数据包，观察其数据包帧的封装格式，并与 PC0 向 PC3 发送的数据包的帧格式进行对比。

### 2.6.5　思考题

（1）在任务一，两台交换机分别如何处理广播包？其广播包的传播范围有多大？

（2）在任务三中，当一台 PC 发送广播包时，与之连接在同一台交换机上的其他 PC 是否一定能接收到该广播包？根据实验结果举例说明。

（3）通过分析任务一和任务三的实验结果，说明划分 VLAN 的作用。

## 2.7　实验七：无线局域网的帧封装实验

### 2.7.1　背景知识

#### 1. 无线局域网

无线局域网（Wireless LAN，WLAN）是一种利用射频技术取代双绞线铜线所构成的局域网络。与传统以太网类似，WLAN 也是一种共享信道的无线数据网络。无线通信无须铺设线缆，因此，WLAN 具有自由接入、可移动性好等优点。1990 年，IEEE 正式启用了 802.11 项目，并于 1997 年 IEEE 制定出无线局域网的协议标准 802.11，它使用星形拓扑，其中心称为接入点（Access Point，AP），在 MAC 层使用 CSMA/CA 协议。凡使用 802.11 系列协议的局域网又称为 WiFi。

802.11 标准规定无线局域网的最小构件是基本服务集 BSS。一个基本服务集 BSS 包括一个基站和若干个移动站，所有的站在本 BSS 以内都可以直接通信，但在和本 BSS 以外的站通信时都必须通过本 BSS 的基站。接入点 AP 就是基本服务集内的基站。一个 AP 具有一个单字或双字的服务集标识符（Service Set Identifier，SSID）和一个信道号。一个基本服务集可以是孤立的，也可通过 AP 连接到一个分配系统 DS，然后再连接到另一个基本服务集，这样就构成了一个扩展的服务集 ESS。

### 2. MAC 帧结构

无线局域网的 MAC 帧结构如图 2-28 所示。

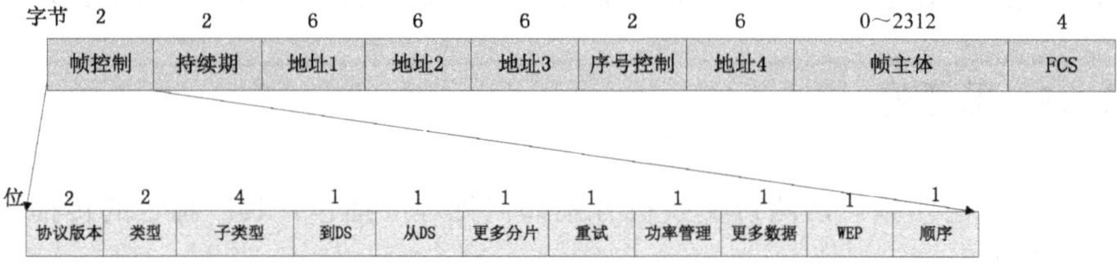


图 2-28　MAC 帧结构

其中，帧控制字段主要给出协议的版本号、MAC 帧类型及其他一些信息。持续期字段以毫秒（ms）为单位给出某次数据传输过程所需要的时间。地址字段用于确定源终端和目的终端、发送端和接收端的地址，这些地址格式完全与以太网 MAC 地址相同。序号控制字段给出 MAC 帧的序号用于接收端鉴别出重复接收的 MAC 帧。帧主体作为净荷字段用于传输高层协议要求传输的数据。帧检验序列（FCS）字段用于接收端检测 MAC 帧的传输错误。

## 2.7.2　实验目的

了解无线局域网的帧封装结构。

## 2.7.3 实验配置说明

本实验对应的练习文件为“2-7 无线局域网的帧封装实验.pka”。

如图 2-29 所示，两台 PC（PC0 和 PC1）通过 AP 组成一个简单的无线局域网。

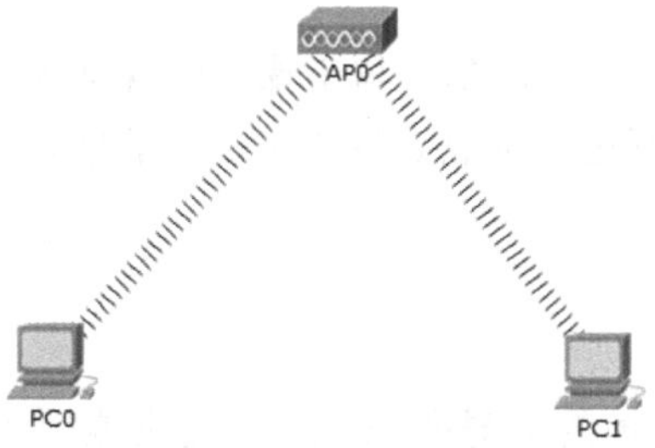


图 2-29 无线局域网实验拓扑

## 2.7.4 实验步骤

任务：观察 802.11 帧封装结构

✧ **步骤 1：准备工作**

打开练习文件“2-7 无线局域网的帧封装实验.pka”，若此时计算机还未接入 AP，则单击主窗口右下角的 Realtime 和 Simulation 模式切换按钮数次，直至计算机连上 AP 为止。

✧ **步骤 2：捕获数据包**

进入 Simulation 模式。设置 Event List Filters 只显示 ICMP 事件。

单击 Add Simple PDU 按钮，在拓扑图中添加 PC0 向 PC1 发送的数据包。单击 Auto Capture/Play 按钮，捕获数据包。当 PC1 发送的响应包返回 PC0 后通信结束，再次单击 Auto Capture/Play 按钮，停止数据包的捕获。

✧ **步骤 3：观察 802.11 帧的封装格式**

选择事件列表中 PC0 到 AP0 的数据包，单击其右端 Info 项中的彩色框。注意弹出窗口顶端的窗口信息：PDU Information at Device：AP0，即当前查看的是 AP0 上的 PDU 信息。选择 Inbound PDU Details 选项卡。

观察 802.11 对应的帧封装格式。重点观察 4 个地址的取值（将鼠标焦点置于 MAC 地址字段内，按住鼠标左键并向右、向左拖动，可以观察完整取值），并将其记录下来。

✧ **步骤 4：观察 AP 转发的 802.11 帧**

选择事件列表中 AP0 到 PC1 的数据包，单击其右端 Info 项中的色块。弹出窗口顶端的窗口信息显示 PDU Information at Device：PC1，即当前查看的是 PC1 接收到的 PDU 信息。在弹出的窗口中选择 Inbound PDU Details 选项卡。

仔细观察帧中的各字段取值，与步骤 2 中观察的各字段取值进行对比，哪些字段取值发生了变化？重点观察 4 个地址的取值。

### 2.7.5 思考题

（1）802.11 数据帧的前导码与以太网数据帧中的前导码作用是否一样？

（2）帧封装格式中的 4 个地址分别表示什么？

# 3

# 第3章 网络层协议实验

## 3.1 实验一：IP分析

### 3.1.1 IP简介

1. 什么是IP

IP是Internet Protocol（网际互连协议）的缩写，是TCP/IP体系中的网络层协议，目前常用的版本是IPv4。设计IP的目的是提高网络的可扩展性：一是解决互联网问题，实现大规模、异构网络的互联互通；二是分割顶层网络应用和底层网络技术之间的耦合关系，以利于两者的独立发展。根据端到端的设计原则，IP只为主机提供一种无连接、不可靠的、尽力而为的数据报传输服务。为了能适应异构网络，IP强调适应性、简洁性和可操作性，而在可靠性做了一定的牺牲。IP不保证分组的交付时限和可靠性，所传送分组有可能出现丢失、重复、延迟或乱序等问题。IP主要包含三方面内容：IP 编址方案、分组封装格式及分组转发规则。

### 2．IP 分组的转发规则

路由器仅根据网络地址进行转发。当 IP 数据包经由路由器转发时，如果目标网络与本路由器直接相连，则直接将数据包交付给目标主机，这称为直接交付；否则，路由器通过路由表查找路由信息，并将数据包转交给指明的下一跳路由器，这称为间接交付。路由器在间接交付中，若路由表中有到达目标网络的路由，则把数据包传送给路由表指明的下一跳路由器；如果没有路由，但路由表中有一个默认路由，则把数据报传送给指明的默认路由器；如果两者都没有，则丢弃数据包并报告错误。

### 3．什么是 IP 分片

一个 IP 包从源主机传输到目标主机可能需要经过多个不同的物理网络。由于各种网络的数据帧都有一个最大传输单元（MTU）的限制，如以太网帧的 MTU 是 1500；因此，当路由器在转发 IP 包时，如果数据包的大小超过了出口链路的最大传输单元时，则会将该 IP 分组分解成很多足够小的片段，以便能够在目标链路上进行传输。这些 IP 分片重新封装一个 IP 包独立传输，并在到达目标主机时才会被重组起来。

### 4．IP 分组结构

一个 IP 分组由首部和数据两部分组成。首部的前 20 字节是所有 IP 分组必须具有的，也称固定首部。在首部固定部分的后面是一些可选字段，其长度是可变的。IP 分组结构首部中各字段的含义如图 3-1 所示。

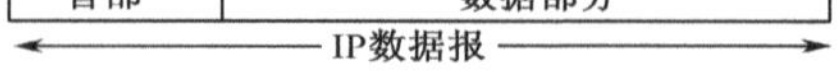


（a）IP 分组结构

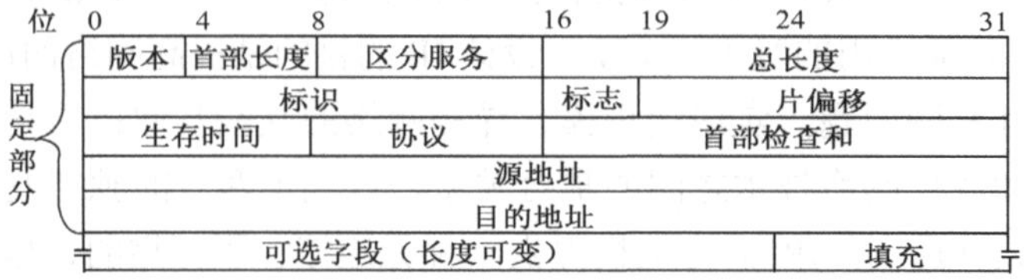


（b）首部中各字段的含义

图 3-1　IP 分组结构及首部中各字段的含义

### 3.1.2　实验目的

① 熟悉 IP 的报文格式及关键字段的含义。
② 掌握 IP 地址的分配方法。
③ 理解路由器转发 IP 数据报的流程。

### 3.1.3　实验配置说明

本实验对应的练习文件为“3-1 IP 协议分析.pka”，其中 IP 地址配置如表 3-1 所示。

表 3-1　IP 实验的地址分配

| 设　备 | 接　口 | IP 地 址 | 掩　码 | 默认网关 |
|---|---|---|---|---|
| PC0 | 以太网口 | 10.1.1.1 | 255.255.255.0 | 10.1.1.254 |
| PC1 | 以太网口 | 10.1.2.1 | 255.255.255.0 | 10.1.2.254 |
| PC2 | 以太网口 | 10.1.3.1 | 255.255.255.0 | 10.1.3.254 |
| Router0 | Fa0/0 | 10.1.1.254 | 255.255.255.0 | — |
| | Fa0/1 | 192.168.1.1 | 255.255.255.0 | — |
| | Eth0/0/0 | 192.168.2.1 | 255.255.255.0 | — |
| Router1 | Fa0/0 | 192.168.1.2 | 255.255.255.0 | — |
| | Fa0/1 | 10.1.2.254 | 255.255.255.0 | |
| Router2 | Fa0/0 | 192.168.2.2 | 255.255.255.0 | — |
| | Fa0/1 | 10.1.3.254 | 255.255.255.0 | — |

IP 实验的网络拓扑图如图 3-2 所示，三个 PC 分别模拟三个网络，通过三个路由器组成一个简单互联网。其中，三个路由器已预先配置了静态路由。

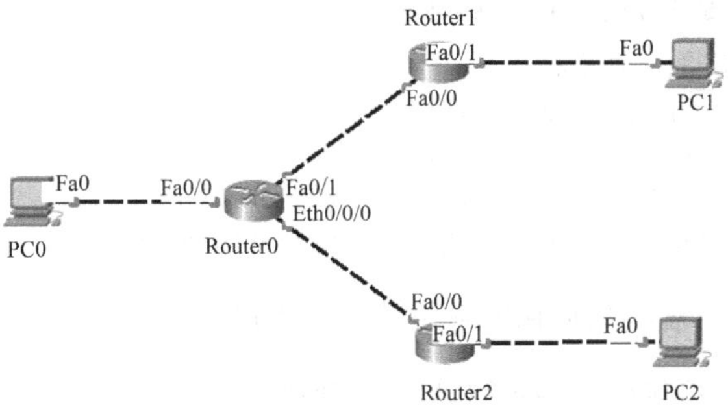


图 3-2　IP 实验的网络拓扑图

## 3.1.4 实验步骤

### 1. 任务一：观察路由表

✧ **步骤 1：观察 Router0 的路由表**

打开 Router0，单击 CLI 进入命令行模式，输入 en 进入#提示的特权命令模式，输入 show ip route 命令查看路由表，结果如下：

```
Router0#show ip route
  Codes: C - connected, S - static, I - IGRP, R - RIP, M - mobile, B - BGP
         D - EIGRP, EX - EIGRP external, O - OSPF, IA - OSPF inter area
         N1 - OSPF NSSA external type 1, N2 - OSPF NSSA external type 2
         E1 - OSPF external type 1, E2 - OSPF external type 2, E - EGP
         i - IS-IS, L1 - IS-IS level-1, L2 - IS-IS level-2, ia - IS-IS inter area
         * - candidate default, U - per-user static route, o - ODR
         P - periodic downloaded static route
 Gateway of last resort is 192.168.2.2 to network 0.0.0.0
       10.0.0.0/24 is subnetted, 2 subnets
C      10.1.1.0 is directly connected, FastEthernet0/0
S      10.1.2.0 [1/0] via 192.168.1.2
C      192.168.1.0/24 is directly connected, FastEthernet0/1
C      192.168.2.0/24 is directly connected, Ethernet0/0/0
S*     0.0.0.0/0 [1/0] via 192.168.2.2
```

其中，标志 S 表示静态路由，C 表示直连路由，*表示默认路由。可以看出，Router0 存在三条直接路由，一条通往 10.1.2.0 的静态路由，还有一条默认的静态路由。

✧ **步骤 2：观察 Router1 的路由表**

操作步骤略，主要结果如下：

```
S      10.1.1.0 [1/0] via 192.168.1.1
C      10.1.2.0 is directly connected, FastEthernet0/1
C      192.168.1.0/24 is directly connected, FastEthernet0/0
```

✧ **步骤 3：观察 Router2 的路由表**

操作步骤略，主要结果如下：

```
S      10.1.1.1/32 [1/0] via 192.168.2.1
S      10.1.2.0/24 [1/0] via 192.168.2.1
C      10.1.3.0/24 directly connected, FastEthernet0/1
C      192.168.2.0/24 is directly connected, FastEthernet0/0
```

### 2. 任务二：观察数据包的封装及字段变化

✧ **步骤 1：初始化所有设备的 ARP 表信息**

为了便于观察，本实验预设了一个场景 0，其中预定义了从 PC0→PC1，以及 PC0→PC2 的数据包传输。请在实时模式和模拟模式中来回切换 3 次，以便仿真系统填写相关设备的 ARP 表，使后续的实验模拟更清晰、简洁。

单击场景面板中的 Delete 按钮（或者使用 Ctrl+Shift+D 快捷键）删除所有场景，便于后续实验。

✧　**步骤 2：观察 IP 数据报的转发**

选择 Simulation（模拟）选项卡，进入模拟模式。单击 Add Simple PDU（添加简单 PDU）按钮，然后分别单击 PC0（源站点）和 PC2（目的站点），此时，PC0 将向 PC2 发送一个携带 ICMP 报文的 IP 数据报。

单击 Auto Capture/Play（自动捕获/播放）或者 Capture/Forward 按钮以运行模拟，并捕获事件和数据包。此时可观察到 IP 数据报的转发过程。

在 Event List 中找到 At Device（在设备）显示为 Router0 的第一个事件，单击其彩色正方形，并选择 Inbound PDU Details 选项卡以查看 IP 数据报的内容，如图 3-3 所示。可以观察到 IP 分组中协议类型字段值为 1（PRO：0x1），这指明 IP 分组中封装了 ICMP 报文。再对比 Inbound PDU 和 Outbound PDU，可以发现在 Outbound PDU 中 IP 分组的 TTL 字段值被减 1 了（由 255 减成 254）。由于 Packet Tracer 模拟器没有计算校验和，因此，无法观察校验和的变化。另外，也可以观察到，源目 IP 地址字段在转发过程中始终保持不变，但是源目 MAC 地址却发生了相应的变化。

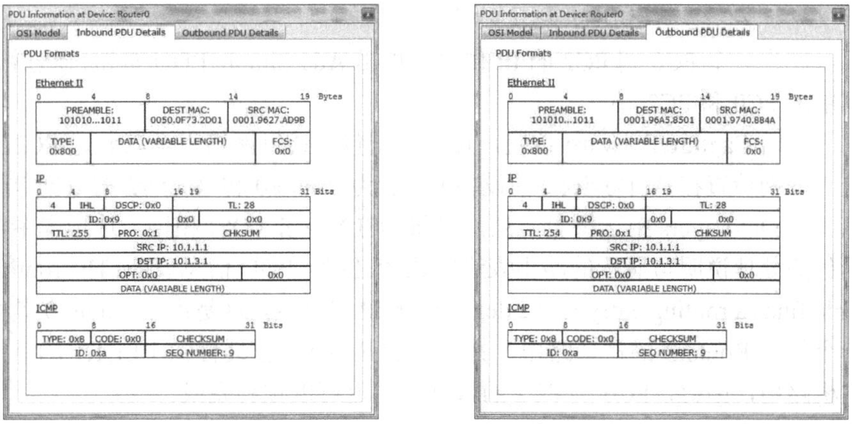


（a）Inbound PDU Details 选项卡　　　（b）Outbound PDU Details 选项卡

图 3-3　Router0 设备上的 PDU 信息

### 3．任务三：观察路由器转发 IP 数据报的方式

**✧　步骤 1：初始化并观察各路由器的路由表**

删除所有场景，并使用 Inspect（检查）工具（右端的放大镜）分别打开 Router0、Router1 和 Router2 的路由表，并排列好路由表窗口，以便同时比较三个路由表，如图 3-4 所示。

Routing Table for Router2

| Type | Network | Port | Next Hop IP | Metric |
|---|---|---|---|---|
| S | 10.1.1.1/32 | --- | 192.168.2.1 | 1/0 |
| S | 10.1.2.0/24 | --- | 192.168.2.1 | 1/0 |
| C | 10.1.3.0/24 | FastEthernet0/1 | --- | 0/0 |
| C | 192.168.2.0/24 | FastEthernet0/0 | --- | 0/0 |

Routing Table for Router1

| Type | Network | Port | Next Hop IP | Metric |
|---|---|---|---|---|
| S | 10.1.1.0/24 | --- | 192.168.1.1 | 1/0 |
| C | 10.1.2.0/24 | FastEthernet0/1 | --- | 0/0 |
| C | 192.168.1.0/24 | FastEthernet0/0 | --- | 0/0 |

Routing Table for Router0

| Type | Network | Port | Next Hop IP | Metric |
|---|---|---|---|---|
| S | 0.0.0.0/0 | --- | 192.168.2.2 | 1/0 |
| C | 10.1.1.0/24 | FastEthernet0/0 | --- | 0/0 |
| S | 10.1.2.0/24 | --- | 192.168.1.2 | 1/0 |
| C | 192.168.1.0/24 | FastEthernet0/1 | --- | 0/0 |
| C | 192.168.2.0/24 | Ethernet0/0/0 | --- | 0/0 |

图 3-4　Router0、Router1 和 Router2 的路由表

**✧　步骤 2：观察 PC0 到 PC2 的往返过程**

产生一个 PC0 到 PC2 的 IP 传输：单击 Add Simple PDU 按钮，然后分别单击 PC0 和 PC2。

单击 Capture/Forward 按钮，传送数据包，通过网络直至其到达 PC2。

分别检查在 At Device（在设备）显示为 Router0 和 Router2 的数据包信息。在 Out Layers 中选择第三层，可将 OSI Model（OSI 模型）选项卡中数据包的处理说明与显示的路由表进行比较。例如，PDU 信息表明：The routing table finds a routing entry to the destination IP address，这是由于 Router0 具有一个朝向 Router2 的默认路由，并且由于 Router2 也具有到 10.1.1.1 的特定主机路由，因此，PC0 到 PC2 的数据报往返可以顺利完成。

**✧　步骤 3：观察 PC2 到 PC1 的往返过程**

删除所有场景，并产生一个 PC2 到 PC1 的 IP 传输：单击 Add Simple PDU 按钮，然后分别单击 PC2 和 PC1。

单击 Capture/Forward 按钮，传送数据包通过网络，直至转发失败，然

后检查每个步骤中的数据包。由于 Router2 具有 10.1.2.0/24 的路由，因此，来自 PC2 的数据报会到达 PC1。但 Router1 没有 10.1.3.0/24 的路由，也没有默认路由，因此，PC2 回复的数据报被 Router1 丢弃。如图 3-5 所示，系统提示：路由器回送了一个“主机无法达到”的错误报告。

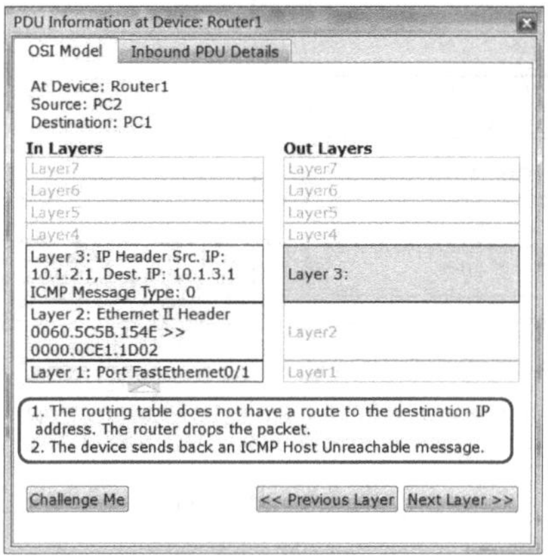


图 3-5　Router2 上的 PDU 信息

### 4. 任务四：观察 IP 分片过程

✧　**步骤 1：产生需要分片的数据报**

删除所有场景，并切换到模拟模式，以便执行新任务。

单击 Add Complex PDU 按钮，选择 Router0 作为数据报的源点。模拟器将会打开 Create Complex PDU 对话框。其中，Select Application 按默认值为 Ping，在 Destination IP Address 字段中输入 10.1.3.1（以 PC2 作为目的地址），将 Size 字段中的值改为 1500，在 Sequence Number（序列号）字段中输入 1。在 Simulation Settings（模拟设置）下选择 One Shot 选项，并设置其 Time 值为 2。单击 Create PDU 按钮。

✧　**步骤 2：观察 IP 数据报的分片情况**

单击 Capture/Forward 按钮，启动模拟，可以观察到 Router1 将产生出两个数据报，如图 3-6 所示。仔细研究这两个数据报，注意观察总长度、标识、标志、片偏移等字段。由于原 ICMP 报文总长度为 1500 字节，封装它的 IP 数据报超出了以太网帧的负载上限，因此，该 IP 报文被拆分为两个 ID 一样的分片，一个长度为 1500 字节，另一个长度为 48 字节，具体分析可以参照图 3-6 框中的文字。

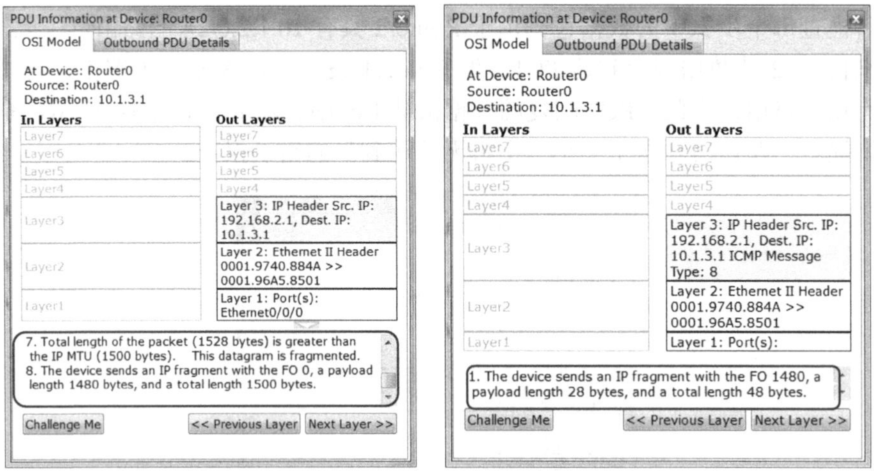


（a）第一分片　　　　（b）第二分片

图 3-6　IP 分片

### 3.1.5　思考题

（1）一个 IP 分组经路由器转发后，有哪些字段会发生变化？

（2）任务二的步骤 2 中，为什么数据单元的源 MAC 地址和目的 MAC 地址在转发时会发生变化？

（3）路由器如何处理无法继续转发数据包？

（4）任务四为什么将 Size 值改为 1500 就可以产生分片？

（5）为什么任务四中的两个分片的长度分别为 1500 和 48？

## 3.2　实验二：IP 地址实验

### 3.2.1　IP 地址简介

#### 1. 什么是 IP 地址

把整个互联网看成一个单一的、虚拟的网络，则 IP 地址就是给每个连接在 Internet 上的主机或路由器分配一个唯一的 32 位的标识符。为了便于记忆，常用点分制表示，如 192.168.1.1。IP 地址由 Internet 名字与号码指派公司 ICANN 统一进行管理和分配。目前，IP 地址的编址方法主要有三种：分类的 IP 地址、可划分子网的 IP 地址、无分类编址方法 CIDR。

一个 IP 地址一般是由网络号和主机号两级组成的。路由器仅根据目的地址中网络号来转发分组，而不考虑主机号，这样就可以大幅度缩小路由表，提高查表速度。因此，在同一个网络上的主机或路由器的 IP 地址的网络号必须是一致的。此外，ISP 在分配 IP 地址时只分配网络号，而剩下的主机号则由单位内部自行分配，从而方便了 IP 地址的管理。

#### 2. 网关

网关实质上就是一个网络通往其他网络的关口，也就是连接到本地网络的路由器的接口。当主机需要和外网通信时就必须配置默认网关地址，即默认的出口 IP 地址。如果主机发送的数据包的目的网络与本主机的网络地址不同，则需要将该数据包转发给默认网关地址指向的路由器，由该路由器负责将数据包转发到其他网络去。网关接口应具有与本地网络相同的网络地址。

#### 3. CIDR 地址块

为了进一步提高 IP 地址的分配效率，Internet 引入一种无分类域间路由选择（Classless Inter-Domain Routing，CIDR）。CIDR 采用可变长掩码，消除了传统的 A 类、B 类和 C 类地址，以及划分子网的概念。它使用各种长度的“网络前缀”来代替分类地址中的网络号和子网号。可以根据每个网络主机的具体数量来确定该网络的前缀和主机位，主机数量越大的网络使用更多的主机位，因此，更加有效地分配 IPv4 的地址空间。CIDR 把网络前缀都相同的连续的 IP 地址组成“CIDR 地址块”。如“129.14.32.0/20”地址块共有 $2^{12}$ 个地址，其中，最小地址为 129.14.32.0，最大地址为 129.14.47.255。

### 3.2.2 实验目的

① 掌握分类的 IP 编址方法。

② 掌握可划分子网的 IP 编址方法。

③ 掌握 CIDR 的 IP 编址方法和路由聚合功能。

### 3.2.3 实验配置说明

本实验对应的练习文件为“3-2 IP 地址分析.pka”，其中 Router0 和 Router1 已启用 RIP 路由协议；网络 Net0 中包含 170 台主机，Net1 有 300 台主机。

各接口的 IP 地址分配如表 3-2 所示，网络拓扑图如图 3-7 所示。

**表 3-2 IP 地址分配**

| 设　备 | 接　口 | IP 地 址 | 掩　码 | 默认网关 |
|---|---|---|---|---|
| Server | Fa0 | 192.168.2.1 | 255.255.255.0 | 192.168.2.254 |
| Router0 | Fa0/0 | 192.168.1.254 | 255.255.255.0 | NULL |
| Router1 | Fa0/0 | 192.168.2.254 | 255.255.255.0 | NULL |
| | Se0/0/0 | 192.168.4.2 | 255.255.255.0 | NULL |

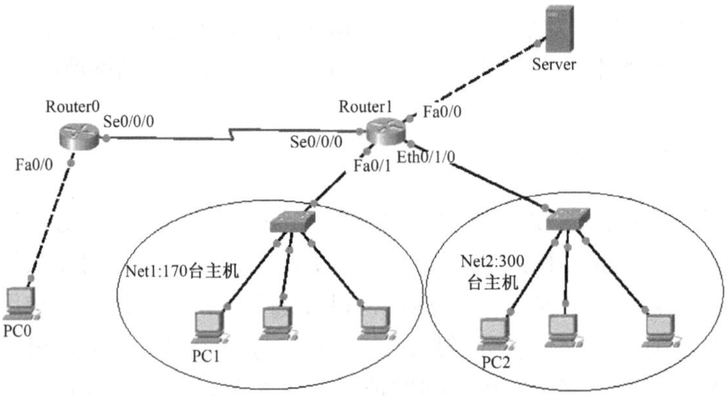


图 3-7 IP 地址分配网络拓扑图

### 3.2.4 实验步骤

#### 1. 任务一：练习主机和路由器的 IP 地址配置

✧ **步骤 1：选择适当的 IP 地址、掩码和网关**

研究图 3-7 所示的网络拓扑图，并从表 3-3 中为 PC0、Router0 的 Se0/0/0 接口选择合理的 IP 地址、子网掩码和默认网关（仅限于 PC），使得 PC0 能

表 3-3　地址

| |
|---|
| 192.168.1.1 |
| 192.168.1.254 |
| 192.168.4.1 |
| 192.168.2.254 |
| 255.255.0.0 |
| 255.255.255.0 |

访问 Server。

以下为参考配置。

- PC0：IP 地址 192.168.1.1，子网掩码 255.255.255.0，默认网关 192.168.1.254；
- Router0 的 Se0/0/0：192.168.4.1，子网掩码 255.255.255.0。

✧　**步骤 2：为主机分配所选的信息**

单击 PC0，选择 Config（配置）选项卡。在 GLOBAL Settings（全局设置）窗口中，分配在步骤 1 中选择的网关。再选择 INTERFACE→FastEthernet，并分配在步骤 1 中选择的主机 IP 地址和子网掩码。

✧　**步骤 3：为 Router0 的 Se0/0/0 接口分配所选的信息**

方案一：单击 Router0，选择 Config（配置）选项卡。选择 Serial0/0/0，并分配在步骤 1 中选择的 IP 地址和子网掩码。

方案二：使用 ip address 配置命令。

单击打开 Router0，单击 CLI 进入命令行模式：

```
Router>en          //进入#提示的特权命令模式
Router#conf  t  //进入全局命令模式
Router(config)#int s0/0/0       //进入 s0/0/0 接口模式
Router(config-if)#ip address 192.168.4.1 255.255.255.0  //配置 IP 地址
Router(config-if)#no shutdown     //启动端口，默认是关闭的
```

✧　**步骤 4：测试连通性**

单击 Add Simple PDU 按钮，然后分别单击 PC0 和 Server。切换一次模拟模式和实时模式，以便初始化各设备的 ARP 表。切换到模拟模式，单击 Capture/Forward 按钮，传送数据包，通过网络直至其到达 Server 并往返。如果连通失败，则说明 IP 地址配置错误。

### 2. 任务二：练习划分子网

✧　**步骤 1：为 Route1 接口选择适当的 IP 地址和子网掩码**

假设拥有一个 B 类地址 173.16.0.0，请使用子网划分方案，将该地址划分为两个子网，分别分配给 Net1 和 Net2，要求子网的 IP 地址空间最大。并分别为 Router1 的 Fa0/1 和 Eth0/1/0 接口选择合适的 IP 地址和子网掩码。以下为参考配置：

- Net1 子网地址为 173.16.0.0，子网掩码为 255.255.128.0，因此，Router1 的 Fa0/1 配置为 173.16.127.254/255.255.128.0。

- Net2 子网地址为 173.16.128.0，子网掩码为 255.255.128.0，因此，Router1 的 Eth0/1/0 配置为 173.16.255.254/255.255.128.0。

✧ **步骤 2：为路由器分配所选的信息**

单击 Router1，选择 Config（配置）选项卡。在 INTERFACE 中选择 FastEthernet0/1，并分配在步骤 1 中选择的 IP 地址和子网掩码。以同样的方式将步骤 1 中选择的 IP 地址和子网掩码分配到 Ethernet0/1/0。上述操作也可以模仿任务一的步骤 3，采用命令行方式配置。

### 3. 任务三：练习 CIDR 地址规划

✧ **步骤 1：为 Route1 接口选择适当的 IP 地址和掩码**

研究图 3-7，并从表 3-4 中分别为 Router1 的 Fa0/1 和 Eth0/1/0 接口选择满足各网络主机数量要求的 IP 地址和子网掩码，并且要求 IP 地址浪费最少；其中，Net1 要求最多支持 170 台主机，Net2 要求最多支持 300 台主机。以下为参考配置：

表 3-4　地址

| |
|---|
| 10.0.1.254/23 |
| 10.0.2.254/24 |
| 10.0.3.254/25 |
| 10.0.4.254/26 |

- Net1 采用 10.0.2.0/24 地址块（拥有 256 个地址），因此，Router1 的 Fa0/1 配置为 10.0.2.254/24。
- Net2 采用 10.0.1.0/23 地址块（拥有 512 个地址），因此，Router1 的 Eth0/1/0 配置为 10.0.1.254/23。

✧ **步骤 2：为路由器分配所选的信息**

单击 Router1，选择 Config（配置）选项卡。在 INTERFACE 中选择 FastEthernet0/1，并分配在步骤 1 中选择的 IP 地址和子网掩码。以同样的方式将步骤 1 中选择的 IP 地址和子网掩码分配到 Ethernet0/1/0。上述操作也可以模仿任务一的步骤 3，采用命令行方式配置。

在 PT Activity 窗口中单击 Check Results（检查结果）按钮，检查答案。如图 3-8 所示，如果检查结果为“Congratulations on completing this activity!”，则说明配置正确。

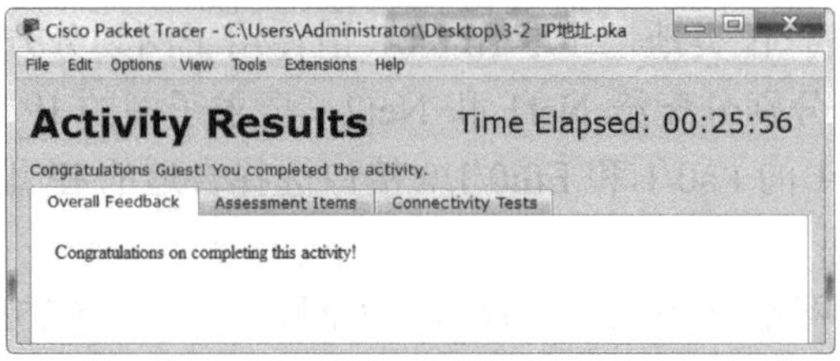


图 3-8　实验结果检查

✧　**步骤 3：在路由器上进行路由聚合**

在拓扑工作区中单击 Route0 路由器，并进入其 Config 面板；单击 Static 按钮，打开静态路由配置区，按表 3-5 所示信息为 Router0 添加一条静态路由。说明：Net1 地址块为 10.0.2.0/24，Net2 的地址块为 10.0.1.0/23，可以聚合为 10.0.0.0/22。该静态路由同时指明 Net1 和 Net2 的下一跳为 192.168.4.2。

**表 3-5　静态路由**

| Network | Mask | Next Hop |
|---|---|---|
| 10.0.0.0 | 255.255.252.0 | 192.168.4.2 |

✧　**步骤 4：测试连通性**

单击 Add Simple PDU 按钮，然后分别单击 PC0 和 PC1。切换一次模拟模式和实时模式，以便初始化各设备的 ARP 表。再切换到模拟模式，单击 Capture/Forward 按钮，传送数据包，通过网络直至其到达 PC0 并往返。

删除场景，单击 Add Simple PDU 按钮，然后分别单击 PC0 和 PC2。切换一次模拟模式和实时模式，以便初始化各设备的 ARP 表。再切换到模拟模式，单击 Capture/Forward 按钮，传送数据包，通过网络直至其到达 PC0 并往返。

上述步骤说明路由聚合成功。在此任务结束时，完成率应为 100%。

## 3.2.5　思考题

（1）与分类的 IP 编址方法相比，CIDR 编址方案具有什么优点？

（2）在任务一中，分配给 PC0 的 IP 地址一定要使用 192.168.1.0 网段吗？为什么？

（3）在任务二中，选择不同前缀长度的依据是什么？

（4）在任务二中，如果 Router0 不进行路由聚合，则要需要配置哪些静态路由信息，才能确保 PC0 能访问 PC1 和 PC2？

（5）路由器的不同接口能否使用相同的网络号？

# 3.3 实验三：ARP 分析

## 3.3.1 ARP 简介

### 1. 什么是 ARP

ARP，即地址解析协议。TCP/IP 网络使用 ARP 实现 IP 地址到 MAC 地址的动态解析。由于 IP 地址只是一个逻辑地址，它实现了对互联网进行统一编址，但物理网络仍然是采用自身的物理地址（也称 MAC 地址）来唯一识别设备。因此，在物理网络中传输数据单元时，最终还是需要使用 MAC 地址来标识目标地址。

### 2. ARP 工作原理

每个主机和路由器的内存中都设有一个 ARP 高速缓存，用于存放其他设备的 IP 地址到物理地址的映射表。当主机欲向其他主机发送 IP 包时，先在本地 ARP 缓存中查看是否有对方的 MAC 地址信息。如果没有，则 ARP 会在网络中广播一个 ARP 请求，拥有该目的 IP 地址的设备将自动发回一个 ARP 回应，对应的 MAC 地址将被记录到主机的 ARP 缓存中。考虑到一个网络可能经常有设备动态加入或者撤出，并且设备也可能更改 IP 地址，因此，ARP 协议将会删除过期未更新的 ARP 条目，具体时间因设备而异。如有些 Windows 系统的 ARP 有效时间为 2min。ARP 缓存可以提高工作效率。如果没有缓存，每当有数据帧进入网络时，ARP 都必须不断请求地址转换，这样会延长通信时延，甚至造成网络拥塞。反之，保存时间过长也可能导致离开网络或者更改第 3 层地址的设备出错。

ARP 可解决同一个局域网上 IP 地址和硬件地址的映射问题。如果所要找的主机和源主机不在同一个局域网上，那么就要通过 ARP 找到一个位于本局域网上的某个路由器的硬件地址，然后把分组发送给这个路由器，让这个路由器把分组转发给下一个网络。剩下的工作就由下一个网络来做。

## 3.3.2 实验目的

① 掌握基本的 arp 命令。

② 熟悉 ARP 报文格式和数据封装方式。

③ 理解 ARP 的工作原理。

### 3.3.3　实验配置说明

本实验对应的练习文件为“3-3 arp 协议分析.pka”，具体的网络拓扑和地址分配如图 3-9 和表 3-6 所示。

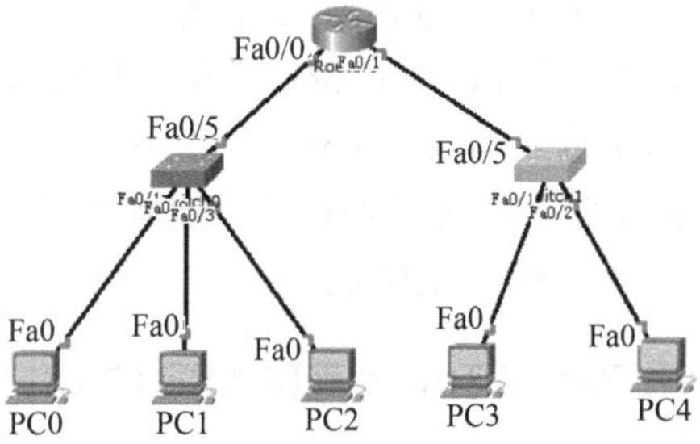


图 3-9　ARP 实验的网络拓扑

表 3-6　IP 地址配置

| 设　　备 | 接　　口 | IP 地 址 | 掩　　码 | 默认网关 |
|---|---|---|---|---|
| PC0 | 网卡 | 192.168.1.1 | 255.255.255.0 | 192.168.1.254 |
| PC1 | 网卡 | 192.168.1.2 | 255.255.255.0 | 192.168.1.254 |
| PC2 | 网卡 | 192.168.1.3 | 255.255.255.0 | 192.168.1.254 |
| PC3 | 网卡 | 192.168.2.1 | 255.255.255.0 | 192.168.2.254 |
| PC4 | 网卡 | 192.168.2.2 | 255.255.255.0 | 192.168.2.254 |
| Router0 | Fa0/0 | 192.168.1.254 | 255.255.255.0 | NULL |
| Router0 | Fa0/1 | 192.168.2.254 | 255.255.255.0 | NULL |

### 3.3.4　实验步骤

#### 1. 任务一：在 Packet Tracer 中熟悉 arp 命令

☺提示：在 Packet Tracer 中，arp 命令只支持两个参数——a 和 d。

- arp ：不带参数，显示可用的选项。
- arp -a ：用于查看 ARP 缓存中已获取的所有 MAC 地址。
- arp -d ：删除 ARP 缓存中的所有项目。

✧ **步骤 1：访问主机的命令提示符窗口**

在逻辑空间中单击 PC0，在 Desktop 中单击 Command Prompt 按钮，即可进入 PC0 的命令行窗口。

✧ **步骤 2：观察 ARP 缓存中条目的动态增减**

使用 ping 命令在 ARP 缓存中动态添加条目。ping 命令用于测试网络的连通性，通过该命令来访问其他设备，则 ARP 会被自动关联执行，查询目标主机的 MAC 地址，并将获取的 MAC 地址信息添加到 ARP 缓存中。

- 使用 arp -a 命令检查 PC0 的 ARP 缓存，此时为空。
- 在命令行窗口中输入命令：ping 192.168.1.2（PC1 的 IP 地址）。
- 再次使用 arp -a 命令，可以查看新获取到的 MAC 地址。
- 使用 arp -d 命令，清空 ARP 缓存。

### 2. 任务二：使用 Packet Tracer 观察 ARP 的工作原理

✧ **步骤 1：捕获并观察 ARP 数据包的转发**

进入 Simulation 模式。设置 Event List Filters 只显示 ARP 和 ICMP 事件。在 PC0 的命令行中输入 ping 192.168.1.2。

在发出 ping 命令之后，单击 Auto Capture/Play（自动捕获/播放）按钮运行模拟，并捕获事件和数据包。此时，可以观察到 ARP 协议的完整查询过程，即“广播查询—单播回应”。当 Buffer Full（缓冲区已满）窗口打开时，单击 View Previous Events 按钮，查看以前的事件，这一系列的事件说明了数据包的传输路径。

单击 Simulation 面板中 Event List 区域的最后一列（彩色框），可访问事件的详细信息。

✧ **步骤 2：研究 ARP 报文格式和封装方式**

在 Event List 中分别找到 PC0 和 PC1 发送的第一个数据包，它们分别为第一条 ARP 查询包和第一条 ARP 回应包。再单击 Info 列中的彩色正方形，打开 PDU Information（PDU 信息）窗口。选择 Outbound PDU Details 选项卡以查看 ARP 报文的内容和封装方式，这有助于对数据包进行更细致的分析。

值得注意的是，封装 ARP 查询包的数据帧是采用广播地址（FF-FF-FF-FF-FF-FF）。

✧ **步骤 3：研究不同广播域内主机间互访时的 ARP 执行过程**

使用 IP 地址 192.168.2 .1（PC4 的 IP 地址）重复步骤 1，并观察不同广播域间主机互访时的 ARP 执行情况。

### 3.3.5 思考题

（1）任务一完成后，哪些 PC 的 ARP 缓存拥有 PC0 的 MAC 地址记录？哪些 PC 新添加了 PC1 的 MAC 地址记录？

（2）ARP 缓存的作用是什么？缓存中记录的保存时间是否越长越好？请解释理由。

（3）主机使用 ARP 能查询到其他网段的 MAC 地址吗？为什么？

（4）在任务二的步骤 3 中，ARP 被执行了几次？

## 3.4 实验四：ICMP 分析

### 3.4.1 ICMP 协议简介

1．什么是 ICMP

ICMP 是 Internet Control Message Protocol（Internet 控制报文协议）的缩写。它是 TCP/IP 协议族中的一个子协议，用于在 IP 主机、路由器之间传递网络通不通、主机是否可达、路由是否可用等控制消息。这些控制消息虽然并不传输用户数据，但对于保证 TCP/IP 的可靠运行是至关重要的。

IP 只提供无连接的、尽力而为的数据报服务；TCP 在 IP 基础上建立有连接的传输服务，解决了网络底层的数据报丢失、重复、延迟或乱序等问题，但仍无法解决因网络故障所导致的分组无法传输的问题。因此，ICMP 提供了一种 IP 包无法传输的差错报告机制，可以帮助发送方了解为什么无法传递，网络发生了什么问题，以便解决网络故障问题。

ICMP 报文使用 IP 数据报封装（IP 分组的协议字段为 1），报文格式如图 3-10 所示，其中前 4 个字节是统一的格式，共有三个字段：类型、代码和检验和，接着的 4 个字节的内容与 ICMP 的类型有关。ICMP 报文类型包括 5 种差错报告报文和 4 种询问报文，如表 3-7 所示。

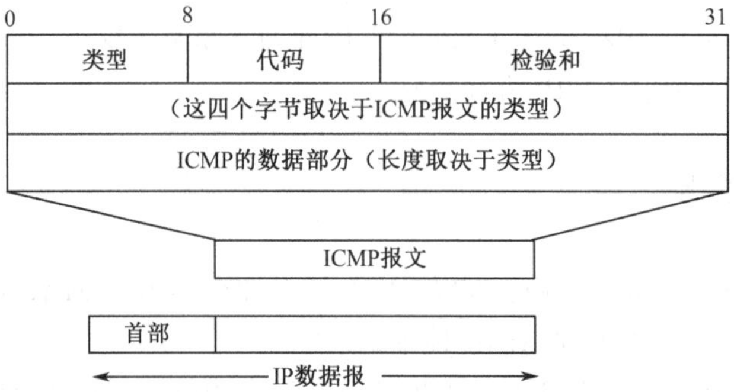


图 3-10　ICMP 报文格式

**表 3-7　常见的 ICMP 报文类型**

| ICMP 报文类型 | 类 型 值 | 说　　明 |
| --- | --- | --- |
| 差错报告报文 | 3 | 目的站不可到达 |
| | 4 | 源站抑制 |
| | 11 | 超时 |
| | 12 | 参数出错 |
| | 5 | 路由重定向 |
| 询问报文 | 8 或 0 | 回送请求或应答 |
| | 13 或 14 | 时间戳请求或应答 |

## 2．ping 命令与 tracert 命令

为了观察 ICMP，本实验用到了 ping 命令和 tracert 命令，它们都是基于 ICMP 实现的，具体功能和原理如下。

ping 程序是一个应用层直接使用 ICMP 的例子。该程序使用了 ICMP 的回送请求与应答报文，用来测试目的主机或路由器是否能够到达。网络管理员或用户常使用该命令来诊断网络故障。

tracert 程序是 Windows 自带的一个路由跟踪实用小程序，用于跟踪一个 IP 数据包从源点到终点的路径。Tracert 命令利用 IP 生存时间（TTL）字段和 ICMP 错误报告消息来确定沿途路由。Tracert 从源主机向目标主机发送一连串的 IP 包，数据包封装的是回送请求 ICMP 报文；第一个数据包的 TTL 设置为 1，第二个为 2，以此类推。由于路由器转发数据包时会递减 TTL 值，当 TTL 为 0 时，将丢弃数据包并向源主机发送一个超时差错报告；因此，沿途路由器将逐个向源主机报告 ICMP 超时消息。当有数据包到达目的主机时，目的主机也会向源主机发送一个 ICMP 应答报告。依据各路由器和目标主机报告的消息，源主机即可获得到达目标主机所经过的路由器的 IP 地址，以及所需的往返时间。

### 3.4.2　实验目的

① 了解 ICMP 报文格式和数据单元的封装方式。
② 利用 ping 程序和 tracert 命令，熟悉 ICMP 协议的工作原理。
③ 进一步理解 ICMP 的作用。

### 3.4.3　实验配置说明

本实验对应的练习文件为“3-4 ICMP 协议分析.pka”。网络拓扑如图 3-11 所示，PC0 和 PC1 通过路由器 Router0 和 Router1 互连。各设备的 IP 地址配置如表 3-8 所示。

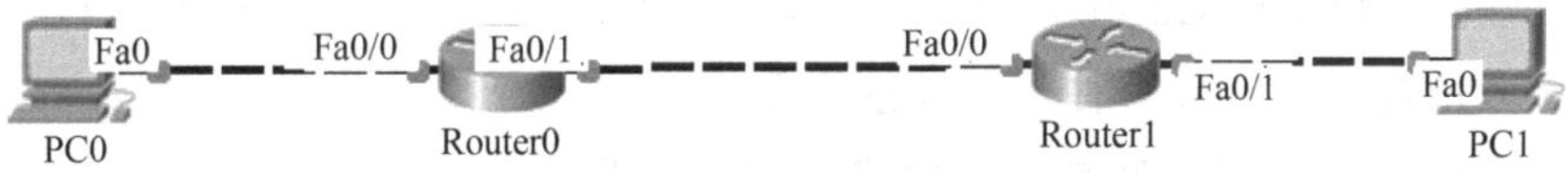


图 3-11　ICMP 网络拓扑

表 3-8　IP 地址配置

| 设备 | 接口 | IP 地址 | 掩码 | 默认网关 |
|---|---|---|---|---|
| PC0 | 网卡 | 200.1.1.1 | 255.255.255.0 | 200.1.1.254 |
| PC1 | 网卡 | 200.1.2.1 | 255.255.255.0 | 200.1.2.254 |
| Router0 | Fa0/0 | 200.1.1.254 | 255.255.255.0 | NULL |
| Router0 | Fa0/1 | 200.1.3.1 | 255.255.255.0 | NULL |
| Router1 | Fa0/0 | 200.1.3.2 | 255.255.255.0 | NULL |
| Router1 | Fa0/1 | 200.1.2.254 | 255.255.255.0 | NULL |

### 3.4.4　实验步骤

#### 1. 任务一：使用 ping 命令观察 ICMP

本任务利用 ping 程序来观察 ICMP 的回送请求与回答报文。

◇ **步骤 1：捕获并观察 ping 程序发送和回应的 ICMP 报文**

进入 Simulation 模式。设置 Event List Filters 只显示 ICMP 事件。在 PC0 的命令行中输入 Ping 200.1.2.1（PC1 的 IP 地址）并按 Enter 键。最小化 PC0 的配置窗口，单击 Auto Capture/Play 按钮，以运行模拟，并捕获事件和数据包，可以通过 Play Speed Slider 调整模拟的速度。此时，可观察 ICMP 数据包的转发过程。当 Buffer Full 窗口打开时，单击 View Previous Events 按钮，可以查看以前的事件。如果实验失败，可以多尝试几次。

在 Event List 中找到第一个数据包，即第一条 ICMP 回送请求；然后单击 Info（信息）列中的彩色正方形，将会打开 PDU Information 窗口。选择 Outbound PDU Details 选项卡以查看 ICMP 报文内容和封装方式。

在其中 At Device 显示为 PC0 的下一个事件中单击其彩色正方形。这是第一条应答报文。选择 Inbound PDU Details（入站 PDU 详细数据）选项卡以查看 ICMP 报文的内容。

注意，Packet Tracer 只显示 TYPE（类型）和 CODE（代码）字段，并且字段值需要单击并且往下拉才能看到。

◇ **步骤 2：观察主机无法达到的 ICMP 回应报文**

使用 IP 地址 201.1.2.3（注：任意一个无法到达的 IP 地址即可）重复步骤 1。观看动画，并注意 Router0 回复的 ICMP 报文类型。可以观察到 Router0 丢弃了无法传递的数据报，并向 PC0 回复了一个“主机无法达到”的错误报告。

注意，由于 ICMP 差错报告报文会携带需要进行差错报告的 IP 数据报首部和数据字段前 8 字节，因此，在 PDU Details 中可以看到两个 ICMP 报文，一个为原先的回送请求报文（类型为 8），另一个为错误报告报文（类型为 3）。

### 2. 任务二：使用 tracert 命令观察 ICMP

本任务利用 tracert 命令来观察 ICMP 的 TTL 超时错误报告和无法交付错误报告。

◇ **步骤 1：使用 tracert 命令观察一个 IP 数据包从源点到终点的转发路径**

在实时模式下，单击 PC0，在 Desktop 中单击 Command Prompt（命令提示符）按钮。在 PC0 的命令行窗口中输入命令：tracert 200.1.2.1（PC1 的

IP 地址)，观察 ICMP 报文从 PC0 到 PC1 的转发路径。

图 3-12 所示为实验结果的一个示例，最左侧的 1，2，3 标明从 PC0 到 PC1 经过了 3 个路由节点（200.1.1.254，200.1.3.2，200.1.2.1）；中间这三列是表示连接到每个路由节点的速度（每个节点均测试三遍），将命令的输出结果与网络图及设备的 IP 地址进行比对。

```
PC>tracert 200.1.2.1
Tracing route to 200.1.2.1 over a maximum of 30 hops:
    1    0 ms     0 ms     0 ms     200.1.1.254
    2    0 ms     0 ms     0 ms     200.1.3.2
    3    1 ms     0 ms     1 ms     200.1.2.1
Trace complete.
```

图 3-12　tracert 命令例子

✧　**步骤 2：在 Simulation 模式中观察学习 tracert 命令的工作原理**

进入 Simulation 模式。设置 Event List Filters 只显示 ICMP 事件，并重复步骤 1。最小化 PC0 的配置窗口，单击 Auto Capture/Play（自动捕获/播放）按钮，以运行模拟并捕获事件和数据包。此时，可观察 ICMP 数据包的转发过程。当 Buffer Full（缓冲区已满）窗口打开时，单击 View Previous Events 按钮，可以查看以前的事件。

在 Event List（事件列表）中分别找到其中 Last Device 显示为 PC0 的事件，单击其彩色正方形，选择 Inbound PDU Details（入站 PDU 详细数据）选项卡以查看 ICMP 报文的内容。可以观察到 tracert 首先发送 3 个 TTL=1 的 IP 包，然后发送 3 个 TTL=2 的 IP 包，以此类推。最后，可以观察到一对成功的 ICMP 回应请求和应答报文。

注意报文中的 TYPE（类型）字段值，并与表 3-7 进行比对。

### 3.4.5　思考题

（1）在 tracert 命令中，为什么源主机对于每个 TTL 值都要重复进行多次探测？

（2）ICMP 协议是否会给 Internet 带来安全隐患？

# 3.5 实验五：直连路由与静态路由

## 3.5.1 路由知识

### 1. 路由

路由是指路由器根据数据包的目的地址，将其从一个接口转发到另一个接口的过程。在互联网中，路由器是依据路由表来转发 IP 分组的。路由器的路由表信息有三种来源：直连路由、静态路由和动态路由。其中，动态路由是路由器通过运行路由协议，自动获得的路由信息。在因特网中，路由器主要是依靠路由协议来建立路由表。

### 2. 直连路由

直连路由是由物理接口的链路层协议自动发现的。当某个接口处于活动状态时，路由器会自动学习到该接口所连接的网络的地址信息，并将该路由信息添加到路由表中去。但直连路由无法获取与路由器不直接相连的路由信息。

### 3. 静态路由

静态路由是指管理员人工配置路由表，它只适用于简单的网络环境。要求管理员了解整个网络的拓扑信息和链路信息，并且当网络拓扑结构和链路状态发生变化时，所有路由器的路由表都需要人工进行调整修改。因此，大型或复杂网络通常不建议采用静态路由。静态路由的优点是不消耗路由器的计算和带宽资源，并且安全性高。

### 4. 默认路由

默认路由是一种特殊的静态路由，是指当路由表中找不到匹配的出口表项时，路由器采取的路由选择。默认路由可减少路由表所占用的空间和搜索路由表所用的时间。在路由表中只能有一条默认路由表目，通常发往本自治系统外的网络的数据报是通过默认路由指向。

## 3.5.2　实验目的

①理解直连路由。
②理解静态路由，并掌握静态路由配置。

## 3.5.3　实验配置说明

本实验对应的练习文件为“3-5 直连路由与静态路由.pka”。网络拓扑和接口 IP 地址分配分别如图 3-13 和表 3-9 所示。

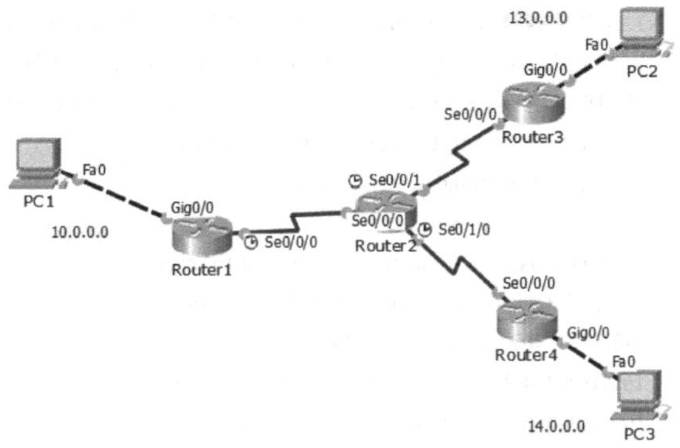


图 3-13　路由协议实验网络拓扑

表 3-9　IP 地址分配

| 设备 | 接口 | IP 地址 | 掩码 | 默认网关 |
|---|---|---|---|---|
| PC1 | Fa0 | 10.0.0.1 | 255.0.0.0 | 10.0.0.2 |
| PC2 | Fa0 | 13.0.0.1 | 255.0.0.0 | 13.0.0.2 |
| PC3 | Fa0 | 14.0.0.1 | 255.0.0.0 | 14.0.0.2 |
| Router1 | Gig0/0 | 10.0.0.2 | 255.0.0.0 | NULL |
| | Se0/0/0 | 192.168.1.1 | 255.255.255.0 | NULL |
| Router2 | Se0/0/0 | 192.168.1.2 | 255.255.255.0 | NULL |
| | Se0/0/1 | 192.168.2.1 | 255.255.255.0 | NULL |
| | Se0/1/0 | 192.168.3.1 | 255.255.255.0 | NULL |
| Router3 | Gig0/0 | 13.0.0.2 | 255.0.0.0 | NULL |
| | Se0/0/0 | 192.168.2.2 | 255.255.255.0 | NULL |
| Router4 | Gig0/0 | 14.0.0.2 | 255.0.0.0 | NULL |
| | Se0/0/0 | 192.168.3.2 | 255.255.255.0 | NULL |

## 3.5.4 实验步骤

### 1．任务一：观察直连路由

✧ **步骤 1：观察 Router1 的路由表**

打开 Router1，单击 CLI 进入命令行模式，输入 en 进入#提示的特权命令模式，输入 show ip route 命令查看路由表，结果如下：

```
Router#show ip route
Codes: L - local, C - connected, S - static, R - RIP, M - mobile, B - BGP
       D - EIGRP, EX - EIGRP external, O - OSPF, IA - OSPF inter area
       N1 - OSPF NSSA external type 1, N2 - OSPF NSSA external type 2
       E1 - OSPF external type 1, E2 - OSPF external type 2, E - EGP
       i - IS-IS, L1 - IS-IS level-1, L2 - IS-IS level-2, ia - IS-IS inter area
       * - candidate default, U - per-user static route, o - ODR
       P - periodic downloaded static route
Gateway of last resort is not set
C       10.0.0.0/8 is directly connected, GigabitEthernet0/0
L       10.0.0.2/32 is directly connected, GigabitEthernet0/0
        192.168.1.0/24 is variably subnetted, 2 subnets, 2 masks
C       192.168.1.0/24 is directly connected, Serial0/0/0
L       192.168.1.1/32 is directly connected, Serial0/0/0
```

其中，标志 C 表示直连路由。可以看出，Router1 存在两条直连路由，分别通往 192.168.1.0 网络和 10.0.0.0 网络。观察网络拓扑，可以发现上述两条路由信息分别是 Router1 的 s0/0/0 接口和 g0/0 接口所在的网络。

✧ **步骤 2：观察直连路由的更新**

单击 Router1，选择 Config（配置）选项卡。选择 g0/0 接口，单击 port status 复选框，关闭接口。再单击 CLI 进入命令行模式，输入 en 进入#提示的特权命令模式，输入 show ip route 命令查看路由表，关键结果如下：

```
C       192.168.1.0/24 is directly connected, Serial0/0/0
L       192.168.1.1/32 is directly connected, Serial0/0/0
```

可以看到，路由表中 10.0.0.0 的直连路由已被删除。再次单击 port status 复选框，开启 g0/0 接口，可以观察到，路由表中又增加了 10.0.0.0 的直连路由。由于直连路由会自动随接口状态变化而变化，当接口状态正常时，此直连路由会自动出现在路由表中，当接口 down 掉后此条路由会自动消失。

### 2．任务二：静态配置路由

☺ 提示：Cisco 路由器使用 ip route 命令配置静态路由，格式如下：

ip route　网络地址　掩码　下一跳 IP 地址/本地接口

上述命令用于添加一条静态路由，其中，下一跳 IP 地址是指下一跳路由器的入接口的 IP 地址。

删除一条静态路由的命令如下：no ip route 网络地址 掩码

✧　**步骤 1：为路由器设计正确的静态路由**

观察网络拓扑，尝试为每个路由器设计合理的静态路由信息，使得网络中的任意两个主机都能连通，表 3-10 所示为参考答案。

**表 3-10　路由器静态路由配置信息**

| 路由器 | Network | Mask | Next Hop |
|---|---|---|---|
| Router1 | 13.0.0.0 | 255.0.0.0 | 192.168.1.2 |
| | 14.0.0.0 | 255.0.0.0 | 192.168.1.2 |
| Router2 | 10.0.0.0 | 255.0.0.0 | 192.168.1.1 |
| | 13.0.0.0 | 255.0.0.0 | 192.168.2.2 |
| | 14.0.0.0 | 255.0.0.0 | 192.168.3.2 |
| Router3 | 10.0.0.0 | 255.0.0.0 | 192.168.2.1 |
| | 14.0.0.0 | 255.0.0.0 | 192.168.2.1 |
| Router4 | 10.0.0.0 | 255.0.0.0 | 192.168.3.1 |
| | 13.0.0.0 | 255.0.0.0 | 192.168.3.1 |

✧　**步骤 2：为每个路由器配置静态路由**

方案一：使用图形界面配置。

在拓扑工作区中单击 Route1 路由器，并进入其 Config 面板；单击 Static 按钮，打开静态路由配置区，按表 3-10 所示的信息配置 Router1 的静态路由。

方案二：使用 IOS 命令配置。

单击打开 Router1，单击 CLI 进入命令行模式；

```
Router>en                  //进入#提示的特权命令模式
Router#conf   t            //进入全局命令模式
Router(config-if)#ip route 13.0.0.0 255.0.0.0 192.168.1.2       //配置通往 13.0.0.0 的静态路由
Router(config-if)#ip route 14.0.0.0 255.0.0.0 192.168.1.2       //配置通往 14.0.0.0 的静态路由
```

然后，根据表 3-10，以同样的方式分别配置 Router2、Router3、Router4 路由器的静态路由。配置完毕后，可使用右侧工具栏中的 Inspect 工具检查每台路由器的路由表是否正确。

✧　**步骤 3：检查路由配置是否正确**

单击位于 PT Activity 窗口下方的 Check Results（检查结果）按钮，检查配置。如果显示为 100%，则说明配置成功，否则使用 ping 程序或者 Add Simple PDU 方法，分别测试任意两个主机的连通性；通过跟踪数据报的转发过程，检查并排除路由配置故障，直到成功为止。

### 3．任务三：配置默认路由

本任务使用默认路由替代任务二中建立的静态路由，帮助理解默认路由的作用。

提示：配置默认路由的命令如下：

```
ip route    0.0.0.0    0.0.0.0    下一跳 IP 地址/本地接口
```

其中，0.0.0.0 0.0.0.0 可以匹配所有的 IP 地址，因此，默认路由可以看做静态路由的一种特殊情况。

✧ **步骤 1：删除 router1 的静态路由**

单击打开 Router1，单击 CLI 进入命令行模式；在全局模式中分别输入命令“no ip route 13.0.0.0 255.0.0.0”和“no ip route 14.0.0.0 255.0.0.0”，删除任务二中建立的两条静态路由。配置完毕后，可使用右侧工具栏中的 Inspect 工具检查 Router1 的路由表。

✧ **步骤 2：为 router1 添加一条默认路由**

单击打开 Router1，单击 CLI 进入命令行模式；在全局模式中输入命令“ip route 0.0.0.0 0.0.0.0 192.168.1.2”，为 Router1 添加一条默认路由。再输入“end”回到特权模式，输入“show ip route”命令查看路由表，关键结果如下：

```
C     10.0.0.0/8 is directly connected, GigabitEthernet0/0
L     10.0.0.2/32 is directly connected, GigabitEthernet0/0
      192.168.1.0/24 is variably subnetted, 2 subnets, 2 masks
C     192.168.1.0/24 is directly connected, Serial0/0/0
L     192.168.1.1/32 is directly connected, Serial0/0/0
S*    0.0.0.0/0 [1/0] via 192.168.1.2
```

其中，最后一条标志为 S*，是所添加的默认路由。该路由指明数据包默认就发往 192.168.1.2 接口。再使用 ping 命令，在 PC1 分别测试 PC2 和 PC3 的连通性。可以发现默认路由能取代两条静态路由，实现网络连通。

### 4．任务四：观察路由环路问题

✧ **步骤 1：在网络中配置出一条路由环路**

在 Router3 和 Router4 间增加一条串行线，并启用 Router3 的 Se0/0/1 接口和 Router4 的 Se0/0/1 接口。

修改 Router2 的静态路由，将通往 10.0.0.0 网络的下一跳接口改为

192.168.2.2（Router3 的 Se0/0/0 接口）；修改 Router3 的静态路由，将通往 10.0.0.0 网络的下一跳接口改为 192.168.4.2（Router4 的 Se0/0/1 接口）。

上述操作实现在 Router2、Router3 和 Router4 之间生成一条通往 10.0.0.0 的路由环路。

✧　步骤 2：观察数据包在环路中的转发情况

进入 Simulation（模拟）模式。设置 Event List Filters（事件列表过滤器）只显示 ICMP 事件。单击 Add Simple PDU（添加简单 PDU）按钮，然后分别单击 PC3 和 PC1（让 PC3 发送一个 ICMP 包给 PC1）。单击 Capture/Forward 观察该数据报文的转发情况。此时可以观察到：发送报文在 Router2、Router3 和 Router4 三者之间循环转发，像在绕圈，这就是路由环路问题。

### 3.5.5　思考题

（1）如果路由器转发的数据包的目的网络不在路由表中，会如何处理？

（2）在任务四中的步骤 2 中，环路造成的循环转发过程会不会停止？原因是什么？

（3）默认路由有何作用？

## 3.6　实验六：RIP 协议分析

### 3.6.1　RIP 协议简介

#### 1. 什么是路由协议

路由协议就是动态路由的具体实现。路由协议主要运行于路由器上，用于动态获得 IP 数据报的转发路径，即建立路由表。Internet 将路由协议分为两大类：内部网关协议（Interior Gateway Protocol，IGP）和外部网关协议（External Gateway Protocol，EGP）。IGP 是在一个自治系统内部使用的路由选择协议，主要包括 RIP 和 OSPF 协议。EGP 用于将路由选择信息传递到另一个自治系统，目前使用最多的是 BGP-4。

#### 2. 距离矢量算法

距离矢量算法（简称 DV 算法），也称为 Bellman-Ford 路由算法，是

RIP 协议的核心。目前基于距离矢量算法的协议包括 RIP、IGRP、EIGRP、BGP。DV 算法的基本思想如下：如果邻居知道到达目的地的距离，且自己知道到达邻居的距离，则能算出自己到达目的地的距离。在 DV 算法中，每个节点周期性地向其邻居发送自己距离矢量，当节点 $x$ 接收到来自邻居的新 DV 估计，它使用 Bellman-Ford 方程更新其自己的 DV：

$$D_x(y) \leftarrow \min_v \{c(x,v) + D_v(y)\} \qquad \text{对每个节点 } y \in N$$

其中，$N$ 表示所有已经加入到生成树的节点，$v$ 表示所有未加入到生成树的节点，$d_x(y)$表示从 $x$ 到 $y$ 最低费用路径的费用，$c(x,v)$表示从 $x$ 到 $v$ 的链路开销。在规模较小和网络正常的条件下，估计值 $D_x(y)$收敛在实际最小费用 $d_x(y)$。

### 3. RIP 协议

RIP（Routing Information Protocol）是最先得到广泛使用的内部网关协议，它是一种分布式的基于 DV 算法的路由选择协议。RIP 中的“距离”定义为“跳数”：每经过一个路由器则距离加 1，最大可用距离为 15。RIP 要求网络中的每一个路由器都要维护从它自己到其他每一个目的网络的距离记录，并每隔 30s 就和邻居路由器交换自己的路由表。RIP 使用 UDP 报文传送，其最大的优点就是实现简单、开销较小，但存在坏消息传递慢、仅适用于小型网络的缺点。为了改善 RIP 的不足，IETF 于 1998 年发布了 RIP2。RIP2 支持子网路由选择、CIDR 和组播，并提供了验证机制支持多播。

### 4. RIP 报文结构

RIP 报文使用 UDP 报文传送，端口号为 520。RIP 报文由首部和路由部分组成，具体的封装格式如图 3-14 所示。

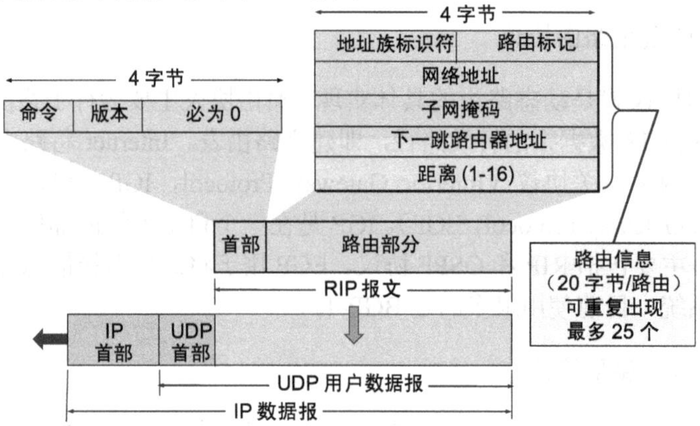


图 3-14　RIP 的报文封装格式

RIP 首部固定为 4 字节，其中命令字段“1”表示请求，“2”表示响应。路由部分由若干路由信息组成，每个信息需要 20 字节，其中关键字段如下：IP 地址、子网掩码、下一跳地址和距离。

## 3.6.2 实验目的

① 观察 RIP 协议的封装格式。
② 观察 RIP 的工作过程，特别是路由更新情况。
③ 理解距离矢量算法的工作原理。

## 3.6.3 实验配置说明

本实验对应的练习文件为“3-6 rip 协议分析.pka”。该练习文件的网络拓扑与 3.5 节中的实验相同，网络拓扑和 IP 地址配置分别如图 3-13 和表 3-9 所示。其中，各路由器已经启用了 RIP 协议。

## 3.6.4 实验步骤

### 1. 任务一：观察 RIP 协议的交互机制和报文格式

**✧ 步骤 1：打开“3-6 rip 协议分析.pka”练习文件，并进入模拟模式**

选择 Simulation 选项卡，进入模拟模式。使用位于 Packet Tracer 右侧工具栏的 Inspect 工具（放大镜）先观察每台路由器的路由表情况，其中，标记为“R”的表目就是 RIP 协议获得的路由信息。也可以在特权模式下使用命令“show ip route rip”查看 RIP 路由情况。

**✧ 步骤 2：观察 RIP 的交互机制和报文格式**

单击 Auto Capture/Play（自动捕获/播放）按钮，自动运行模拟，此时可观察到许多 RIP 报文在各邻近路由器间周期交互。请注意，RIP 周期性地与邻居交换路由表，因此，即使网络中没有用户数据流量在发送，网络也会“充满”通信业务，使路由器获得如何转发数据包到其目的地的最新情况。

单击任意一个数据包信封，或者在 Event List 的 Info 列中单击彩色正方形，以打开 PDU 信息窗口，观察 RIP 数据包的封装格式。使用 OSI Model（OSI 模型）选项卡视图和 Inbound/Outbound PDU Details 选项卡视图，详细了解 RIP 报文格式。我们可以观察到，RIP 报文只在邻居路由器间传递，因此只使用简单的 UDP 报文传送，端口号为 520。一个 RIP 报文可以携带多条路由信息，其中 NETWORK 表示目标网络，NEXT HOP 为下一跳 IP 地址，METRIC 表示距离。

✧ **步骤 3：在路由器上查看 RIP 协议**

在路由器 Router 2 上使用 show ip protocol 命令可以查看路由协议的总体情况，具体如下：

```
Routing Protocol is "rip"
Sending updates every 30 seconds, next due in 17 seconds
Invalid after 180 seconds, hold down 180, flushed after 240
Outgoing update filter list for all interfaces is not set
Incoming update filter list for all interfaces is not set
Redistributing: rip
Default version control: send version 1, receive any version
  Interface            Send  Recv  Triggered RIP  Key-chain
  Serial0/0/1          1     2 1
  Serial0/1/0          1     2 1
  Serial0/0/0          1     2 1
Automatic network summarization is in effect
Maximum path: 4
Routing for Networks:
      192.168.1.0
      192.168.2.0
      192.168.3.0
Passive Interface(s):
Routing Information Sources:
      Gateway          Distance      Last Update
      192.168.1.1         120        00:00:02
      192.168.2.2         120        00:00:03
      192.168.3.2         120        00:00:01
```

### 2. 任务二：观察 RIP 协议的路由更新过程

✧ **步骤 1：启动 RIP 调试模式**

在特权模式下使用 debug ip rip 命令启动 RIP 调试模式，可以观察 RIP 更新时所发送和接收的数据。选择 Realtime 选项卡进入实时实验模式。单击打开 Router2，单击 CLI 进入命令行模式；在特权模式下执行 debug ip rip 命令，可以启动调试模式。提示：通过 no debug all 命令可以关闭 RIP 调试模式。

✧ **步骤 2：产生路由更新信息**

单击打开 Router1，选择 Config 选项卡，选择 g0/0 接口，单击 port status

复选框，关闭接口。通过关闭 Router1 的 g0/0 接口，产生一个新的路由信息，再观察该信息如何在网络中扩散。

✧ **步骤 3：观察 RIP 更新情况**

迅速切换到 Router2 的 CLI 界面，观察 RIP 协议的更新过程：

```
Router#debug ip rip
RIP protocol debugging is on
Router# RIP: received v1 update from 192.168.1.1 on Serial0/0/0
        10.0.0.0 in 16 hops        //从 s0/0/0 口接收到 10.0.0.0 网络不可达信息
RIP: sending v1 update to 255.255.255.255 via Serial0/1/0 (192.168.3.1)
RIP: build update entries   //通过 S0/1/0 接口广播更新后的路由信息
        network 10.0.0.0 metric 16   //距离 16 表示不可达
        network 13.0.0.0 metric 2
        network 192.168.1.0 metric 1
        network 192.168.2.0 metric 1
RIP: sending v1 update to 255.255.255.255 via Serial0/0/1 (192.168.2.1)
RIP: build update entries   //通过 S0/0/1 接口广播更新后的路由信息
        network 10.0.0.0 metric 16
        network 14.0.0.0 metric 2
        network 192.168.1.0 metric 1
        network 192.168.3.0 metric 1
```

由此可以看出，RIPv1 更新中不包含子网掩码，采用的是广播更新方式，广播地址为 255.255.255.255。

### 3.6.5 思考题

（1）RIP 协议为什么采用 UDP 封装？

（2）在任务二中，Router3 需要几个更新周期才能获得 10.0.0.0 的路由信息？

## 3.7 实验七：OSPF 协议分析

### 3.7.1 OSPF 协议简介

#### 1. OSPF 协议

OSPF（Open Shortest Path First，开放式最短路径优先）是 IETF 在 20

世纪 80 年代开发的一种基于链路状态算法的路由协议。OSPF 协议使用 Dijkstra 算法来计算最短路由，并直接使用 IP 数据报传送 OSPF 报文（协议字段值为 89）。其工作原理如下：当一个路由器的链路状态发生变化时，使用链路更新分组 LSA，通过所有端口向邻居路由器通告；每个收到 LSA 的路由器又将该分组发送给自己的邻居路由器（除去源节点）；通过这种洪泛法，使得本区域内的所有路由器都可以得每个链路更新的一个副本；最终，区域内的所有路由器都可以构造出一个跟踪网络状态变化的链路状态数据库 LSDB。利用 LSDB，各路由器就可以利用 Dijkstra 算法计算到达其他网络的最短路径。与 RIP 不同的是，OSPF 不是交换路由表，而是合作发现网络拓扑结构和线路状况，可适应大规模网络。

### 2．OSPF 度量

OSPF度量又称路由器接口的链路开销（Cost），它是根据链路带宽算出来的，即 Cost=$10^8$/链路带宽。例如，10M 以太网口是 10，百兆以太网口是 1，T1 接口（串口）是 64。OSPF 协议通过 OSPF 度量计算最短路径，即一条路由的代价是指沿着到达目的网络的路由路径上所有出站接口的链路开销之和，开销最低的路由就是首选路由。

### 3．邻居表和链路状态数据库 LSDB

OSPF 路由协议维护 3 张表：邻居表、链路状态数据库 LSDB、路由表。最基础的就是邻居表。路由器通过发送 HELLO 包，将与其物理直连的、同样运行 OSPF 路由协议的路由器作为邻居放在邻居表中。当路由器建立了邻居表之后，运行 OSPF 路由协议的路由器会互相通告自己所了解的网络拓扑，从而建立 LSDB。在一个区域内，一旦 OSPF 协议收敛，所有的路由器将具有相同的 LSDB。

### 4．OSPF 分组类型

OSPF 规定了 5 种分组，具体如表 3-11 所示。

**表 3-11　OSPF 分组类型**

| | |
|---|---|
| TYPE=1 | Hello 分组，用于发现邻居路由器，并维持邻居关系（每隔 10 秒相互问候一次） |
| TYPE=2 | 数据库描述分组，即本地 LSDB 的摘要信息 |
| TYPE=3 | 链路状态请求分组，用于向邻居请求发送默写链路状态的详细信息 |
| TYPE=4 | 链路状态更新分组，用于发出完整的链路状态通报信息，并洪泛广播 |
| TYPE=5 | 链路状态确认分组 |

### 3.7.2 实验目的

① 观察 OSPF 邻居的消失与建立。
② 观察 OSPF 路由更新过程。
③ 理解 OSPF 动态路由协议的工作原理。

### 3.7.3 实验配置说明

本实验对应的练习文件为“3-7 ospf 协议分析.pka”。该练习文件的网络拓扑与 3.5 节中的实验相同，网络拓扑和 IP 地址配置分别如图 3-13 和表 3-9 所示。其中，各路由器已经启用了 OSPF 协议。

### 3.7.4 实验步骤

#### 1. 任务一：观察 OSPF 路由表和邻居表

✧ **步骤 1：打开“3-7 ospf 协议分析.pka”练习文件，查看路由表**

使用位于 Packet Tracer 右侧工具栏的 Inspect 工具（放大镜）先观察 Router1 的路由表情况，其中，标记为 O 的表目就是 OSPF 获得的路由信息。也可以在特权模式下使用命令“show ip route ospf”查看 OSPF 路由情况，具体如下：

```
R1#show ip route ospf
O     13.0.0.0 [110/129] via 192.168.1.2, 00:03:44, Serial0/0/0
O     14.0.0.0 [110/129] via 192.168.1.2, 00:03:44, Serial0/0/0
O     192.168.2.0 [110/128] via 192.168.1.2, 00:03:54, Serial0/0/0
O     192.168.3.0 [110/128] via 192.168.1.2, 00:03:54, Serial0/0/0
```

其中，[ ]表示管理距离/路由开销，管理距离是指该路由信息的优先级，OSPF 的管理距离固定为 110。请分析各路由信息的开销情况。

✧ **步骤 2：查看 OSPF 邻居**

选择 Realtime 选项卡，进入实时实验模式。单击打开 Router2，单击 CLI 进入命令行模式；在特权模式下执行 show ip ospf neighbor 命令，可以查看路由器的邻居基本信息：

```
R2#show ip ospf neighbor
Neighbor ID    Pri   State        Dead Time   Address        Interface
192.168.3.2    0     FULL/  -     00:00:33    192.168.3.2    Serial0/1/0
```

```
192.168.1.1    0    FULL/  -        00:00:30    192.168.1.1     Serial0/0/0
192.168.2.2    0    FULL/  -        00:00:32    192.168.2.2     Serial0/0/1
```

其中，两台路由器处于 FULL 状态时称建立了邻接关系。有邻接关系的路由器才会相互交换 LSA 更新分组。

✧ **步骤 3：观察 OSPF 的邻居建立情况**

在 Router2 的特权模式下执行 debug ip ospf adj 命令，然后将 Router2 的 s0/0/0 口关闭，观察 Router2 路由器的相应行提示信息：

```
R2(config)#int s0/0/0     //进入 s0/0/0 接口
R2(config-if)#shutdown    //关闭
%LINK-5-CHANGED: Interface Serial0/0/0, changed state to administratively down //接口 down
%LINEPROTO-5-UPDOWN: Line protocol on Interface Serial0/0/0, changed state to down //链路
    协议 down
00:24:32: %OSPF-5-ADJCHG: Process 10, Nbr 192.168.1.1 on Serial0/0/0 from FULL to DOWN,
    Neighbor Down: Interface down or detached    //邻居 down
00:24:32: OSPF: Build router LSA for area 0, router ID 192.168.3.1, seq 0x8000000b   //建立更新
    LSA
```

再次打开将 Router2 的 s0/0/0 口，观察邻居变化（略去部分内容）：

```
R2(config-if)#no shutdown    //开启端口
R2(config-if)#
%LINK-5-CHANGED: Interface Serial0/0/0, changed state to up     //接口 up
%LINEPROTO-5-UPDOWN: Line protocol on Interface Serial0/0/0, changed state to up //链路协
    议 up
略!
00:28:58: %OSPF-5-ADJCHG: Process 10, Nbr 192.168.1.1 on Serial0/0/0 from LOADING to
    FULL, Loading Done      //建立邻居成功
```

### 2. 任务二：观察 OSPF 路由更新过程

✧ **步骤 1：观察 OSPF 的邻居交互机制**

选择 Simulation 选项卡，进入模拟模式。单击 Auto Capture/Play（自动捕获/播放）按钮，自动运行模拟，此时可观察到许多 OSPF 报文在各邻近路由器间周期交互。注意，OSPF 邻居路由器每隔 10 秒会互相问候，以维持邻居关系。

✧ **步骤 2：观察 OSPF 的问候报文格式**

单击任意一个数据包信封，或者在 Event List（事件列表）的 Info（信息）列中单击彩色正方形，以打开 PDU 信息窗口，观察 OSPF 报文的封装格式。使用 OSI Model（OSI 模型）选项卡视图和 Inbound/Outbound PDU Details（入站/出站 PDU 详细数据）选项卡视图，详细了解 OSPF 报文格式。

可以观察到，OSPF 报文使用 IP 分组传送，协议号为 89（0x59）。OSPF 的报文类型为 Type=1，即问候报文。

✧ **步骤 3：产生路由更新信息**

然后单击打开 Router1，选择 Config（配置）选项卡，选择 g0/0 接口，单击 port status 复选框，从而关闭接口。通过关闭 Router1 的 g0/0 接口，产生一个新的路由信息，再观察该信息如何在网络中扩散。

✧ **步骤 4：观察 OSPF 更新报文转发过程**

单击 Capture/Forward 按钮时，逐步控制模拟进程，当产生第一条与 Hello 报文不同的 OSPF 数据报时（颜色不同），单击数据包信封，或者在 Event List（事件列表）的 Info（信息）列中单击彩色正方形，以打开 PDU 信息窗口，检查这些路由更新数据包。使用 OSI Model（OSI 模型）选项卡视图和 Inbound/Outbound PDU Details（入站/出站 PDU 详细数据）选项卡视图可以更详细地了解 OSPF 报文格式。跟踪路由信息的更新过程，当这些更新数据报到达邻居路由器后，使用 Inspect 工具显示这些路由器的路由表，观察其更新情况。

### 3.7.5 思考题

（1）在任务一的步骤 1 中，为什么通往 13.0.0.0 的路由开销是 129？

（2）OSPF 为什么可以支持大型网络？

## 3.8 实验八：VPN 与 NAT 协议分析

### 3.8.1 背景知识

#### 1. 私有 IP 地址

IP 地址可以分为全局地址和私有 IP 地址两类。私有 IP 地址仅能在机构内部通信使用，由机构自行内部分配，不需要向 Internet 的管理机构申请。私有 IP 地址不能与 Internet 上的其他主机通信，因为 Internet 中的路由器不会转发目的地址是私有地址的数据报。私有地址有三块：

10.0.0.0~10.255.255.255（A 类）、172.16.0.0~172.31.255.255（B 类）、192.168.0.0 ~192.168.255.255（C 类）。

### 2．VPN

虚拟专用网络（Virtual Private Network，VPN）是一种常用于连接组织内部网络的通信方法。VPN 可以将两个使用私有地址的局域网通过 Internet 互连，可以把它理解成是虚拟出来的内部专线。它利用已加密的 IP 隧道技术来达到地址转换、保密和身份认证等服务。所谓隧道技术，是指将原数据包重新封装到新的数据包中发送。新的包头提供新的 IP 地址，从而使封装的数据能够通过公共网络传递，传递时所经过的逻辑路径称为隧道。数据包到达通信终点后，将被拆封并转发到最终目的地。

由不同部门的内网所构成的虚拟专用网又称内联网；一个机构和某些外部机构共同建立的虚拟专用网 VPN 又称外联网；在外地工作的员工可以通过 VPN 软件在 PC 和公司的主机之间建立 VPN 隧道，远程访问公司的内部网络。

### 3．NAT

1994 年提出的网络地址转换（Network Address Translation，NAT）主要用于解决私有 IP 地址访问 Internet 的问题。出口路由器上需要安装 NAT 软件，它至少有一个全球地址，当使用内部主机访问 Internet 时，由路由器将数据分组中的私有地址转换成全球地址。这种通过共享少量的公有 IP 地址的方式，大大减缓可用 IP 地址空间的枯竭问题。

NAT 的实现方式有三种，即静态地址转换、动态地址转换和动态端口转换。静态地址转换是指采用一对一的方式将私有 IP 地址转换为全局 IP 地址。静态转换将私有地址和全局地址固定关联，因此，外部网络可以通过该全局地址访问对应私有地址所标识的内部主机。动态转换是指采用随机分配方式将私有 IP 地址转换为全局 IP 地址。动态转换可以使用多个全局地址组成地址池。当 ISP 提供的合法 IP 地址略少于网络内部的计算机数量时，可以采用动态转换的方式。动态端口转换是指通过改变外出数据包的源端口来复用某个全局 IP 地址。采用端口多路复用方式，内部网络的所有主机均可共享一个合法外部 IP 地址实现对 Internet 的访问，从而最大限度地节约 IP 地址资源。同时，又可隐藏网络内部的所有主机，避免来自 Internet 的攻击。因此，目前网络中应用最多的就是端口多路复用方式。

## 3.8.2　实验目的

① 理解 VPN 使用的 IP 隧道技术的工作原理。

② 理解 NAT 技术的工作原理。

## 3.8.3　实验配置说明

本实验对应的练习文件为“3-8　VPN 与 NAT 协议分析.pka”。如图 3-15 所示，Router0 用于模拟 Internet，其中，Server0 提供 Web 服务；Net1 和 Net2 两个网络均使用专用 IP 地址，Router1 为 Net1 提供 NAT 服务，可支持内部主机访问 Internet；而 Router2 和 Router1 间已建立了 VPN 连接，可实现 Net1 和 Net2 的连网通信。

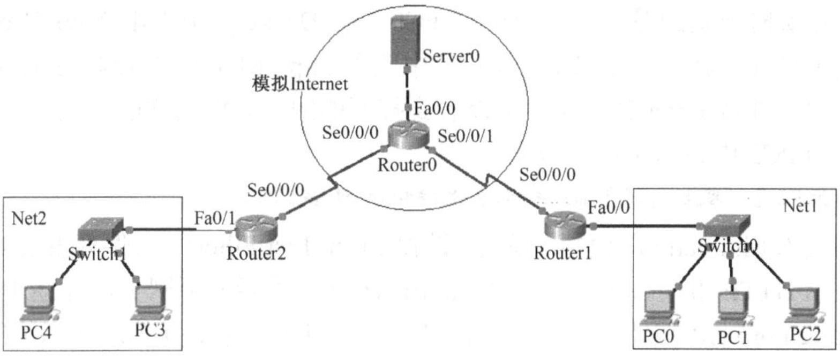


图 3-15　VPN 与 NAT 协议分析的实验拓扑

各设备的 IP 地址分配如表 3-12 所示。

表 3-12　IP 地址分配

| 设备 | 接口 | IP 地址 | 掩码 | 默认网关 |
|---|---|---|---|---|
| PC0 | Fa0 | 192.168.1.1 | 255.255.255.0 | 192.168.1.254 |
| PC1 | Fa0 | 192.168.1.2 | 255.255.255.0 | 192.168.1.254 |
| PC2 | Fa0 | 192.168.1.3 | 255.255.255.0 | 192.168.1.254 |
| PC3 | Fa0 | 192.168.2.2 | 255.255.255.0 | 192.168.2.254 |
| PC4 | Fa0 | 192.168.2.1 | 255.255.255.0 | 192.168.2.254 |
| Router0 | Fa0/0 | 61.159.62.12 | 255.0.0.0 | — |
| | Se0/0/0 | 158.22.120.169 | 255.255.255.0 | — |
| | Se0/0/1 | 158.22.130.33 | 255.255.255.0 | — |

续表

| 设备 | 接口 | IP 地址 | 掩码 | 默认网关 |
|---|---|---|---|---|
| Router1 | Fa0/0 | 192.168.1.254 | 255.255.255.0 | — |
| | Se0/0/0 | 158.22.130.34 | 255.255.255.0 | — |
| Router2 | Se0/0/0 | 158.22.120.168 | 255.255.255.0 | — |
| | Fa0/0 | 61.159.62.12 | 255.0.0.0 | — |
| Server | Fa0 | 61.159.62.134 | 255.0.0.0 | 61.159.62.12 |

## 3.8.4 实验步骤

### 1. 任务一：观察学习 NAT 的工作原理

✧ **步骤 1：分别在 PC0~PC2 中访问 Web 服务器**

在实时模式的逻辑空间中单击 PC0，在 Desktop 中单击 Web Browser 按钮（网页浏览器），在 URL 地址栏中输入 http://61.159.62.134（Server0 的 IP 地址）并按 Enter 键。此时可以看到打开的网页。按同样的方法，分别在 PC1 和 PC2 中访问 Web 服务器。

✧ **步骤 2：观察 NAT 路由器对数据包的处理方法**

进入 Simulation（模拟）模式，设置 Event List Filters（事件列表过滤器）只显示 HTTP 事件。在 PC0 的 Web Browser 中重新刷新网页，并逐步单击 Capture/Forward 按钮，以控制模拟进程，此时可观察到 HTTP 报文的传输往返过程。当出现 Buffer Full 窗口时，停止模拟过程。

使用检查工具(Inspect)打开 Router1 的 NAT 地址转换表(NAT Table)。

在 Event List 窗口中找到 At Device 为 Router1 的事件，单击其彩色正方形。分别选择 Inbound PDU Details 和 Outbound PDU Details 选项卡，以查看和对比 PDU 内容的区别。可以发现在 Inbound PDU 中，该 PDU 的源目 IP 地址分别为 192.168.1.1 和 61.159.62.134。而在 Outbound PDU 中，PDU 的源目 IP 地址已经更改为 158.22.130.34 和 61.159.62.134。同时对照 NAT 地址转换表，观察源和目的端口的转换规律。

### 2. 任务二：观察学习 VPN 工作原理

✧ **步骤 1：初始化模拟**

进入实时模式。单击 Add Simple PDU（添加简单 PDU）按钮，然后分别单击 PC0（源站点）和 PC3（目的站点），则 PC0 将快速向 PC3 发送一个包含 ICMP 报文的 IP 数据报。该过程的主要目的是初始化 VPN 连接。

✧　**步骤 2：观察 VPN 的隧道技术**

切换到模拟模式，并设置 Event List Filters（事件列表过滤器）只显示 ICMP 事件。

单击 Auto Capture/Play（自动捕获/播放）或者 Capture/Forward 按钮，以运行模拟，并捕获事件和数据包。此时，可观察到 ICMP 数据报的转发过程。

在 Event List 窗口中找到 At Device 为 Router1 的事件，单击其彩色正方形。分别选择 Inbound PDU Details 和 Outbound PDU Details 选项卡，查看和对比 PDU 内容的区别。可以发现在 Inbound PDU 中，该 PDU 的源目 IP 地址分别为 192.168.1.1（PC0 的 IP 地址）和 192.168.2.2（PC3 的 IP 地址）。而在 Outbound PDU 中，PDU 的源目 IP 地址已经更改为 158.22.130.34（Router1 的 Se0/0/0 的 IP 地址）和 158.22.120.168（Router2 的 Se0/0/0 的 IP 地址），并且原 IP 包已经被重新封装在新的 IP 包中，这就是隧道技术的工作原理。

在 Event List 窗口中找到 At Device 为 Router2 的事件，单击其彩色正方形。分别选择 Inbound PDU Details 和 Outbound PDU Details 选项卡，以查看和对比 PDU 内容的区别。可以发现在 Inbound PDU 中，该 PDU 的源目 IP 地址分别为 158.22.130.34（Router1 的 Se0/0/0 的 IP 地址）和 158.22.120.168（Router2 的 Se0/0/0 的 IP 地址）。而在 Outbound PDU 中，PDU 的源目 IP 地址已经更改为 192.168.1.1（PC0 的 IP 地址）和 192.168.2.2（PC3 的 IP 地址），这说明 PC0 发送的 IP 包被 Router2 重新解封出来。

### 3.8.5　思考题

（1）在任务一中，Router1 如何区分 Server0 返回给不同主机的 HTTP 报文？

（2）在任务二中，VPN 中采用隧道技术的原因是什么？

（3）Net1 网络和 Net2 网络的 IP 地址能否编在同一段？

## 3.9　实验九：IPv6 协议分析

### 3.9.1　IPv6 简介

#### 1．什么是 IPv6

IPv6 是 Internet Protocol Version 6 的缩写，IETF 在 1998 年底制订了 IPv6

的草案，旨在取代存在局限的 IPv4。与 IPv4 相比，IPv6 地址长度由 32 位增加到 128 位，可支持数量更多的节点、更多级的地址层次和较为简单的地址自动配置；其次，IPv6 取消了 IPv4 中首部的某些字段，以减少报文分组的处理开销和首部的带宽开销。

### 2. IPv6 地址格式

IPv6 的地址长度由 32 位增加到 128 位。用文本方式表示的 IPv6 地址的规范表示形式为：每个 16 位的值用一个十六进制值表示，各值之间用冒号分隔，例如，68E6:8C64:FFFF:FFFF:0:1180:960A:FFFF。允许采用零压缩，即一连串连续的零可以被一对冒号所取代。例如，FF05:0:0:0:0:0:0:B3 可以写成 FF05:B3。规范还包括了前缀表达法，这种表示方法是从 IPv4 继承而来的，即一个常规的 IPv6 地址后跟一个斜杠和位数。例如，下面的表达式：FEDC:BA98:7600: :/40。

### 3. IPv6 分组结构

IPv6 报文的整体结构分为基本报头、扩展报头和数据 3 部分。IPv6 基本报头固定为 40 字节，也称基本首部。与 IPv4 相比，IPv6 的基本首部的字段数减少到 8 个，取消了不必要的功能（如首部的检验和字段），加快了数据报的处理速度。在基本首部的后面允许有零个或多个扩展首部。IPv6 协议通过扩展报头实现各种丰富的功能。所有的扩展首部和数据合起来称为数据报的有效载荷或净负荷。基本首部中各字段的含义如图 3-16 所示。

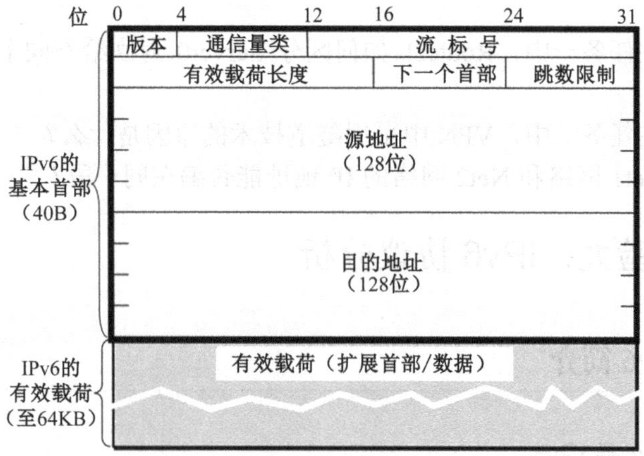


图 3-16　基本首部中各字段的含义

### 4. NDP

NDP（Neighbor Discovery Protocol，邻居发现协议）是 IPv6 的一个关键协议，它取代了 IPv4 中的 ARP、ICMP路由发现和 ICMP 重定向等协议。作为 IPv6 的基础性协议，NDP 还提供了前缀发现、邻居不可达检测、重复地址监测、地址自动配置等功能。

NDP 查找邻居 MAC 地址的工作过程如下：节点 A 要获知节点 B 的 MAC 地址时，首先以组播的方式发送一个类型为 135 的 ICMPv6 消息（邻居请求）到本地链路。侦听本地链路上多播地址的节点 B 获取到该邻居请求消息后，发送一个邻居公告作为应答（类型为 136 的 ICMPv6 消息），至此，节点 A 和 B 都知道了对方的 MAC 地址。一个节点改变它的链路层地址也可以用多播地址 FF02::1 发送邻居公告，通知其他在本地链路上的节点。

### 5. 从 IPv4 向 IPv6 过渡

IPv4 和 IPv6 将长期共存，因此，IPv6 提供了许多过渡技术来实现与 IPv4 互联。其中最基本的过渡技术包括双协议栈和 IPv6-over-IPv4 隧道技术。双协议栈是指节点同时安装 IPv4 和 IPv6 两种协议，要求每个双协议栈接口都拥有一个 IPv4 地址和一个 IPv6 地址。双协议栈机制实现容易，现有的网络设备均能支持。但是双协议栈需要网络设备同时维护 IPv4 和 IPv6 两个路由表，并运行相应的路由算法。所谓 IPv6-over-IPv4 隧道，就是在起点路由器将 IPv6 包封装在一个 IPv4 包中，然后通过 IPv4 网络传输，直到终点路由器再将 IPv6 包解析出来。IPv6 包在 IPv4 隧道中传输时，原始的端到端 IPv6 分组信息保持不变，只是在原始 IPv6 分组前加上一个包含着隧道起止端点 IPv4 地址的包头。隧道两端的路由设备必须同时支持 IPv4 协议和 IPv6 协议。

## 3.9.2 实验目的

① 了解 IPv6 的报文格式及关键字段的含义。
② 了解 IPv6 编址方案。
③ 掌握从 IPv4 向 IPv6 的过渡技术。

## 3.9.3 实验配置说明

本实验对应“3-9 IPv6 协议分析.pka”，其中 IP 地址配置如表 3-13 所示。

**表 3-13　IP 地址配置**

| 设　备 | 接　口 | IP 地 址 | 掩　码 | 默认网关 |
|---|---|---|---|---|
| PC0 | 以太网口 | 2017:1::2 | /64 | 2017:1::1 |
| PC1 | 以太网口 | 2017:2::2 | /64 | 2017:2::1 |
| | | 192.168.1.1 | 255.255.255.0 | 192.168.1.254 |
| PC2 | 以太网口 | 192.168.2.1 | 255.255.255.0 | 192.168.2.254 |
| PC3 | 以太网口 | 2017:3::2 | /64 | 2017:3::1 |
| PC4 | 以太网口 | 2017:3::3 | /64 | 2017:3::1 |
| R0 | G0/0 | 2017:1::1 | /64 | — |
| | s0/0/0 | 2017:4::1 | /64 | — |
| R1 | g0/0 | 192.168.1.254 | 255.255.255.0 | — |
| | s0/0/0 | 2017:4::2 | /64 | — |
| | s0/0/1 | 200.1.1.1 | 255.255.255.0 | — |
| | Tunnel0 | 2017:5::1 | /64 | — |
| R2 | g0/0 | 192.168.2.254 | 255.255.255.0 | — |
| | s0/0/0 | 200.1.1.2 | 255.255.255.0 | — |
| | s0/0/1 | 200.1.2.1 | 255.255.255.0 | — |
| R3 | g0/0 | 2017:3::1 | /64 | — |
| | s0/0/0 | 200.1.2.2 | 255.255.255.0 | — |
| | Tunnel0 | 2017:5::2 | /64 | — |

本实验网络拓扑如图 3-17 所示，5 台 PC 分别模拟 4 个网络，并通过路由器组成一个 IPv4/IPv6 互联网。其中：PC0 和 PC3 所在网络采用 IPv6；PC2 所在网络采用 IPv4；PC1 所在网络采用 IPv4/IPv6 双协议栈。R1 和 R3 之间已建立了一条 IPv4 隧道 Tunnel0。IPv4 网络已启用 RIPv1 路由协议，IPv6 网络已启用 RIPng 路由协议。

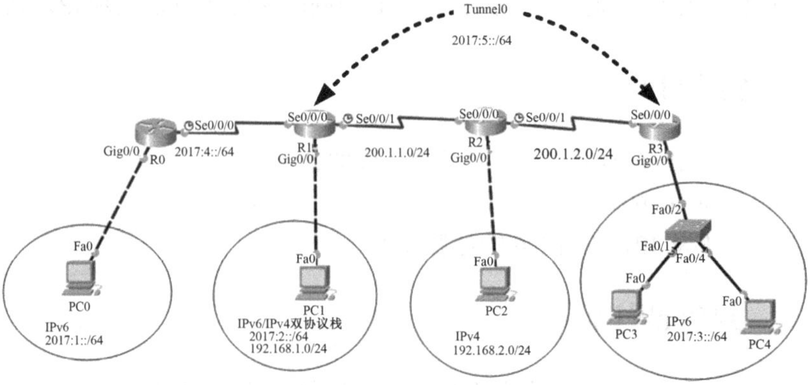


图 3-17　实验网络拓扑

## 3.9.4　实验步骤

### 1．任务一：观察 IPv6 的直接投递和报文格式

本任务将观察 IPv6 的本地直接投递过程，包括邻居 MAC 地址的发现及 IPv6 分组封装。

✧　**步骤 1：捕获并观察分组的直接投递**

设置 Event List Filters 只显示 NDP 和 ICMPv6 事件。进入 Simulation 模式，单击 Add Simple PDU 按钮，然后分别单击 PC3（源站点）和 PC4（目的站点），此时，PC3 将向 PC4 发送一个携带 ICMPv6 报文的 IPv6 数据报。

单击 Auto Capture/Play（自动捕获/播放）按钮，运行模拟，观察数据包的转发过程，并捕获事件和数据包。

✧　**步骤 2：捕获并观察 NDP 工作过程**

PC3 向 PC4 发送分组前会启动 NDP 协议查找 PC4 的 MAC 地址，其功能等同于 ARP 协议。单击 Simulation 面板中 type=NDP 的数据包，进一步查看 NDP 协议报文的详细信息。

可以观察 NDP 的具体过程如下：PC3 首先发送一个类型为 135（TYPE: 0x87）的 ICMPv6 消息（邻居请求）到本地链路。这个帧的目的 MAC 为 3333.FF00.0003，是 IPv6 目的地址 FF02::1:FF00:3（2017:1::3）的多播映射。PC4 收到这个邻居请求消息后应答一个类型为 136 的 ICMPv6 消息（邻居公告，TYPE: 0x88），可以看到目的 MAC 和目的 IP 已经变为 PC3。至此，PC3 和 PC4 都知道了对方的 MAC 地址。该过程可以归纳为“组播查询—单播回应”。

✧　**步骤 3：观察 IPv6 分组格式**

单击 Simulation 面板中 TYPE=ICMPv6 的数据包，进一步查看 IPv6 分组的详细信息，并与 IPv4 分组进行对比，注意观察版本、源目地址和跳数等字段。

### 2．任务二：观察 IPv6/IPv4 双协议栈工作过程

✧　**步骤 1：实验初始化**

设置 Event List Filters 只显示 ICMPv6 事件。单击场景面板中的 Delete 按钮（或者使用 Ctrl+Shift+D 快捷键），删除所有场景，便于后续实验。

✧　**步骤 2：测试双协议栈的连通情况**

在 PC1 的命令行中输入 ping 192.168.2.1（PC2，IPv4 网络），成功连通；再输入 ping 2017:1::2（PC0，IPv6 网络），成功连通。由此可见，通过配置双协议栈，可以方便地实现 IPv4 和 IPv6 网络的互联互通。

✧　**步骤 3：观察双协议栈配置**

使用 Inspect（检查）工具（右端的放大镜）分别打开 PC1 和 R1 的端口状态表，可以观察到，PC1 和 R1 的 g0/0 口都拥有一个 IPv6 地址和一个 IPv4 地址。

双协议栈地址配置如图 3-18 所示。

Port Status Summary Table for PC1

| Port | Link | IP Address | IPv6 Address |
|---|---|---|---|
| FastEthernet0 | Up | 192.168.1.1/24 | 2017:2::2/64 |

（a）PC1 的地址配置

Port Status Summary Table for R1

| Port | Link | VLAN | IP Address | IPv6 Address |
|---|---|---|---|---|
| GigabitEthernet0/0 | Up | -- | 192.168.1.254/24 | 2017:2::1/64 |
| GigabitEthernet0/1 | Down | -- | <not set> | <not set> |

（b）R1 的 g0/0 口地址配置

图 3-18　双协议栈地址配置

✧　**步骤 4：观察 R1 的路由表**

打开 R1，单击 CLI 进入命令行模式，输入 en 进入#提示的特权命令模式，分别输入 show ip route 和 show ipv6 route 命令，查看 IPv4 和 IPv6 路由表，结果如下：

```
R1#show ip route
略！
C       192.168.1.0/24 is directly connected, GigabitEthernet0/0
R       192.168.2.0/24 [120/1] via 200.1.1.2, 00:00:12, Serial0/0/1
C       200.1.1.0/24 is directly connected, Serial0/0/1
R       200.1.2.0/24 [120/1] via 200.1.1.2, 00:00:12, Serial0/0/1
R1#show ipv6 route
略！
R    2017:1::/64 [120/2]    via FE80::290:2BFF:FE8E:2D01, Serial0/0/0
C    2017:2::/64 [0/0]      via GigabitEthernet0/0, directly connected
R    2017:3::/64 [120/2]    via FE80::203:E4FF:FEBB:CC8D, Tunnel0
C    2017:4::/64 [0/0]      via Serial0/0/0, directly connected
C    2017:5::/64 [0/0]      via Tunnel0, directly connected
```

由此可见，双协议栈虽然容易实现，但是设备必须同时运行两种寻址协议（IPv4 和 IPv6），增大了路由器的处理和内存开销。

### 3. 任务三：观察学习 IPv6-over-IPv4 隧道的工作原理

✧ **步骤 1：初始化实验**

设置 Event List Filters 只显示 ICMPv6 事件。单击场景面板中的 Delete 按钮（或者使用 Ctrl+Shift+D 快捷键），删除所有场景。在实时模式和模拟模式中来回切换 3 次。上述操作有助于后续实验观察。

切换到模拟模式，并设置 Event List Filters（事件列表过滤器）只显示 ICMPv6 事件。

单击 Add Simple PDU（添加简单 PDU）按钮，然后分别单击 PC3 和 PC0，PC3 将向 PC1 发送一个包含 ICMPv6 报文的 IPv6 数据报。该过程的目的是产生 IPv6-over-IPv4 隧道连接。

✧ **步骤 2：观察 IPv6-over-IPv4 隧道技术**

单击 Auto Capture/Play（自动捕获/播放）或者 Capture/Forward 按钮，运行模拟，并捕获事件和数据包。此时，可观察到 ICMPv6 数据报的转发过程。

在 Event List 窗口中找到 At Device 为 R3 的第一事件，单击其彩色正方形。分别选择 Inbound PDU Details 和 Outbound PDU Details 选项卡，查看和对比 PDU 内容的区别。可以发现在 Outbound PDU 中，原 IPv6 分组被重新封装到一个 IPv4 分组中。源目 IP 地址分别为 200.1.2.2（R3 的 s0/0/0 口）和 200.1.1.1（R1 的 s0/0/1 口）。这就是隧道技术的工作原理。

在 Event List 窗口中找到 At Device 为 R1 的第一事件，单击其彩色正方形。分别选择 Inbound PDU Details 和 Outbound PDU Details 选项卡以查看和对比 PDU 内容的区别。可以发现，在 Outbound PDU 中，原 IPv6 分组已经被重新从 IPv4 分组中解析出来，并且报文首部保持不变。

## 3.9.5 思考题

（1）IPv6 取消了首部校验和，这样做的优点是什么？

（2）与双协议栈相比，隧道技术有什么优点？

4

# 第 4 章 运输层协议实验

## 4.1 实验一：运输层端口观察实验

### 4.1.1 背景知识

#### 1．进程通信与端口

实现进程到进程间的通信是运输层的最基本功能。由于通信的真正主体是进程，因此严格来讲，所谓通信，是指一个主机上的进程到另一个主机上的进程间交互，即“端到端的通信”。IP 网络实现将分组从源主机发送到目的主机，但计算机引入多道程序设计后，主机就类似一个单位的收发室，或者一个宾馆的电话总机，需要进一步标识接收的主体，即网络需要进一步指明是哪个应用进程来处理接收到的数据。

TCP/IP 协议解决这个问题的方法就是统一使用协议端口号，简称为端口（Port）。端口号是一个 16 比特的标识符，取值范围是 0~65535。端口号只具有本地意义，每个主机上的 TCP 和 UDP 协议各有一套。如果把 IP 地址比作宾馆的总机号码，那么端口号就是各房间的分机号，只有总机号加分机号才能拨通房间的电话。因此，Internet 使用套接字来标识网络中的某个进程，套接字=主机 IP 地址+端口号。

2. 端口类别

IANA（互联网数字分配机构）将端口分为三种类别：熟知端口、注册端口和客户端口。熟知端口也就是众所周知的端口，其范围为 0~1023，它们一般固定分配给一些标准的 Internet 服务，如 HTTP→80、SMTP→25、DNS→53，RIP→520。登记端口号范围为 1024~49151，它是为没有熟知端口号的应用程序使用的。使用这个范围的端口号必须在 IANA 注册，以防止冲突。客户端口号为 49152~65535，一般用于源端口。当服务器进程收到客户进程的报文时，就知道了客户进程所使用的动态端口号。通信结束后，这个端口号可供其他客户进程以后使用，因此，也称为动态端口。

### 4.1.2 实验目的

① 理解端到端通信和端口的含义。
② 熟悉端口的分类，并理解分类的意义。

### 4.1.3 实验配置说明

本实验对应的练习文件为“4-1 运输层端口观察实验.pka”。通过模拟一个 Web 访问过程来观察运输层协议。Web 服务同时涉及 UDP 和 TCP 两种传输协议，其中 UDP 用于域名解析查询，TCP 用于传输网页。本实验的网络拓扑和 IP 地址配置分别如图 4-1 和表 4-1 所示，其中 Server 的域名为 port.com，用于提供 Web 服务和 DNS 域名解析服务。

图 4-1 运输层端口观察实验的网络拓扑

表 4-1　IP 地址配置

| 设　备 | 接　口 | IP 地 址 | 子网掩码 | 网　关 | DNS |
|---|---|---|---|---|---|
| PC | Fa0 | 192.168.1.2 | 255.255.255.0 | 192.168.1.254 | 192.168.1.1 |
| Server | Fa0 | 192.168.1.1 | 255.255.255.0 | 192.168.1.254 | — |

## 4.1.4　实验步骤

### 1．任务一：观察 UDP 端口

本任务中，通过捕获域名解析过程（DNS）来观察 UDP 端口。

✧　**步骤 1：捕获 DNS 事件**

选择 Simulation 选项卡进入模拟模式。单击 Edit Filters 按钮，选择 DNS。单击打开 PC，在 Desktop 选项卡中打开 Web Browser（浏览器），在 URL 框中输入 port.com，然后单击 Go 按钮，并最小化模拟浏览器窗口。

单击 Auto Capture/Play 按钮，观察域名解析过程并捕获报文。在该过程中，PC 充当 DNS 客户端，Server 充当 DNS 服务端。当动画结束时表示域名解析已完成。此时再次单击 Auto Capture/Play 按钮取消自动捕获。

✧　**步骤 2：查看并分析 UDP 用户数据报中的端口号**

单击 Info 列中的彩色框，打开 PDU Information 对话框。如图 4-2（a）所示，OSI Model 选项卡是与 OSI 模型相关的入站和出站 PDU 信息，该窗口还可能包含 Inbound/Outbound PDU Details（入站/出站 PDU 详细数据）选项卡，可以查看各层的详细 PDU 信息，如图 4-2（b）所示。

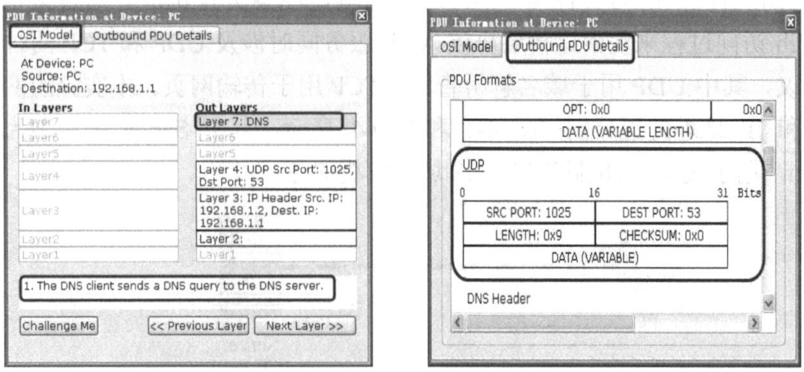


（a）OSI Model 选项卡　　　　（b）Outbound PDU Details 选项卡

图 4-2　PDU Information 对话框

观察不同 UDP 报文中的端口号。在事件列表中，第一个报文是 PC 发给 Server 的 DNS 查询请求。可以看到 DNS 协议使用的传输协议是 UDP，其中 SRC PORT（源端口）为 1025，DEST PORT（目的端口）为 53。而最后一个报文是 Server 发给 PC 的 DNS 应答包。可以看到该 UDP 报文的 SRC PORT（源端口）为 53，DEST PORT（目的端口）为 1025。由此可见，DNS 请求包和应答包的源/目的端口发生了对调。

✧　**步骤 3：分析 UDP 端口号的变化规律**

再次单击 PC 浏览器窗口的 Go 按钮，刷新网页。此时在 Simulation Panel 中可以看到新一轮的域名解析过程，新的 UDP 报文事件也会被添加到 Event List 中。观察新的 DNS 查询请求报文和应答报文的源/目的端口，分析这些端口是否发生变化。可以多次刷新网页，以便观察请求报文和应答中端口的变化规律。

特别注意：由于任务二的需要，请保留原先的捕获结果（不要单击 Reset Simulation 按钮），同时也不要关闭 PC 的浏览器窗口。

### 2. 任务二：观察 TCP 端口

本任务通过捕获网页传输过程（HTTP）来观察 TCP 端口。

✧　**步骤 1：捕获 HTTP 事件**

打开 Event List Filters，将过滤器改为 HTTP 事件。此时事件列表中的事件将会改为 PC 与 Server 之间的 HTTP 网页传输事件。在该过程中，PC 充当 HTTP 的客户端，Server 充当 HTTP 的服务器端。

✧　**步骤 2：查看并分析 TCP 报文中的端口号**

观察不同 TCP 报文的端口号。其中，第一个 HTTP 事件是 PC 发给 Server 的 HTTP 包。在 OSI Model 选项卡的出站 PDU 信息 Layer 4 中，可以看到使用的协议是 TCP，SRC PORT 为 1025，DEST PORT 为 80。最后一个 HTTP 事件是在 PC 上收到的 Server 发过来的 HTTP 包。在 OSI Model 选项卡的入站 PDU 信息 Layer 4 中，可以看到使用的协议也是 TCP，SRC PORT 为 80，DEST PORT 为 1025。由此可见，HTTP 请求包和应答包的源/目的端口也发生了对调。

✧　**步骤 3：分析 TCP 端口的变化规律**

再次单击 PC 浏览器窗口中的 Go 按钮，刷新网页。此时在 Simulation Panel 中可以看到新一轮的网页传输过程，新的 TCP 报文事件也会被添加到 Event List 中。观察新的 HTTP 查询请求报文和应答报文的源/目的端口，分析这些端口是否发生变化。可以多次刷新网页，以便观察请求报文和应答中端口的变化规律。

完成后单击 Reset Simulation 按钮，将原有的事件清空。

#### 3. 任务三：分析运输层端口号

✧ **步骤 1：分析运输层端口号与应用进程之间的关系**

对比任务一中 DNS 服务器端的端口号与任务二中服务器端的端口号是否相同，并分析其原因。

✧ **步骤 2：分析运输层动态端口号的分配规律**

保持 Event List Filters（事件列表过滤器）的设置不变，返回 PC 的配置窗口，仍保持 Web Browser（Web 浏览器）的 URL 框中的内容不变，重新单击 Go（转到）按钮。最小化模拟浏览器窗口。

在 Simulation Panel（模拟面板）中单击 Auto Capture/Play（自动捕获/播放）按钮，重新捕获 HTTP 事件以分析 TCP 的端口号变化情况。具体操作方法参考任务二中的步骤 2。

该步骤重点观察 HTTP 客户端的端口号，并与任务二中观察到的 HTTP 客户端的端口号进行对比，分析归纳动态端口号的分配规律。

完成后单击 Reset Simulation（重置模拟）按钮，将原有的事件清空。

### 4.1.5 思考题

（1）运输层是如何区分不同的应用层进程的？

（2）重新刷新网页时，UDP 请求报文的源端口和目的端口是否发生变化？分析其原因。

## 4.2 实验二：UDP 与 TCP 的对比分析

### 4.2.1 背景知识

#### 1. TCP

传输控制协议（Transmission Control Protocol，TCP）是一种面向连接

的、基于字节流的传输层协议，它是为了在不可靠的互联网上提供可靠的端到端通信而专门设计的一种传输协议。RFC793 是最早的 TCP 文档，之后又有几十种改进 RFC 文档。TCP 是一种比较完善的传输层协议，它除了实现端到端的通信外，还提供报文分段，以及差错控制、接收流量控制和网络流量控制等可靠性服务。

TCP 采用段的形式交换数据，并且对发送的每个字节进行编号。TCP 实体使用的基本传输协议是具有动态窗口大小的滑动窗口协议。当发送端发送一个数据段后，会启动一个计时器；接收端正确接收后返回一个携带确认号和剩余窗口大小的确认段（可以由反向数据段捎带），其中，剩余窗口大小用于控制发送方的发送速度，以免造成接收缓存溢出；如果发送端的计时器在确认段到达之前发生超时，发送端则重发原数据段。

由于 TCP 提供可靠的传输服务，并且考虑网络流控，因此，被因特网上的大多数应用协议所采用，如 HTTP、Telnet、FTP、SMTP 等。

### 2. UDP

UDP 是一个简单的、无连接的、面向数据报的运输层协议。UDP 没有报文分组功能，它只在 IP 的数据报服务基础上增加端口和差错检测功能。由于 UDP 采用无连接通信方式，无法保证传输的可靠性，但这也大大简化了传输协议，因此，其传输效率高、时延小。其报文段首部也很简单，只有 8 字节。

由于 UDP 具有快捷简便、支持组播/广播等特点，因此，被不少局域网内的应用协议所采用的，如 DNS、NFS、SNMP、TFTP、RIP 等。此外，中国宽带有线网上开展的视频和股票等业务，几乎全都采用 UDP，这是考虑 UDP 的单向性和广播特性。

### 3. TCP 报文格式

TCP 提供比较完善的可靠通信服务，功能相对复杂，因此，TCP 报文段格式也相应比较复杂。总体而言，TCP 报文段首部包含固定部分和可选部分。固定部分的长度为 20 字节，可选部分的长度最多可达 40 字节。其首部格式如图 4-3 所示。其中，标志位含义如下：URG 紧急数据，ACK 确认，PSH 立即提交数据，RST 拒绝连接，SYN 建立连接，FIN 拆除连接。

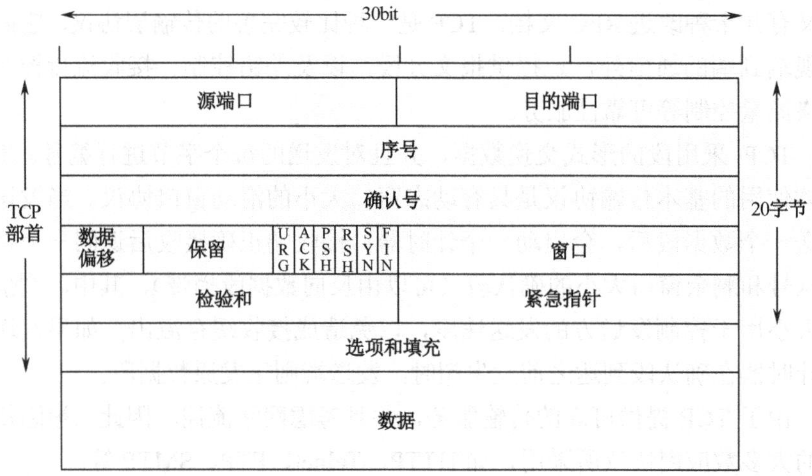


图 4-3　TCP 报文段的首部格式

### 4. UDP 报文格式

UDP 用户数据报相对简单，只有两个字段：首部字段和数据字段。其中首部字段固定为 8 字节，由 4 个字段组成，如图 4-4 所示。

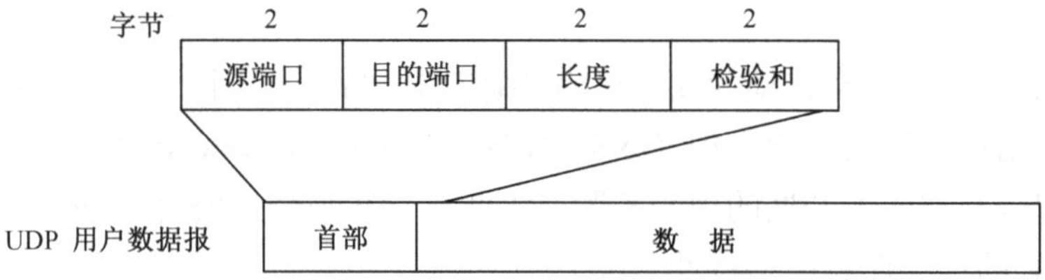


图 4-4　UDP 的首部字段格式

## 4.2.2 实验目的

① 了解 UDP 与 TCP 的主要特点及其应用。

② 理解 UDP 的无连接通信方式与 TCP 的面向连接通信方式。

③ 熟悉 TCP 报文段和 UDP 报文的数据封装格式。

## 4.2.3　实验配置说明

本实验对应的练习文件为“4-2 UDP 协议与 TCP 协议的对比分析.pka”。网络拓扑和 IP 地址配置与 4.1 节中的实验基本相同，其中 Server 的域名改为 udp-tcp.com。

## 4.2.4　实验步骤

打开练习文件“4-2 UDP 协议与 TCP 协议的对比分析.pka”。

### 1．任务一：观察 UDP 无连接的工作模式

本任务通过捕获域名解析过程（DNS）来观察 UDP 的无连接工作模式。

✧　**步骤 1：捕获 UDP 传输**

在 Simulation 模式下单击 Edit Filters 按钮，仅选择 UDP 事件。

单击逻辑工作空间中的 PC，在 Desktop 选项卡中打开 Web Browser，在 URL 框中输入 udp-tcp.com，然后单击 Go 按钮。最小化模拟浏览器窗口。

在 Simulation Panel 中单击 Auto Capture/Play 按钮运行模拟，并捕获事件和数据报文。此时可以观察到域名解析的工作过程。报文传输结束时，再次单击 Auto Capture/Play 按钮，结束自动捕获。

✧　**步骤 2：分析 UDP 无连接的工作过程**

通过步骤 1，观察到域名解析过程如下：PC 发送一个域名请求给 Server，然后 Server 再回复一个域名应答给 PC。虽然事件列表中只有 DNS，但由于 DNS 是基于 UDP 传输，每个 DNS 报文都是封装在一个 UDP 报文中，因此，同样可以观察到 UDP 的工作过程。

在捕获的第一个事件中，第 7 层的 DNS 协议使用的是第 4 层的 UDP；UDP 将 DNS 协议数据封装之后，直接将数据发送出去，表明 UDP 是无连接的，即通信没有握手预约，也没有确认接收。

✧　**步骤 3：分析 UDP 报文格式**

在 Event List（事件列表）区域中，单击 info（信息）列中的单色框，打开 PDU Information（PDU 信息）窗口。

在 Outbound PDU Details 选项卡中查看 UDP 的用户数据报内容，记录其首部中的 LENGTH 字段的值，分析该报文的首部及数据部分的长度。其

他三个 DNS 事件的 PDU 信息也可以进行如上类似的分析。

单击 Reset Simulation 按钮，将原有的事件全部清空。

### 2. 任务二：观察 TCP 面向连接的工作模式

本任务通过捕获网页传输过程（HTTP）来观察 TCP 的面向连接工作模式。

✧ **步骤 1：捕获 TCP 事件**

修改 Event List Filters 为“TCP”，并参考任务一的步骤 1 访问 Server 的主页。

✧ **步骤 2：分析 TCP 面向连接的工作过程**

通过步骤 1，可以发现网页的传输过程比 DNS 过程更复杂。这是因为 HTTP 使用的是面向连接的 TCP。它在发送 HTTP 请求前必须先建立一条 TCP 连接，并且在 Server 传输网页给 PC 的过程中，客户端会不时回复一个确认段给服务端，最后还要释放 TCP 连接。

第一个事件是 TCP 事件，该事件 Out Layers（出站层）的 Layer 7（第 7 层）中，HTTP 客户端（PC）建立一个到服务器（Server）的连接，在 Layer 4（第 4 层）中，PC 设备尝试与 192.168.1.1 的端口 80 建立一个 TCP 连接。该事件第 7 层的 HTTP 使用的是第 4 层的 TCP，PC 在发送 HTTP 请求之前，首先尝试建立一条 TCP 连接，表明 TCP 是面向连接的。

TCP 连接建立之后，在该 TCP 连接之上传输 HTTP 数据包。观察第一个及最后一个 HTTP 事件，记录其对应的 TCP 报文的 sequence number（序号）、ACK number（确认号）的值，以及它们与 data length（数据长度）的关系，并查看 TCP 报文首部中固定部分的长度。

分析完成后单击 Reset Simulation（重置模拟）按钮，将原有的事件全部清空。

## 4.2.5 思考题

（1）TCP 报文首部中的序号和确认号有什么作用？

（2）无连接的 UDP 和面向连接的 TCP 各有什么优点？

# 4.3　实验三：TCP 的连接管理

## 4.3.1　背景知识

### 1. TCP 的通信过程

TCP 是面向连接的传输协议，因此，其通信过程包含三个阶段阶段：建立连接、传输数据、释放连接。其中，建立连接主要解决三个问题：①确认对方能够接收数据；②双方协商一些参数（如最大报文段长度、最大窗口大小、初始顺序号等）；③双方预分配一些必要的通信资源（如收发缓存区、连接表项目等）。而释放连接的目的就是双方释放所占用的资源。

### 2. TCP 连接的建立

TCP 连接的建立采用客户服务器的方式，主动发起连接建立请求的应用进程称为客户（Client），而被动等待连接建立的应用进程称为服务器（Server）。

TCP 通过三次握手完成连接的建立，其过程如图 4-5 所示。

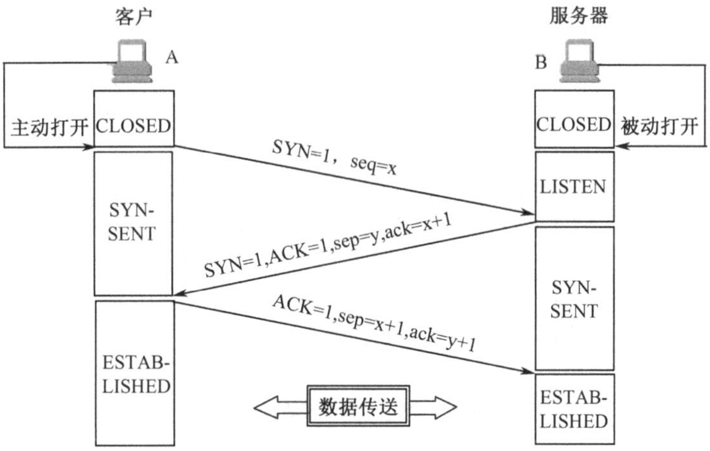


图 4-5　TCP 连接建立的三次握手

第一次握手：A 的 TCP 向 B 发出连接请求报文段，其首部中的同步位 SYN=1，并选择序号 seq=x，表明传送数据时的第一个数据字节的序号是 x。

第二次握手：B 的 TCP 收到连接请求报文段后，如同意，则发回确认。B 在确认报文段中应使 SYN=1，使 ACK=1，其确认号 ack=x+1，自己选择的序号 seq=y。

第三次握手：A 再向 B 确认，其 ACK=1，确认号 ack=y+1。A 的 TCP 通知上层应用进程，连接已经建立。

完成三次握手，客户端与服务器开始传送数据。连接可以由任一方或双方发起，一旦连接建立，数据就可以双向对等地流动。

### 3. TCP 连接的释放

当一对 TCP 连接的双方数据通信完毕，任何一方都可以发起连接释放请求。TCP 采用四次挥手方式释放连接。释放连接的操作可以看成由两个方向上分别释放连接的操作构成。假设客户 A 先提出释放连接的请求，其过程如图 4-6 所示。

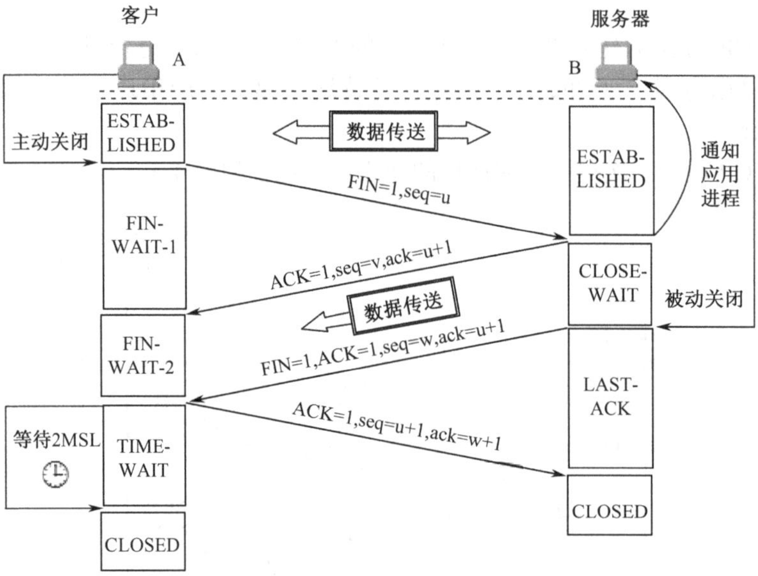


图 4-6　TCP 连接释放的过程

第一次挥手：客户 A 的应用进程先向 B 发出连接释放报文段，并停止发送数据，主动关闭 TCP 连接。

第二次挥手：服务器 B 发出确认。此时，从 A 到 B 这个方向的连接就释放了，A 不能再向 B 发送数据，因此，不再消耗序号，TCP 连接处于半关闭状态，B 若还有数据要发送，A 仍要接收。

第三次挥手：若服务器 B 的数据已经发完了，其应用进程就通知 TCP 释放连接。B 向 A 发送连接释放请求报文段。

第四次挥手：客户 A 收到 B 的连接释放报文段后，必须发出确认。A 在发出确认后还必须再等待 2MSL 的时间后，才能进入关闭状态。

### 4.3.2 实验目的

① 熟悉 TCP 通信的三个阶段。
② 理解 TCP 连接建立过程和 TCP 连接释放过程。

### 4.3.3 实验配置说明

本实验对应的练习文件为“4-3 TCP 的连接管理.pka”。网络拓扑和 IP 地址分配与 4.1 节中的实验基本相同，其中 Server 的域名改为 tcp-connection.com。

### 4.3.4 实验步骤

打开练习文件“4-3 TCP 的连接管理.pka”。

#### 1. 任务一：观察建立 TCP 连接的三次握手协议

✧ **步骤 1：捕获 TCP 传输**

在 Simulation 模式下单击 Edit Filters 按钮，仅选择 TCP 事件。

单击逻辑工作空间中的 PC，在 Desktop 选项卡中打开 Web Browser，在 URL 框中输入 tcp-connection.com，然后单击 Go 按钮。最小化模拟浏览器窗口。

在 Simulation Panel 中单击 Auto Capture/Play 按钮，运行模拟，并捕获事件和数据报文。此时可以观察到 TCP 的完整传输过程。当报文传输结束时，再次单击 Auto Capture/Play 按钮，结束自动捕获。

✧ **步骤 2：查找 TCP 建立连接的三次握手事件**

在 Event List（事件列表）中找出 TCP 建立连接的三次握手事件。可以发现，从 PC 发送第一个 TCP 数据段到发送第二个数据段为建立连接的三次握手阶段。

✧ **步骤 3：分析 TCP 的三次握手机制**

观察三次握手的数据段。在 Simulation 模式下的 Event List 区域中单击 Info 列中的单色框，将会打开 PDU Information 窗口。实验观察如下。

第一次握手：PC 将连接状态设置为 SYN_SENT（同步已发送），TCP 将窗口大小设置为 65535B，并将首部中的选项字段 MSS（最大报文段程度）值设置为 1460B。PC 向 Server 发送一个 TCP 同步（SYN）报文段，记录该报文段中的 sequence number（序号）字段、ACK number（确认号）字段的值及报文段的长度。

第二次握手：Server 从端口 80 收到 PC 发来的 TCP 同步报文段，取出首部的选项字段 MSS 的值，同意接收 PC 的连接请求，并将其连接状态设置为 SYN_RECEIVED（同步已接收），TCP 将窗口大小设置为 16384B，同时将首部中的选项字段 MSS（最大报文段长度）值设置为 536B。Server 向 PC 发送一个 TCP 的同步确认（SYN+ACK）报文段，记录该报文段中的 sequence number（序号）字段、ACK number（确认号）字段的值及报文段的长度。

第三次握手：PC 收到 Server 发来的 TCP 同步确认报文段，该报文段中的序号也正是原先期望收到的，连接成功，TCP 将窗口大小重置为 536B，此时，PC 将其连接状态设置为 ESTABLISHED（连接已建立）。PC 向 Server 发送一个 TCP 确认（ACK）报文段，记录该报文段中的 sequence number（序号）字段、ACK number（确认号）字段的值，以及报文段的长度。Server 收到 PC 发来的 TCP 确认（ACK）报文段，该报文段中的序号也正是原先期望收到的，连接成功，于是取出首部的选项字段 MSS 的值，同意接收 PC 的连接请求，并将其连接状态设置为 ESTABLISHED（连接已建立）。

### 2. 任务二：观察 TCP 连接的释放机制

✧ **步骤 1：查找 TCP 释放连接的四次挥手事件**

在 Event List（事件列表）中找出 TCP 释放连接的四次挥手事件。可以发现，最后几个 TCP 交互为连接释放阶段。

✧ **步骤 2：分析 TCP 的四次挥手机制**

观察四次挥手的数据段。在 Simulation 模式下的 Event List 区域中单击 Info 列中的单色框，将会打开 PDU Information 窗口。实验观察如下。

第一次挥手：PC 关闭与 Server 的 80 端口之间的 TCP 连接，将连接状态设置为 FIN_WAIT_1（关闭等待 1）。PC 向 Server 发送一个 TCP 关闭确认（FIN+ACK）报文段，记录该报文段中的 sequence number（序号）字段、ACK number（确认号）字段的值，以及报文段的长度。

第二、三次挥手：Server 收到 PC 的 1025 端口发来的 TCP 关闭确认报文段，该报文段中的序号也正是原先期望收到的，Server 将其连接状态设置为 CLOSE_WAIT（关闭等待）。Server 从其缓存中取出最后一个 TCP 关闭确认（FIN+ACK）报文段发送给 PC，记录该报文段中的 sequence number（序号）字段、ACK number（确认号）字段的值，以及报文段的长度。此时 Server 将其连接状态设置为 LAST_ACK（最后确认）。

第四次挥手：PC 收到 Server 从 80 端口发来的 TCP 关闭确认报文段，该报文段中的序号也正是原先期望收到的。PC 向 Server 发送一个 TCP 确认（ACK）报文段，记录该报文段中的 sequence number（序号）字段、ACK number（确认号）字段的值，以及报文段的长度。此时 PC 进入 CLOSING（正在关闭）连接状态；Server 收到该报文段后，将其连接状态设置为 CLOSED（已关闭）。

### 4.3.5 思考题

（1）连接建立阶段的第一次握手是否需要消耗一个序号？其 SYN 报文段是否携带数据？为什么？第二次握手呢？

（2）本实验中连接释放过程的第二、三次挥手是同时进行的还是分开进行的？这两次挥手何时需要分开进行？

（3）本实验中连接释放阶段的第四次挥手，PC 向 Server 发送最后一个 TCP 确认报文段后，为什么不是直接进入 CLOSED（已关闭）连接状态，而是进入 CLOSING（正在关闭）连接状态？

（4）本实验中 TCP 连接建立后的数据通信阶段，PC 向 Server 发送了多少数据？Server 向 PC 发送了多少数据？

## 4.4 实验四：TCP 序号和确认号

### 4.4.1 背景知识

#### 1. TCP 的序号和确认号

TCP 协议是一种面向连接的数据流协议，为了保证传输的可靠性，TCP 连接中传送的数据流中的每一个字节都编上一个序号。在建立 TCP 连接时，通信双方都要设置好自己的起始序号，该起始序号是随机的，介于 0~4294967295，随后每个字节数据都按序编号。在一个 TCP 段中，序号字段的值就等于本报文段所发送第一个字节数据的序号。而确认号是期望收到对方一个报文段的数据的第一个数据字节的序号。同时，确认号隐含表明了前面所有字节已正确收到。

2．TCP 的确认机制

确认机制是 TCP 数据差错控制的基本方法。为了提高传输效率，TCP 采用了两种改进机制。一是捎带确认，实际通信中的双方都有数据发给对方，因此，可以在反方向传输的数据段中增加一个字段，专门用来携带给对方的应答信息，这种方式也称为捎带应答；二是累积确认，接收方不必对收到的分组逐个发送确认，而是对按序到达的最后一个分组发送确认，这样就表示到这个分组为止的所有分组都已正确收到了。

## 4.4.2 实验目的

① 熟悉 TCP 的序号和确认号。
② 理解 TCP 的确认机制。

## 4.4.3 实验配置说明

本实验对应的练习文件为“4-4 TCP 的序号和确认号.pka”。网络拓扑和 IP 地址配置与 4.1 节中的实验基本相同。

## 4.4.4 实验步骤

打开练习文件“4-4 TCP 的序号和确认号.pka”。

1．任务一：观察 TCP 的起始序号

✧ **步骤 1：捕获 TCP 的连接建立事件**

在 Simulation 模式下单击 Edit Filters 按钮，仅选择 TCP 事件。

单击逻辑工作空间中的 PC，在 Desktop 选项卡中打开 Web Browser，在 URL 框中输入 192.168.1.1，然后单击 Go 按钮。最小化模拟浏览器窗口。

在 Simulation Panel 中单击 Auto Capture/Play 按钮，运行模拟，并捕获事件和数据报文。当报文传输结束时，再次单击 Auto Capture/Play 按钮，结束自动捕获。

✧　**步骤 2：观察 TCP 建立连接时设置起始序号**

在 Event List 中找到 At Device（在设备）显示为 Server 的第一个事件，单击 Info 列中的彩色框，打开 PDU Information 窗口，选择 OSI Model 选项卡的 Layer 4 或者 Inbound PDU Details 选项卡，观察 TCP 段的详情，如图 4-7 所示。记录该报文段中的 sequence number（序号）字段。该序号为本次连接的起始序号。

再次单击 PC 浏览器窗口的 Go 按钮，重新刷新网页。观察新的 TCP 连接的起始序号是否发生变化。可以多次刷新网页，以便观察起始序号的变化规律。

一般网络模拟工具为了简便，通常显示的都是相对序列号/确认号，即初始序列号的值是 0，而不是实际序列号/确认号，相对序列号/确认号是和 TCP 会话的初始序列号相关联的。

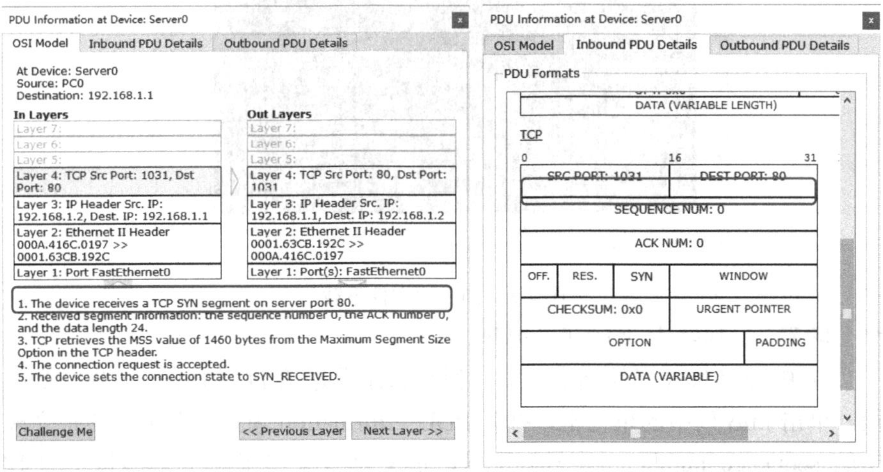


图 4-7　TCP 段的序号

## 2. 任务二：分析 TCP 的确认机制

本任务通过捕获 FTP 数据传输过程来观察 TCP 的确认机制。

✧　**步骤 1：捕获 TCP 的数据传输事件**

进入实时模式。在逻辑空间中单击打开 PC，在 Desktop 中单击 Command Prompt，进入 PC 的命令行窗口。

输入 ftp 192.168.1.1，然后输入用户名（cisco）和口令（cisco），登录 Server 的 FTP 服务。

切换到模拟实验模式。使用 FTP 下载文件，即在 PC 的命令行中输入 get pt1000-i-mz.122-28.bin，如图 4-8 所示。然后，单击 Auto Capture/Play 或者 Capture/Forward 按钮运行模拟，并捕获事件和数据包。此时，可观察到 FTP 的数据传输过程。因为 FTP 是基于 TCP 传输文件的，因此，可以观察到 TCP 的详细传输过程。由于该传输过程比较冗长，因此，只要捕获部分数据报文即可。

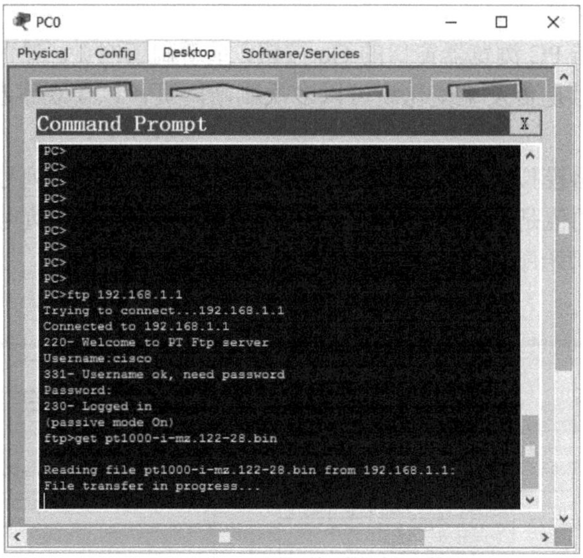


图 4-8 FTP 的文件下载

✧ **步骤 2：观察 TCP 的确认机制**

在 Event List（事件列表）中找到 Server 发送给 PC 的第一个 TCP 数据段，单击 Info 列中的单色框，打开 PDU Information 窗口，并记录该报文段中的 sequence number（序号）字段，定义为 S1。再检查封装该报文的 IP 分组，记录该字段的数据长度，定义为 IP1，则本 TCP 段的数据长度等于 IP1−20（扣除 TCP 的首部）。接着打开下一个 PC 回复给 Server 的数据段，记录其确认号为 A1，可以发现 A1=S1+IP1−20，也就是客户端希望接收的下一个报文段。再打开 Server 发送给 PC 的下一个数据段，可以发现该段的序号就等于 PC 的确认号 A1，如图 4-9～图 4-11 所示。也可以自行观察其他数据段的序号和确认号间的逻辑关系。

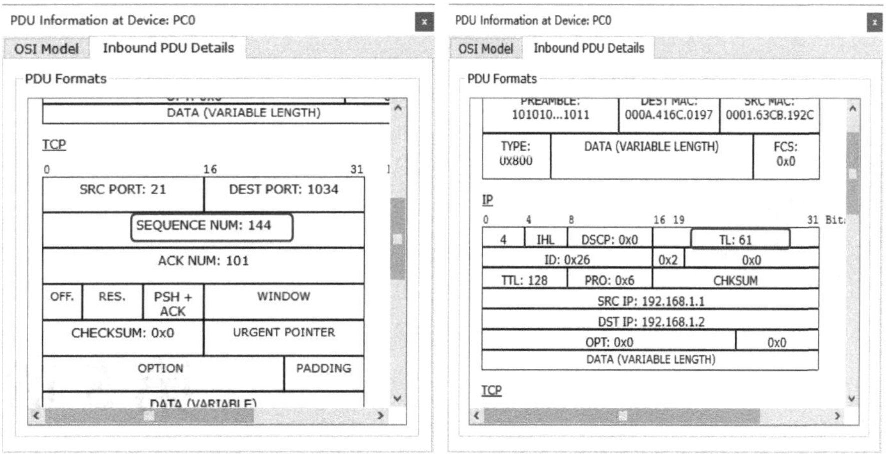


（a）TCP 序号 S1　　　（b）数据长度 IP1

图 4-9　Server 发送的第一个 FTP 报文段详情

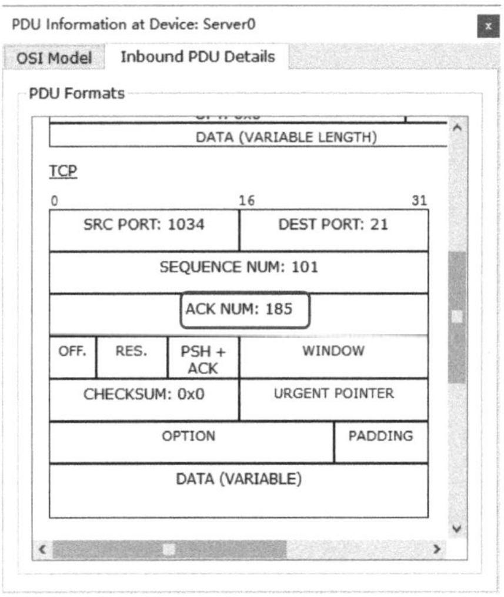


图 4-10　确认号 A1

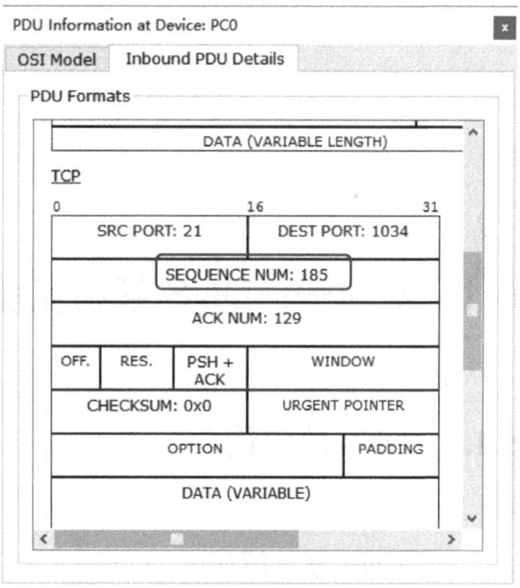


图 4-11　下一个数据段的序号

## 4.4.5 思考题

（1）起始序号为什么是随机的，而不固定从 0 或 1 开始？

（2）接收方每接收到一个数据段是否都要回复确认？

5

# 第 5 章 应用层协议实验

## 5.1 实验一：DNS 解析实验

### 5.1.1 DNS 协议简介

#### 1. DNS 及其解析

Internet 上的每台主机都有一个唯一的全球 IP 地址，IPv4 中的 IP 地址是由 32 位的二进制数组成的。这样的地址对于计算机来说容易处理，但对于用户来说，即使将 IP 地址用点分十进制的方式表示，也不容易记忆。而主机之间的通信最终还是需要用户的操作，用户在访问一台主机前，必须首先获得其地址。因此，为网络上的主机取一个有意义又容易记忆的名字，这个名字称为域名。

虽然为 Internet 上的主机取了一个便于记忆的域名，但通过域名并不能直接找到要访问的主机，中间还需要一个从域名查找到其对应的 IP 地址的过程，这个过程就是域名解析。域名解析的工作需要由域名服务器 DNS 来完成。

域名的解析方法主要有两种：递归查询（Recursive Query）和迭代查询（Iterative Query）。一般而言，主机向本地域名服务器的查询采用递归查询，而本地域名服务器向根域名服务器的查询通常采用迭代查询。

为了提高解析效率，在本地域名服务器及主机中都广泛使用了高速缓存，用来存放最近解析过的域名等信息。当然，缓存中的信息是有时效的，因为域名和 IP 地址之间的映射关系并不总是一成不变的，因此，必须定期删除缓存中过期的映射关系。

### 2. DNS 报文格式

DNS 请求和应答都用相同的报文格式，分成 5 部分（有些部分允许为空），如图 5-1 所示。

| |
|---|
| HEADER（报文首部） |
| QUESTION（查询的问题） |
| ANSWER（应答） |
| AUTHORITY（授权应答） |
| ADDITIONAL（附加信息） |

图 5-1　DNS 报文格式

HEADER 是必需的，它定义了报文是请求还是应答，也定义了报文的其他部分是否需要存在，以及是标准查询还是其他。HEADER 段的格式如图 5-2 所示。

| 字节 2 | 2 |
|---|---|
| ID（标识） | FLAG（标志） |
| QDCOUNT（问题记录数） | |
| ANCOUNT（回答记录数） | |
| NSCOUNT（授权记录数） | |
| ARCOUNT（附加记录数） | |

图 5-2　HEADER 段的格式

HEADER 中的 FLAG（标志）格式如图 5-3 所示。

| 位 | 1 | 4 | 1 | 1 | 1 | 1 | 3 | 4 |
|---|---|---|---|---|---|---|---|---|
| | QR | opcode | AA | TC | RD | RA | （zero） | rcode |

图 5-3　FLAG 格式

各部分含义如下。

- QR：查询/响应标志位。
- opcode：定义查询或响应的类型。
- AA：授权回答的标志位，该位在响应报文中有效。
- TC：截断标志位。
- RD：该位为 1 表示客户端希望得到递归回答。
- RA：只能在响应报文中置为 1，表示可以得到递归响应。
- zero：保留字段，用全 0 填充。
- rcode：返回码，表示响应的差错状态。

QUESTION 部分包含的问题可以为多个。每个问题的格式如图 5-4 所示。

| 字节 | 4 | |
|---|---|---|
| | QNAME（查询名） | |
| | QTYPE（查询类型） | QCLASS（查询的协议类） |

图 5-4　QUESTION 格式

ANSWER（应答）、AUTHORITY（授权应答）、ADDITIONAL（附加信息）部分都共用相同的格式：资源记录 RR（Resource Record）。资源记录可包含多个，其个数由报文首部对应的数值确定，每个资源记录格式如图 5-5 所示。

| 字节 | 2 | 2 |
|---|---|---|
| | NAME（域名） | |
| | TYPE（类型） | CLASS（协议类） |
| | TTL（生存时间） | |
| | RDLENGTH （资源数据长度） | |
| | RDATA （资源数据） | |

图 5-5　资源记录格式

## 5.1.2　实验目的

① 理解 DNS 系统的工作原理。
② 熟悉 DNS 服务器的工作过程。
③ 熟悉 DNS 报文格式。
④ 理解 DNS 缓存的作用。

## 5.1.3　实验配置说明

本实验对应的练习文件为“5-1 DNS 解析实验.pka”。

### 1．网络拓扑图

本实验的网络拓扑如图 5-6 所示。

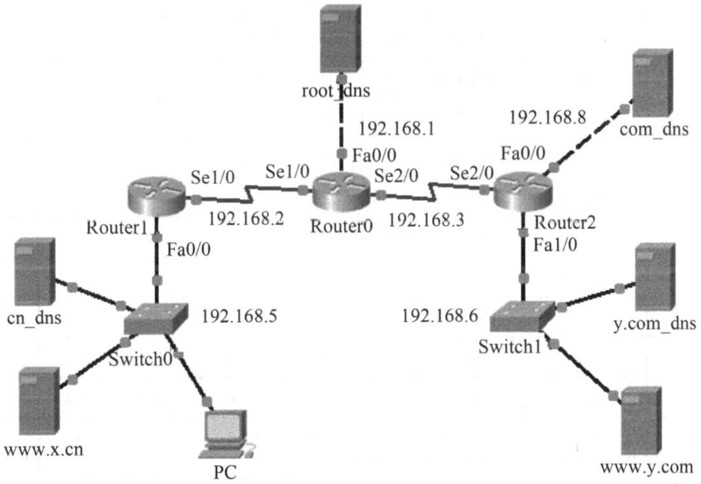


图 5-6　DNS 解析实验网络拓扑

### 2．DNS 域名服务器的层次结构

本实验中 DNS 域名服务器的树状层次结构如图 5-7 所示。

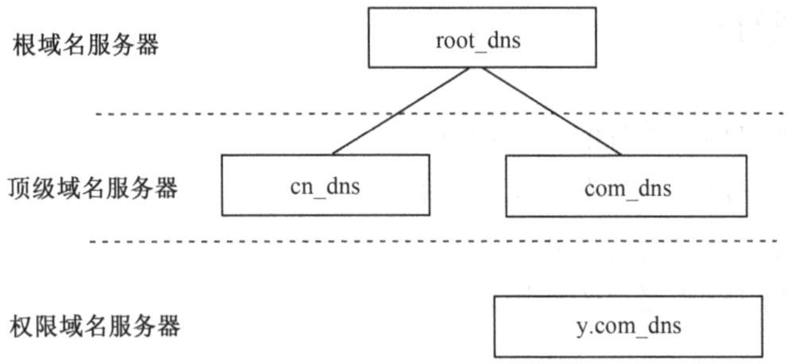


图 5-7　DNS 域名服务器的树状层次结构

### 3. IP 地址配置

网络拓扑中各设备的 IP 地址配置如表 5-1 所示。

**表 5-1　IP 地址配置**

| 设　备 | 接　口 | IP 地 址 | 子网掩码 | 网关 | DNS |
|---|---|---|---|---|---|
| Router0 | Fa0/0 | 192.168.1.254 | 255.255.255.0 | — | — |
| | Se1/0 | 192.168.2.254 | 255.255.255.0 | — | — |
| | Se2/0 | 192.168.3.254 | 255.255.255.0 | — | — |
| Router1 | Fa0/0 | 192.168.5.254 | 255.255.255.0 | — | — |
| | Se1/0 | 192.168.2.253 | 255.255.255.0 | — | — |
| Router2 | Fa0/0 | 192.168.8.254 | 255.255.255.0 | — | — |
| | Fa1/0 | 192.168.6.254 | 255.255.255.0 | — | — |
| | Se2/0 | 192.168.3.253 | 255.255.255.0 | — | — |
| root_dns | Fa0 | 192.168.1.1 | 255.255.255.0 | 192.168.1.254 | — |
| cn_dns | Fa0 | 192.168.5.1 | 255.255.255.0 | 192.168.5.254 | — |
| com_dns | Fa0 | 192.168.8.1 | 255.255.255.0 | 192.168.8.254 | — |
| y.com_dns | Fa0 | 192.168.6.1 | 255.255.255.0 | 192.168.6.254 | — |
| www.x.cn | Fa0 | 192.168.5.2 | 255.255.255.0 | 192.168.5.254 | 192.168.5.1 |
| www.y.com | Fa0 | 192.168.6.2 | 255.255.255.0 | 192.168.6.254 | 192.168.6.1 |
| PC | Fa0 | 192.168.1.2 | 255.255.255.0 | 192.168.1.254 | 192.168.5.1 |

其中，Router0 的 Se1/0 和 Se2/0 端口、Router1 的 Se1/0 端口及 Router2 的 Se2/0 端口还需要手动开启，并设置时钟频率为 64000Hz。

### 4．需要的其他预配置

本实验需要在 Web 服务器设备 www.x.cn 和 www.y.com 中开启 HTTP 服务并设置其内容，关闭其他服务。另外，还需要进行以下几项预配置（已完成）。

1）预配置路由器的静态路由

Router0、Router1 及 Router2 预配置的静态路由如图 5-8~图 5-10 所示。

Routing Table for Router0

| Type | Network | Port | Next Hop IP | Metric |
|---|---|---|---|---|
| C | 192.168.1.0/24 | FastEthernet0/0 | --- | 0/0 |
| C | 192.168.2.0/24 | Serial1/0 | --- | 0/0 |
| C | 192.168.3.0/24 | Serial2/0 | --- | 0/0 |
| S | 192.168.5.0/24 | --- | 192.168.2.253 | 1/0 |
| S | 192.168.6.0/24 | --- | 192.168.3.253 | 1/0 |
| S | 192.168.8.0/24 | --- | 192.168.3.253 | 1/0 |

图 5-8　Router0 的静态路由

Routing Table for Router1

| Type | Network | Port | Next Hop IP | Metric |
|---|---|---|---|---|
| C | 192.168.2.0/24 | Serial1/0 | --- | 0/0 |
| C | 192.168.5.0/24 | FastEthernet0/0 | --- | 0/0 |
| S | 192.168.1.0/24 | --- | 192.168.2.254 | 1/0 |
| S | 192.168.3.0/24 | --- | 192.168.2.254 | 1/0 |
| S | 192.168.6.0/24 | --- | 192.168.2.254 | 1/0 |
| S | 192.168.8.0/24 | --- | 192.168.2.254 | 1/0 |

图 5-9　Router1 的静态路由

Routing Table for Router2

| Type | Network | Port | Next Hop IP | Metric |
|---|---|---|---|---|
| C | 192.168.3.0/24 | Serial2/0 | --- | 0/0 |
| C | 192.168.6.0/24 | FastEthernet1/0 | --- | 0/0 |
| C | 192.168.8.0/24 | FastEthernet0/0 | --- | 0/0 |
| S | 192.168.1.0/24 | --- | 192.168.3.254 | 1/0 |
| S | 192.168.2.0/24 | --- | 192.168.3.254 | 1/0 |
| S | 192.168.5.0/24 | --- | 192.168.3.254 | 1/0 |

图 5-10　Router2 的静态路由

2）预先开启并配置域名服务器的 DNS 服务

root_dns 设备添加的资源记录如图 5-11 所示。

| No. | Name | Type | Details |
|---|---|---|---|
| | cn | NS | cn_dns |
| | cn_dns | A Record | 192.168.5.1 |
| | com | NS | com_dns |
| | com_dns | A Record | 192.168.8.1 |

图 5-11　root_dns 设备添加的资源记录

cn_dns 设备添加的资源记录如图 5-12 所示。

| No. | Name | Type | Details |
|---|---|---|---|
| 1 | . | NS | root_dns |
| 2 | root_dns | A Record | 192.168.1.1 |
| 3 | www.x.cn | A Record | 192.168.5.2 |

图 5-12　cn_dns 设备添加的资源记录

com_dns 设备添加的资源记录如图 5-13 所示。

| No. | Name | Type | Details |
|---|---|---|---|
| 1 | . | NS | root_dns |
| 2 | root_dns | A Record | 192.168.1.1 |
| 3 | y.com | NS | y.com_dns |
| 4 | y.com_dns | A Record | 192.168.6.1 |

图 5-13　com_dns 设备添加的资源记录

y.com_dns 设备添加的资源记录如图 5-14 所示。

| No. | Name | Type | Details |
|---|---|---|---|
| 1 | www.y.com | A Record | 192.168.6.2 |

图 5-14　y.com_dns 设备添加的资源记录

## 5.1.4　实验步骤

打开练习文件“5-1 DNS 解析实验.pka”。

首先需要在 Realtime（实时模式）和 Simulation（模拟模式）之间来回切换 3 次以上，以屏蔽交换机在首次模拟时的广播。同时还能使预设的场景成功执行，路由器进入就绪状态，在后续的模拟模式下动画播放时免去其找路的过程。

### 1. 任务一：观察本地域名解析过程

✧　**步骤 1：在 PC 的浏览器窗口请求内部 Web 服务器的网页**

选择 Simulation（模拟）选项卡，进入模拟模式。

在 Event List Filters（事件列表过滤器）区域中单击 Edit Filters（编辑过滤器）按钮，仅选择 DNS 事件。

单击逻辑工作空间中的 PC，在 Desktop（桌面）选项卡中打开 Web Browser（Web 浏览器），在 URL 框中输入 www.x.cn，然后单击 Go（转到）按钮。最小化模拟浏览器窗口。

✧　**步骤 2：捕获 DNS 事件并分析本地域名解析过程**

在 Simulation Panel（模拟面板）中单击 Auto Capture/Play（自动捕获/播放）按钮，此时会播放 PC 与 Server 之间的数据包交换动画，并且相关的事件会被添加到 Event List（事件列表）中。

捕获结束时将会出现一个 Buff Full（缓冲区满）的对话框，该对话框提示已达到事件数量的最大值，该对话框中有两个按钮：Clear Event List（清除事件列表）和 View Previous Events（查看历史事件），单击 View Previous Events（查看历史事件）按钮关闭对话框。

在 Event List（事件列表）区域中单击 info（信息）列中的某个 DNS 事件的单色框，将会打开相应的 PDU Information（PDU 信息）窗口。本步骤需要查看该窗口 OSI Model（OSI 模型）选项卡中 In Layers（入站）和 Out Layer（出站）的 Layer 7（第 7 层）的信息，以及 Inbound/Outbound PDU Details（入站/出站 PDU 详细数据）选项卡中第 7 层的 PDU 信息。

本地 DNS 服务器的解析过程大致如下：

① 由于 PC 中设置了 DNS 服务器的地址为 192.168.2.1，因此，当 PC 输入域名 www.x.cn 请求网页时，它将作为 DNS 客户端向本地域名服务器 cn_dns 发送一个 DNS 查询请求，请求域名 www.x.cn 的 IP 地址。

② 本地域名服务器 cn_dns 收到 PC 的 DNS 查询请求后，首先尝试在本地区域文件查找，发现确实存在相应的资源记录，于是将域名 www.x.cn 对应的 IP 地址 192.168.5.1 放入 DNS 的应答报文发送给 PC。

③ PC 收到本地域名服务器 cn_dns 的应答报文后，取出报文中解析出的 IP 地址 192.168.5.1，并对其进行访问，此时在 Web Browser（Web 浏览器）中显示相应的 Web 页面。

注意分析以下几项内容：

- DNS 的响应报文的组成。
- DNS 首部中的查询记录数（QDCOUNT）及应答记录数（ANCOUNT）。
- DNS QUERY（DNS 查询）及 DNS ANSWER（DNS 应答）部分各字段的值及含义。

完成后单击 Reset Simulation（重置模拟）按钮，将原有的事件全部清空；同时关闭 PC 的 Web Browser（Web 浏览器）窗口。

### 2. 任务二：观察外网域名解析过程

✧ **步骤 1：在 PC 的浏览器窗口请求外部 Web 服务器的网页**

保持模拟模式中 Event List Filters（事件列表过滤器）区域的选择（仍为仅选择 DNS 事件）不变。

单击逻辑工作空间中的 PC，在 Desktop（桌面）选项卡中打开 Web Browser（Web 浏览器），在 URL 框中输入 www.y.com，然后单击 Go（转到）按钮。最小化模拟浏览器窗口。

✧ **步骤 2：捕获 DNS 事件并分析外网域名解析过程**

在 Simulation Panel（模拟面板）中单击 Auto Capture/Play（自动捕获/播放）按钮，进行捕获，当捕获结束出现 Buff Full（缓冲区满）对话框时，单击 View Previous Events（查看历史事件）按钮，关闭对话框。

应注意重点观察解析外网域名时各级域名服务器的具体解析过程。此处可忽略路由器和交换机的转发过程，仅分析 DNS 的请求和响应报文在 DNS 服务器之间的交互情况。

DNS 服务器之间的解析过程如图 5-15 所示。

① PC 向本地域名服务器 cn_dns 发送一个 DNS 查询请求包，请求解析域名 www.y.com。

② 本地域名服务器 cn_dns 收到 PC 的 DNS 查询请求后，在本地区域文件中未找到相应的资源记录，于是 cn_dns 作为 DNS 客户端向根域名服务器 root_dns 发送 DNS 请求包，请求解析域名 www.y.com。

③ 根域名服务器 root_dns 收到 cn_dns 发来的 DNS 查询请求后，在本地区域文件中未能直接解析出域名 www.y.com，但找到能解析“.com”扩展名的顶级域名服务器 com_dns，于是 root_dns 也作为 DNS 客户端向顶级域名服务器 com_dns 发送 DNS 请求包，请求解析域名 www.y.com。

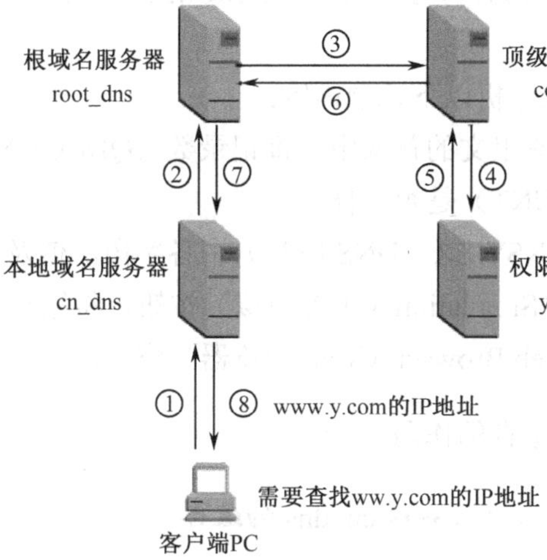


图 5-15　DNS 服务器之间的解析过程

④ 顶级域名服务器 com_dns 收到 root_dns 发来的 DNS 查询请求后，在本地区域文件中未能直接解析出域名 www.y.com，但找到能解析“y.com”扩展名的权限域名服务器 y.com_dns，于是 com_dns 也作为 DNS 客户端向权限域名服务器 y.com_dns 发送 DNS 请求包，请求解析域名 www.y.com。

⑤ 权限域名服务器 y.com_dns 收到 com_dns 发来的 DNS 查询请求后，在本地区域文件中找到相应的资源记录直接解析出域名 www.y.com，于是将 IP 地址 192.168.6.2 写入 DNS 应答报文中，发送给顶级域名服务器 com_dns。

⑥ com_dns 作为 DNS 客户端收到 DNS 应答报文后，取出 IP 地址 192.168.6.2，同时作为 DNS 服务器将 IP 地址写入 DNS 应答报文中，发送给根域名服务器 root_dns。

⑦ root_dns 作为 DNS 客户端收到 DNS 应答报文后，取出 IP 地址 192.168.6.2，同时作为 DNS 服务器将 IP 地址写入 DNS 应答报文中，发送给本地域名服务器 cn_dns。

⑧ cn_dns 作为 DNS 客户端收到 DNS 应答报文后，取出 IP 地址 192.168.6.2，同时作为 DNS 服务器将 IP 地址写入 DNS 应答报文中，发送给 PC。

PC 收到本地域名服务器 cn_dns 的应答报文后，取出 IP 地址

192.168.6.2，并对其进行访问，此时在 Web Browser（Web 浏览器）中显示相应的 Web 页面。

对比任务一，注意分析以下几项内容：

- 各个 DNS 应答报文的首部中查询记录数（QDCOUNT）及应答记录数（ANCOUNT）是否一样。
- 不同的 DNS ANSWER（DNS 应答）中各字段的值及含义。

完成后单击 Reset Simulation（重置模拟）按钮，将原有的事件全部清空，同时关闭 PC 的 Web Browser（Web 浏览器）窗口。

#### 3. 任务三：观察缓存的作用

**✧ 步骤 1：查看本地域名服务器 cn_dns 的缓存**

查看缓存有两种方法：

① 单击逻辑工作空间中的本地域名服务器 cn_dns，在 Config（配置）选项卡中选择 DNS 服务，并单击页面下方的 DNS Cache（DNS 缓存）按钮，查看此时本地域名服务器 cn_dns 中的缓存。

② 先选择工具栏中的 Inspect（查看）工具，单击逻辑工作空间中的本地域名服务器 cn_dns，在弹出的菜单中选择 DNS Cache Table（DNS 缓存表），即可查看此时本地域名服务器 cn_dns 中的缓存。查看完后重新选择工具栏中的 Select（选取）工具。

**✧ 步骤 2：在 PC 的浏览器窗口请求外部 Web 服务器的网页**

重复任务二，再次观察此次解析外网域名的过程。

完成后单击 Reset Simulation（重置模拟）按钮，将原有的事件全部清空；同时关闭 PC 的 Web Browser（Web 浏览器）窗口。

### 5.1.5 思考题

（1）DNS 协议使用运输层的什么协议？

（2）DNS 缓存有什么作用？在 Packet Tracer 中如何清空 DNS 缓存？

（3）本实验中 PC 与本地域名服务器 cn_dns 之间的解析是递归还是迭代？本地域名服务器 cn_dns 与根域名服务器 root_dns 之间呢？若后者用另一种解析方法，则域名服务器之间 DNS 的请求和应答的交互过程应如何运行？

# 5.2　实验二：DHCP 分析

## 5.2.1　DHCP 简介

### 1. DHCP 的作用

一台计算机若要连接到 Internet，必须对其 TCP/IP 进行正确的配置，如 IP 地址、子网掩码、默认网关、默认 DNS 等。若每次都使用人工配置，显然非常不方便，因此，需要一种协议能够对网络协议进行自动配置。BOOTP（Bootstrap Protocol，引导程序协议）是一种早期的自动配置协议的方法，它可以自动为主机设定 TCP/IP 环境。但是该协议非常缺乏“动态性”，为客户端固定分配 IP 地址的方式必然会造成很大的浪费。DHCP（Dynamic Host Configuration Protocol，动态主机配置协议）是在 BOOTP 基础上发展起来的，它使客户机能够在 TCP/IP 网络上获得相关的配置信息，并在 BOOTP 的基础上添加了自动分配可用网络地址等功能。

### 2. DHCP 的地址分配类型

DHCP 支持三种类型的地址分配。

① 自动分配：当 DHCP 客户端第一次成功地从 DHCP 服务器端租用到 IP 地址之后，就永久地使用这个地址。

② 动态分配：DHCP 客户端被分配到的 IP 地址并非是永久的，而是有时间限制的。只要租约到期，就必须释放（Release）这个 IP 地址，以便该 IP 地址可以给其他工作站使用。当然，DHCP 客户端也可以明确表示放弃已分配的地址。

③ 手工分配：网络管理员按照 DHCP 规则，将指定的 IP 地址分配给客户端主机。

动态分配是唯一允许自动重用地址的机制，它非常适合于临时上网用户，尤其是当实际 IP 地址不足的时候。

DHCP 客户端与服务器的重新绑定无须重启系统就可完成，客户端以设置的固定间隔进入重新绑定状态，该过程在后台进行并且对用户是透明的。

### 3. DHCP 报文格式

DHCP 的报文格式如图 5-16 所示。

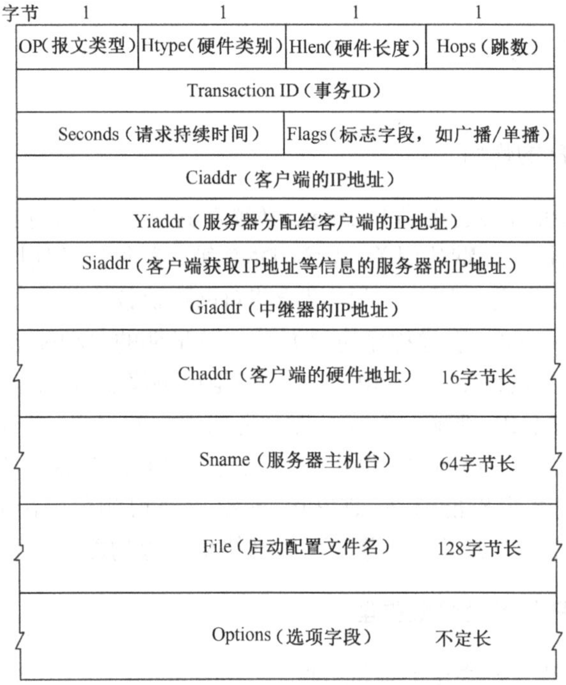


图 5-16　DHCP 报文格式

DHCP 采用客户—服务器的方式进行交互，其报文格式共有 8 种，由“选项”字段中的“DHCP Message Type ”选项的 value 值来确定。

### 4. DHCP 中继

使用一个 DHCP 服务器可以很容易地实现为一个网络中的主机动态分配 IP 地址等配置信息，但若在每一个网络上都设置一个 DHCP 服务器，会使 DHCP 服务器的数量过多，显然并不合适。一个有效的解决方法是为每一个网络至少设置一个 DHCP 中继代理，该代理可以是一台 Internet 主机或路由器。DHCP 中继代理可以用来转发跨网的 DHCP 请求及响应，因此，可以避免在每个物理网络都建立一台 DHCP 服务器。当 DHCP 中继代理收到 DHCP 客户端以广播方式发送的发现报文（DHCPDISCOVER）后，就以单播方式向 DHCP 服务器转发该报文并等待应答；当它收到 DHCP 服务器发回的提供报文（DHCPOFFER）后，将其转发给 DHCP 客户端。

5．DHCP 的工作过程

DHCP 服务器和客户端之间的交互报文主要有 5 个：DHCPDISCOVER、DHCPOFFER、DHCPREQUEST、DHCPACK 和 DHCPRELEASE。DHCP 客户端使用 UDP 的端口 68，DHCP 服务器使用 UDP 的端口 67。其标准交互过程如图 5-17 所示。

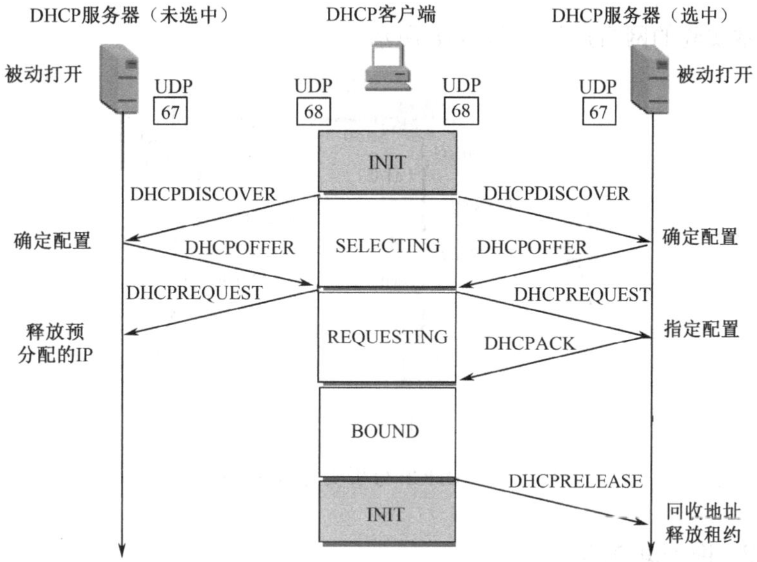


图 5-17　DHCP 服务器和客户端的标准交互过程

通过 5 个主要的交互报文，DHCP 客户端实现了不同状态的变迁：初始化状态 INIT、选择状态 SELECTING、请求状态 REQUESTING、已绑定状态 BOUND。

客户端进入已绑定状态 BOUND 后将获得使用配置参数的租期 T，在有效的租期内，若客户端想退租，随时可以发送 DHCPRELEASE 报文请求服务器释放该地址。

## 5.2.2　实验目的

① 了解 DHCP 的作用。

② 熟悉 DHCP 的工作过程。
③ 熟悉 DHCP 的报文格式。

### 5.2.3 实验配置说明

本实验对应的练习文件为"5-2 DHCP 分析.pka"。

#### 1. 网络拓扑图

本实验的网络拓扑如图 5-18 所示。

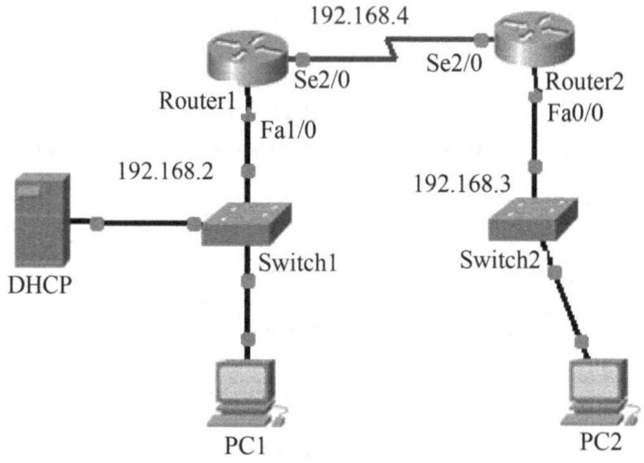


图 5-18　DHCP 分析实验的网络拓扑

#### 2. IP 地址配置

网络拓扑中各设备的 IP 地址配置如表 5-2 所示。

表 5-2　IP 地址配置

| 设　备 | 接　口 | IP 地 址 | 子网掩码 | 网　关 |
|---|---|---|---|---|
| Router1 | Fa1/0 | 192.168.2.254 | 255.255.255.0 | — |
| | Se2/0 | 192.168.4.1 | 255.255.255.0 | — |
| Router2 | Fa0/0 | 192.168.3.254 | 255.255.255.0 | — |
| | Se2/0 | 192.168.4.2 | 255.255.255.0 | — |
| DHCP | Fa0 | 192.168.2.1 | 255.255.255.0 | 192.168.2.254 |

其中，Router1 和 Router2 的 Se2/0 端口还需要手动开启，并设置时钟频率为 64000Hz。另外，PC1 和 PC2 的 IP 地址等无须进行任何设置。

### 3. 需要的其他预配置

本实验还需要进行以下几项预配置（已完成）。

1）预配置路由器的静态路由

Router1 及 Router2 预配置的静态路由如图 5-19 和图 5-20 所示。

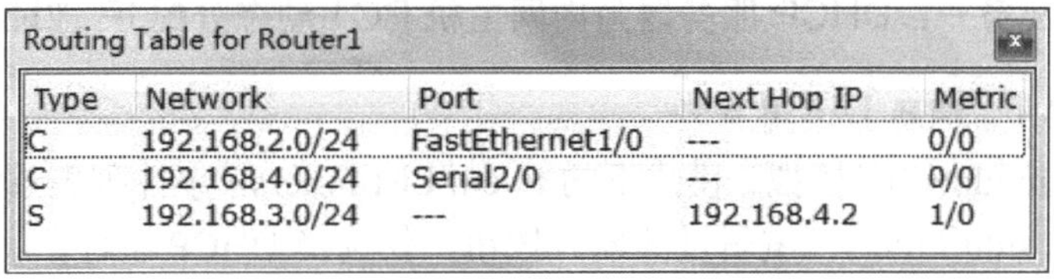

Routing Table for Router1

| Type | Network | Port | Next Hop IP | Metric |
|---|---|---|---|---|
| C | 192.168.2.0/24 | FastEthernet1/0 | --- | 0/0 |
| C | 192.168.4.0/24 | Serial2/0 | --- | 0/0 |
| S | 192.168.3.0/24 | --- | 192.168.4.2 | 1/0 |

图 5-19　Router1 的静态路由

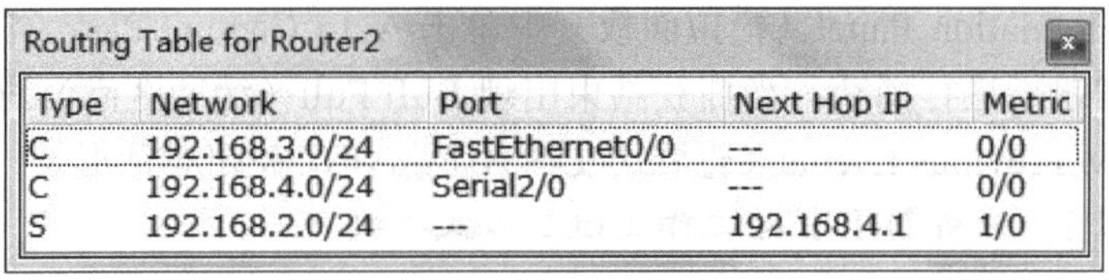

Routing Table for Router2

| Type | Network | Port | Next Hop IP | Metric |
|---|---|---|---|---|
| C | 192.168.3.0/24 | FastEthernet0/0 | --- | 0/0 |
| C | 192.168.4.0/24 | Serial2/0 | --- | 0/0 |
| S | 192.168.2.0/24 | --- | 192.168.4.1 | 1/0 |

图 5-20　Router2 的静态路由

2）预先开启 DHCP 设备的 DHCP 服务并添加地址池

本实验需要开启 DHCP 设备的 DHCP 服务并添加两个地址池。预配置的地址池参数如表 5-3 所示。

**表 5-3　预配置的地址池参数**

| 序　　号 | 1 | 2 |
|---|---|---|
| Pool Name（地址池名） | serverPool-net1 | serverPool-net2 |
| Default Gateway（默认网关） | 0.0.0.0 | 0.0.0.0 |
| DNS Server（DNS 服务器） | 192.168.1.1 | 192.168.1.1 |
| Start IP Address（起始 IP 地址） | 192.168.2.5 | 192.168.3.5 |
| Subnet Mask（子网掩码） | 255.255.255.0 | 255.255.255.0 |
| Maximum number of users（最大用户数） | 50 | 50 |
| TFTP Server（TFTP 服务器） | 0.0.0.0 | 0.0.0.0 |

每个地址池添加完成后必须单击 Add（添加）按钮，此时在下方的列表框中将会显示刚添加的地址池记录，表示添加成功。

### 5.2.4 实验步骤

打开练习文件“5-2 DHCP 分析.pka”。

#### 1. 任务一：DHCP 服务器为内网主机 PC1 动态分配 IP 地址

✧ **步骤 1：捕获 DHCP 事件**

在 Simulation（模拟）模式下的 Event List Filters（事件列表过滤器）区域中单击 Edit Filters（编辑过滤器）按钮，仅选择 DHCP 事件。

单击逻辑工作空间中的 PC1，在 Desktop（桌面）选项卡中打开 IP Configuration（IP 配置）窗口，选择 DHCP 单选按钮。最小化模拟浏览器窗口。

在 Simulation Panel（模拟面板）中单击 Auto Capture/Play（自动捕获/播放）按钮，进行捕获，当捕获结束出现 Buff Full（缓冲区满）对话框时，单击 View Previous Events（查看历史事件）按钮，关闭对话框。

✧ **步骤 2：分析 DHCP 的工作过程及报文格式**

注意重点观察 DHCP 服务器为 PC1 动态分配 IP 地址的工作过程。此处可忽略交换机的转发过程，仅分析 DHCP 的请求和响应报文在 DHCP 服务器与 PC1 之间的交互情况。

DHCP 的工作过程大致如下。

① PC1 首先以广播方式发送一个 DHCP Discover packet（DHCP 发现报文），由于此时 PC1 还未设置 IP 地址信息，所以，该报文的源 IP 为 0.0.0.0。

② DHCP 服务器收到 DHCP 发现报文后，发现未与 DHCP 客户端（PC1）进行绑定，于是从地址池中找出第一个可用的 IP 地址封装成 DHCP Offer packet（DHCP 提供报文）并以广播方式发送出去。

③ PC1 收到 DHCP 提供报文后，以广播方式发送一个 DHCP Request packet（DHCP 请求报文），请求使用预分配的 IP 地址。

④ DHCP 服务器收到 DHCP 请求报文后，将被请求的 IP 地址从其地址池中与 DHCP 客户端（PC1）的 MAC 地址绑定，并以广播方式发送一个 DHCP Ack packet（DHCP 确认报文）。

⑤ PC1 收到该报文后，在本机进行 IP 配置。

由于路由器的端口默认是隔离广播的，因此，在上述过程中路由器 Router1 每次收到广播包后，均将其丢弃。

注意观察并分析以下几项内容：

- DHCP 报文类型。
- 路由器 Router1 对 DHCP 报文的处理方式。
- 判断 DHCP 报文的发送方式（单播/广播）。
- DHCP 报文格式中各字段的值及其含义。
- PC1 分配到的 IP 地址。

完成后单击 Reset Simulation（重置模拟）按钮，将原有的事件全部清空；同时关闭 PC1 的配置窗口。

### 2. 任务二：DHCP 服务器为外网主机 PC2 动态分配 IP 地址

✧ **步骤 1：捕获 DHCP 事件**

保持 Simulation（模拟）模式下的 Event List Filters（事件列表过滤器）的设置不变，为 PC2 动态分配 IP 地址并捕获相应的事件。具体操作参考任务一中的步骤 1。

从该步骤捕获到的事件可以看出，PC2 尝试多次以广播方式发送 DHCP Discover packet（DHCP 发现报文），均被 Router2 丢弃。PC2 的地址分配失败。

✧ **步骤 2：配置 DHCP 中继后重新捕获 DHCP 事件**

DHCP 报文是以广播方式发出的，而路由器的端口默认是隔离广播的，若需要路由器转发广播包，则必须在路由器收到广播包的端口配置 ip helper-address，才能转发 ip forward-protocol 中定义的广播包，并以单播方式送出。本步骤需要为路由器 Router2 的 Fa0/0 端口配置 DHCP 中继。

配置 DHCP 中继的命令如下：

ip helper-address <DHCP 服务器 IP 地址>

本实验需要为 Router2 的 Fa0/0 端口配置中继，在 CLI（命令行界面）选项卡中分别执行如下命令：

```
Router>enable
Router#configure terminal
Enter configuration commands, one per line.    End with CNTL/Z
Router（config）#interface FastEthernet0/0
Router（config-if）#ip helper-address 192.168.2.1
Router（config-if）#exit
Router（config）#
```

在 Router2 上配置好 DHCP 中继后，用同样的方法重新捕获 DHCP 事件。

✧ **步骤 3：分析 DHCP 的工作过程**

注意重点观察 DHCP 服务器为 PC2 动态分配 IP 地址的工作过程，以及 Router2 对 DHCP 报文的处理方式。此处可忽略 Router1 及两台交换机的转发过程。

DHCP 的工作过程大致如下。

① PC2 首先以广播方式发送一个 DHCP Discover packet（DHCP 发现报文），由于此时 PC2 还未设置 IP 地址信息，所以，该报文的源 IP 为 0.0.0.0。

② Router2 从 Fa0/0 端口收到该报文后，由于该端口配置了 DHCP 中继，且该报文是广播包，符合 helper criteria（助手标准），可以转发。重新封装的数据包转发给 helper address（助手地址）192.168.2.1，且将源 IP 设置为 Router2 的 Fa0/0 端口的 IP 地址，之后查找路由表并转发。

③ DHCP 服务器收到 DHCP 发现报文后，发现未与 DHCP 客户端（PC2）进行绑定，从地址池中找出第一个可用的 IP 地址封装成 DHCP Offer packet（DHCP 提供报文）发送出去。

④ Router2 从 helper address（助手地址）收到报文后，从 Fa0/0 端口转发出去。

⑤ PC2 收到 DHCP 提供报文后，再次以广播方式发送一个 DHCP Request packet（DHCP 请求报文），请求使用预分配的 IP 地址。

⑥ Router2 再次转发该报文。

⑦ DHCP 服务器收到 DHCP 请求报文后，将被请求的 IP 地址从其地址池中与 DHCP 客户端（PC2）的 MAC 地址绑定，并发送一个 DHCP Ack packet（DHCP 确认报文）。

⑧ Router2 从 Fa0/0 端口将该报文转发给 PC2。

⑨ PC2 收到该报文后，在本机进行 IP 配置。

注意观察并分析以下几项内容：

- 路由器 Router2 对 DHCP 广播包的处理。
- DHCP 的工作过程与任务一中的区别。
- PC2 分配到的 IP 地址。

完成后单击 Reset Simulation（重置模拟）按钮，将原有的事件全部清空；同时关闭 PC2 的配置窗口。

### 5.2.5 思考题

（1）如何判断报文的发送方式是单播还是广播？

（2）任务二中为何需要在路由器 Router2 中配置 DHCP 中继？DHCP 中继有何作用？

（3）分析 DHCP 服务器在分配 IP 地址时的规律。

（4）若有多个 DIICP 服务器，DHCP 的工作过程会有变化吗？为什么？

## 5.3　实验三：HTTP 分析

### 5.3.1　HTTP 简介

WWW 是 World Wide Web 的缩写，中文称为“万维网”，常简称为 Web。它由欧洲原子核研究组织（CERN）研制，其目的是让全球范围的科学家利用 Internet 方便地进行通信、信息交流和信息查询。它是目前 Internet 上发展最快、应用最广的信息浏览机制，大大方便了广大非网络专业人员对网络的使用，在很大程度上促进了 Internet 的发展。WWW 已不是传统意义上的物理网络，而是在超文本和超媒体基础上形成的信息网络。

HTTP（HyperText Transfer Protocol，超文本传输协议）是一个详细规定了浏览器和 WWW 服务器之间互相通信的规则的集合，是通过 Internet 从 WWW 服务器传输超文本到本地浏览器的数据传送协议，是万维网交换信息的基础。RFC 1945 定义了 HTTP 1.0 版本，最著名的就是 RFC 2616，它定义了今天普遍使用的一个版本 HTTP 1.1。

#### 1．HTTP 的主要特点

1）简单快速

客户与服务器连接后，HTTP 要求客户必须向服务器传送的信息只有请求方法和路径，因而，HTTP 服务器的程序规模也就相应比较小而且简单，与其他协议相比，其时间开销也就较少，通信速度也较快，能够更加有效地处理客户机的大量请求，得到了广泛的使用。

2）灵活

HTTP 允许传输的数据对象可以是任意类型的，类型由 Content-Type 加以标记。

3）无连接

无连接的含义是限制每次建立的 TCP 连接只处理一个请求，当客户收到服务器的应答后立即断开连接。这样，服务器不会专门等待客户发出请求，也不会在完成一个请求后还保持原来的连接，而是会立即断开连接，释放资源。采用这种方式可以充分利用网络资源，节省传输时间。

无连接也可以称为非持久连接，HTTP 1.0 使用的就是非持久连接。而在 HTTP 1.1 中则引入了持久连接，允许在同一个连接中存在多次数据请求和响应，服务器在发送完响应后并不关闭 TCP 连接，而客户端可以通过这个连接继续请求其他对象。

4）无状态

HTTP 是无状态协议。无状态是指协议对于事务处理没有记忆能力。同一个客户第二次访问同一个服务器上的页面时，服务器的响应方式完全与第一次被访问时相同。

无状态性使得服务器在不需要先前已传送过的信息时，响应速度较快。当然，这一特点也意味着如果后续的处理需要前面已经传送过的信息，则必须重传，这样必然导致每次连接传送的数据量增大而降低网络资源的利用率。

5）请求响应模型

HTTP 一定是由客户端发起请求，而后服务器才回送响应。换句话说，当客户端没有发起请求的时候，服务器无法主动将消息推送给客户端。

### 2. HTTP 事务处理过程

HTTP 采用的是请求/响应的握手方式，只有当客户发出请求后，服务器才会对其进行响应。每一次 HTTP 的操作称为一个事务。

在 WWW 客户（通常是浏览器）发出请求之前，每个 WWW 网点的服务器（通常称为 Web 服务器）进程需要不断地监听 TCP 的端口 80，以便发现是否有 WWW 客户向它发出连接建立请求。只要在客户端单击某个超链接，HTTP 的工作就开始了。整个工作过程具体如下。

① 客户机与 Web 服务器建立 TCP 连接，HTTP 的工作建立在此连接之上。

② 通过 TCP 连接，客户端向 Web 服务器发送一个文本的请求报文。一个请求报文由请求行、请求首部、空行和请求数据 4 部分组成。

③ Web 服务器收到请求报文后，对其进行解析并查找客户需要的资源。找到资源后将其副本写到响应报文中回发给客户，由客户读取。一个响应报文由状态行、响应首部、空行和响应数据 4 部分组成。

④ 释放 TCP 连接。一般情况下，一旦 Web 服务器向客户发送了响应报文后，便会主动关闭 TCP 连接，而客户端则是被动关闭 TCP 连接。

如果在以上过程中的任何一个步骤出现错误，那么 Web 服务器把出错的信息提示返回到客户端显示。对于用户来说，这些过程由 HTTP 自动完成，无须过多介入，只要单击并等待信息显示就可以了。

### 3. HTTP 报文格式

HTTP 报文有两类：请求报文和响应报文。这两种类型的报文均采用 RFC 822 的普通信息格式（见图 5-21），由一个起始行、首部行、空行（代表首部行结束）及可选的信息体组成。其中首部行可扩展为多行，每一行与起始行一样，要用回车换行符<CR><LF>作为结束标志。

| |
|---|
| 请求行/状态行 |
| 信息首部 |
| 空行 |
| 信息本 |

图 5-21　HTTP 信息格式

HTTP 是面向文本的，报文中的每个字段都是 ASCII 码串，因此，各字段的长度都是不确定的。

1）请求行/状态行（也称起始行）

其用于区分本报文是请求报文还是响应报文。客户端发出的请求报文中的请求行格式如图 5-22 所示。

| | | | | | |
|---|---|---|---|---|---|
| 方法 | 空格 | URL | 空格 | HTTP版本 | CRLF |

图 5-22　请求报文中的请求行格式

服务器发出的响应报文中的状态行格式如图 5-23 所示。

| | | | | | |
|---|---|---|---|---|---|
| HTTP版本 | 空格 | 状态码 | 空格 | 状态短语 | CRLF |

图 5-23　响应报文中的状态行格式

2）信息首部

信息首部用于在客户端与服务器之间交换附加信息。HTTP 的信息首部有以下 4 种：通用首部（General-Header）、请求首部（Request-Header）、响应首部（Response-Header）和实体首部（Entity-Header）。

信息首部可以有零到多个首部行。每一个首部行的格式如图 5-24 所示。

| | | | | |
|---|---|---|---|---|
| 首部字段名 | : | 空格码 | 首部值 | CRLF |

图 5-24　HTTP 报文首部行格式

3）空行

空行放在整个信息首部结束之后，用于将信息首部和信息体分开。

4）信息体

信息体用来传递请求或响应的相关实体。实际上，在请求报文中一般都不用这个字段，只有当客户确实有数据需要传送给服务器时才使用；而响应报文中也可能没有这个字段。

## 5.3.2　实验目的

① 熟悉 HTTP 的工作过程。

② 理解 HTTP 报文的封装格式。

## 5.3.3　实验配置说明

本实验对应的练习文件为“5-3 HTTP 分析.pka”。

### 1. 网络拓扑图

本实验的网络拓扑如图 5-25 所示。

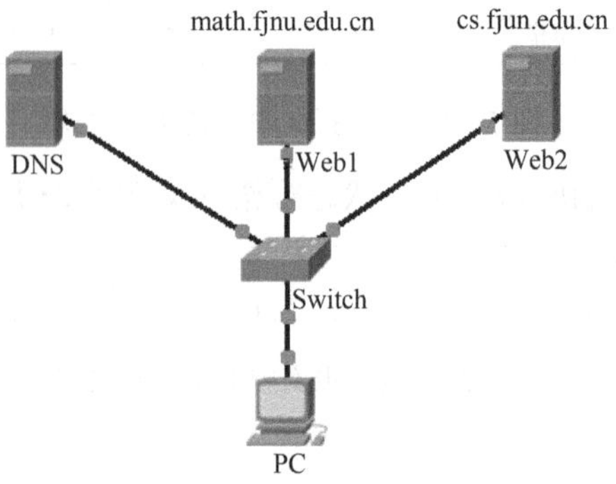


图 5-25　HTTP 分析实验的网络拓扑

### 2. IP 地址配置

网络拓扑中各设备的 IP 地址配置如表 5-4 所示。

表 5-4　IP 地址配置

| 设　备 | 接　口 | IP 地 址 | 子网掩码 | 网　关 | DNS |
|---|---|---|---|---|---|
| DNS | Fa0 | 192.168.1.1 | 255.255.255.0 | 192.168.1.254 | — |
| Web1 | Fa0 | 192.168.1.2 | 255.255.255.0 | 192.168.1.254 | — |
| Web2 | Fa0 | 192.168.1.3 | 255.255.255.0 | 192.168.1.254 | — |
| PC | Fa0 | 192.168.1.10 | 255.255.255.0 | 192.168.1.254 | 192.168.1.1 |

### 3. 需要的其他预配置

本实验需要预先开启 DNS 设备中的 DNS 服务，添加的资源记录如图 5-26 所示。

| No. | Name | Type | Details |
|---|---|---|---|
| 1 | cs.fjnu.edu.cn | A Record | 192.168.1.3 |
| 2 | math.fjnu.edu.cn | A Record | 192.168.1.2 |

图 5-26　DNS 设备添加的资源记录

同时需要开启 Web1 和 Web2 设备的 HTTP 服务并设置其内容，Web1 的首页页面内容设置少些，而 Web2 的首页页面内容则适当设置多些，以便观察两者的区别。

## 5.3.4　实验步骤

打开练习文件“5-3 HTTP 分析.pka”。

### 1. 任务一：PC 请求较小的页面文档

✧　**步骤 1：捕获 PC 与 Web1 之间的 HTTP 事件**

在 Simulation（模拟）模式下的 Event List Filters（事件列表过滤器）区域中单击 Edit Filters（编辑过滤器）按钮，仅选择 HTTP 事件。

单击逻辑工作空间中的 PC，在 Desktop（桌面）选项卡中打开 Web Browser（Web 浏览器），在 URL 框中输入 math.fjnu.edu.cn，然后单击 Go

（转到）按钮。最小化模拟浏览器窗口。

在 Simulation Panel（模拟面板）中单击 Auto Capture/Play（自动捕获/播放）按钮，进行捕获，当捕获结束出现 Buff Full（缓冲区满）对话框时，单击 View Previous Events（查看历史事件）按钮，关闭对话框。

✧ **步骤 2：理解 HTTP 协议的工作过程并分析 HTTP 报文格式**

注意重点观察 PC 和 Web1 之间 HTTP 的工作过程，此处可忽略交换机的转发过程，仅分析 HTTP 的请求和响应报文在 PC 与 Web1 之间的交互情况。

HTTP 的事务处理过程大致如下：

① PC 作为 HTTP 客户端向 Web1 发送一个 HTTP 请求报文。

② Web1 收到 HTTP 请求报文后向 PC 回发一个 HTTP 响应报文。

③ PC 收到 HTTP 响应报文后，在 Web 浏览器上显示网页。

注意观察并分析 HTTP 报文中的以下几项内容：

- HTTP 请求报文的组成部分，该请求报文是否包含请求数据部分。
- HTTP 请求报文的请求行中所指明的方法、请求资源的 URL、HTTP 的版本等信息。
- HTTP 请求报文的首部行中“Connection: close”代表的含义。
- HTTP 响应报文的组成部分。
- HTTP 响应报文的状态行所指定的版本、状态码及短语等信息，状态码的值代表的含义。
- HTTP 响应报文的首部行中指明的文档长度及文档类型等。

完成后单击 Reset Simulation（重置模拟）按钮，将原有的事件全部清空；同时关闭 PC 的配置窗口。

### 2. 任务二：PC 请求较大的页面文档并与任务一对比

✧ **步骤 1：捕获 PC 与 Web2 之间的 HTTP 事件**

保持 Simulation（模拟）模式下的 Event List Filters（事件列表过滤器）的设置不变，单击逻辑工作空间中的 PC，在 Desktop（桌面）选项卡中打开 Web Browser（Web 浏览器），在 URL 框中输入 cs.fjnu.edu.cn，然后单击 Go（转到）按钮。最小化模拟浏览器窗口。

用与任务一同样的步骤捕获 PC 与 Web2 之间的 HTTP 事件。

✧ **步骤 2：与任务一进行对比**

本步骤重点观察 Web2 的响应过程，查看 Event List（事件列表）中 At Device（所在设备）为 Web2 的事件，必要时可查看其出站 PDU 中运输层

TCP 报文段的 SEQUENCE NUM（序号）字段，并可在 Event List Filters（事件列表过滤器）中添加 TCP 事件。

本任务中 PC 请求的页面文档长度比任务一中更大，Web2 回发的 HTTP 响应报文中需要使用多个 TCP 报文段。

注意观察并分析以下几项内容：

- HTTP 响应报文的首部行指明的文档长度。
- Web2 收到 PC 的 HTTP 请求报文后，其响应报文使用的 TCP 报文段的个数。

### 5.3.5　思考题

（1）HTTP 响应报文使用的 TCP 报文段的个数由什么值决定？该值在什么时候确定？本实验中该值为多少？

（2）若 PC 请求的页面文档长度超过 66000 字节，HTTP 的整个通信过程如何？

（3）若在 PC 的 Web 浏览器中输入的域名有误，是否能捕获到 HTTP 事件？为什么？

（4）在 PC 的浏览器窗口向 Web1 请求网页 math.fjnu.edu.cn 并收到 Web1 返回的页面后，TCP 的连接会保持还是断开？若进一步单击页面中的超链接，是否需要重新建立一条 TCP 连接？

## 5.4　实验四：电子邮件协议分析

### 5.4.1　电子邮件协议简介

电子邮件（Electronic Mail，E-mail）又称电子信箱，它是一种用电子手段提供信息交换的通信方式，是 Internet 应用最广的服务之一。由于电子邮件使用简易、投递迅速、收费低廉、易于保存、全球畅通无阻等优点，它广泛地应用于多个领域，极大地改变了人们的交流方式。

#### 1. 简单邮件传输协议（SMTP）

简单邮件传输协议（Simple Mail Transfer Protocol，SMTP）是一种提供可靠且有效电子邮件传输的协议，其目标是可靠、高效地传送邮件。它独立于传送子系统且只需要一条可靠有序的数据流信道支持。它由 RFC 2821 定义，是基于 TCP 服务的应用层协议，使用熟知端口号 25。SMTP 是基于客户—服务器模式的，因此，发送 SMTP 也称 SMTP 客户，而接收 SMTP 也称 SMTP 服务器。多用途 Internet 邮件扩展（Multipurpose Internet Mail Extensions，MIME）是一个互联网标准，在 1992 年最早应用于电子邮件系统，后来也应用于浏览器。它并没有改动或取代 SMTP，而只是 SMTP 的一个补充协议。

发送 SMTP 与接收 SMTP 之间的通信过程主要包含以下三个阶段。

1）连接建立

当发送 SMTP 在收到用户代理的发邮件请求后，首先通过收件人的邮件地址后缀来判断邮件是否是本地邮件，如果是，则直接投递，否则，向 DNS 查询接收方邮件服务器的 MX 记录（Mail Exchanger 记录，即邮件交换记录，也叫邮件路由记录，它指向一个邮件服务器，用于电子邮件系统发邮件时根据收信人的地址后缀来定位邮件服务器），若 MX 记录存在，则发送 SMTP 将用端口 25 与接收 SMTP 之间建立一条 TCP 连接。

2）邮件传送

当 SMTP 客户发送完 HELO 命令并得到 SMTP 服务器的接收应答后，就可以正式开始传送邮件了。如果 SMTP 服务器成功地接收了邮件，则回发“250 OK”应答告知 SMTP 客户；否则，发送相应的错误应答。

3）连接释放

SMTP 客户收到 SMTP 服务器成功接收邮件的应答“250 OK”后，即发送 QUIT 命令。SMTP 服务器收到后必须发送“250 OK”应答，然后关闭传送信道。至此，整个 SMTP 通信过程全部结束。

### 2. 邮件读取协议

目前常用的邮件读取协议主要有两个：POP3（Post Office Protocol 3，邮局协议版本 3）和 IMAP（Internet Mail Access Protocol，网际报文存取协议）。POP3 是基于 TCP 的应用层协议，也是 TCP/IP 协议族中的一员，使用熟知端口号 110。它是 Internet 电子邮件的第一个离线协议标准，允许用户从服务器上把邮件存储到本地主机（自己的计算机）上，同时根据客户端的操作删除或保存在邮件服务器上的邮件。POP3 使用客户—服务器方式，POP3 客户在收邮件时，向 POP3 服务器发送命令并等待响应。IMAP 的主要作用是使邮件客户端（如 Microsoft Outlook Express）可以从邮件服务器上获取邮件的信息及下载邮件等。它是 TCP/IP 协议族中的一员，使用熟知端口号 143。

POP3 的基本工作过程简单描述如下。

① POP3 服务器侦听 TCP 端口 110。

② POP3 客户与 POP3 服务器建立 TCP 连接后，POP3 客户必须用命令向 POP3 服务器提供账户和密码以确认自己的身份。

③ POP3 服务器确认了 POP3 客户的身份后，打开客户的邮箱。

④ POP3 客户通过相关的命令请求 POP3 服务器提供信息（如邮件列表或邮箱统计资料等）或完成动作（如读取指定的邮件等）。

⑤ POP3 客户操作完成后，发送 QUIT 命令，通知 POP3 服务器关闭连接。

### 3. 电子邮件的工作过程

电子邮件系统的运作方式与其他的网络应用有着本质的不同。在绝大多数的网络应用中，网络协议负责将数据直接发送到目的地。而在电子邮件系统中，发送者只要将邮件发送出去而不必等待接收者读取邮件。

一个电子邮件系统主要包含三部分：邮件用户代理（Mail User Agent，MUA）、邮件服务器和电子邮件协议。MUA 指用于收发电子邮件的程序，因此，通常又称电子邮件客户端软件，如 Outlook Express 和 Foxmail 等；邮件服务器包括发送方邮件服务器和接收方邮件服务器，分别用于发送和接收邮件；电子邮件协议包括邮件发送协议（如 SMTP）和邮件读取协议（如 POP3、IMAP）。

电子邮件的工作过程如图 5-27 所示。

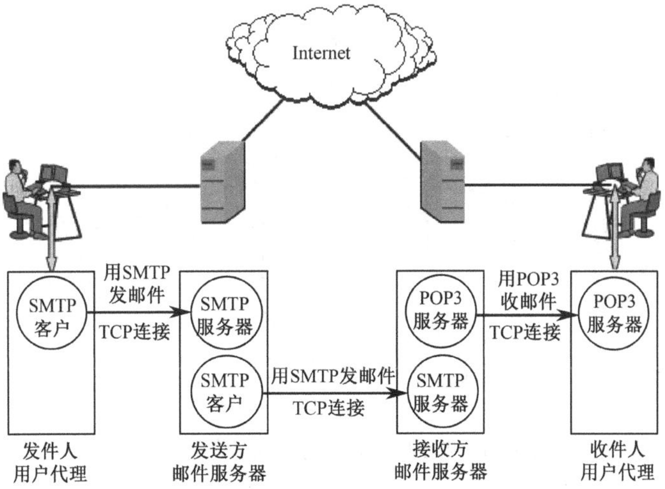


图 5-27　电子邮件的工作过程

图 5-27 所示的电子邮件工作过程如下。

① 发件人将邮件交付用户代理 MUA。

② 用户代理 MUA 将邮件发给发送方邮件服务器。

③ 发送方邮件服务器将邮件发送给接收方邮件服务器。

④ 收件人读取邮件。

## 5.4.2 实验目的

① 了解邮件服务器的配置，以及邮件客户端账号的设置。

② 熟悉 Packet Tracer 中收发电子邮件的操作方法。

③ 观察发送和接收邮件时的报文交换，从而更好地理解发送邮件和接收邮件的工作过程。

## 5.4.3 实验配置说明

本实验对应的练习文件为“5-4 电子邮件协议分析.pka”。

### 1. 网络拓扑图

本实验的网络拓扑如图 5-28 所示。

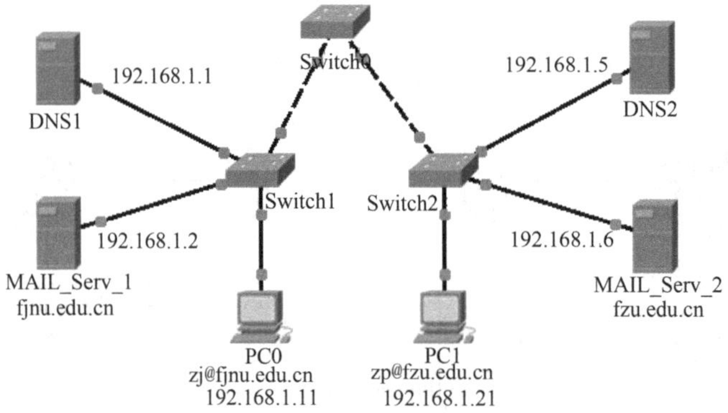


图 5-28 电子邮件协议分析实验的网络拓扑

图 5-28 中设置了两个域：fjnu.edu.cn 和 fzu.edu.cn，分别由域名服务器 DNS1 和 DNS2 进行域名解析，并设置了两个邮件服务器 MAIL_Serv_1 和

MAIL_Serv_1 分别负责两个域内用户的邮件收发工作。

## 2. IP 地址配置

网络拓扑中各设备的 IP 地址配置如表 5-5 所示。

表 5-5 IP 地址配置

| 设　备 | 接　口 | IP 地址 | 子网掩码 | 网　关 | DNS |
|---|---|---|---|---|---|
| DNS1 | Fa0 | 192.168.1.1 | 255.255.255.0 | 192.168.1.254 | — |
| DNS2 | Fa0 | 192.168.1.5 | 255.255.255.0 | 192.168.1.254 | — |
| MAIL_Serv_1 | Fa0 | 192.168.1.2 | 255.255.255.0 | 192.168.1.254 | — |
| MAIL_Serv_2 | Fa0 | 192.168.1.6 | 255.255.255.0 | 192.168.1.254 | — |
| PC0 | Fa0 | 192.168.1.11 | 255.255.255.0 | 192.168.1.254 | 192.168.1.1 |
| PC1 | Fa0 | 192.168.1.21 | 255.255.255.0 | 192.168.1.254 | 192.168.1.5 |

## 3. 需要的其他预配置

本实验还需要进行以下几项预配置（已完成）。

1）预配置 DNS 服务器

预先开启 DNS1 和 DNS2 设备的 DNS 服务，添加的资源记录如图 5-29 和图 5-30 所示。

| No. | Name | Type | Details |
|---|---|---|---|
| 1 | fjnu.edu.cn | A Record | 192.168.1.2 |
| 2 | fzu.edu.cn | A Record | 192.168.1.6 |
| 3 | pop.fjnu.edu.cn | A Record | 192.168.1.2 |
| 4 | smtp.fjnu.edu.cn | A Record | 192.168.1.2 |

图 5-29 DNS1 设备添加的 DNS 资源记录

| No. | Name | Type | Details |
|---|---|---|---|
| 1 | fjnu.edu.cn | A Record | 192.168.1.2 |
| 2 | fzu.edu.cn | A Record | 192.168.1.6 |
| 3 | pop.fzu.edu.cn | A Record | 192.168.1.6 |
| 4 | smtp.fzu.edu.cn | A Record | 192.168.1.6 |

图 5-30 DNS2 设备添加的 DNS 资源记录

关闭 DNS1 和 DNS2 设备的其他服务。

2）预配置邮件服务器的域名及账号

预先开启 MAIL_Serv_1 和 MAIL_Serv_2 设备的 E-mail 服务，相应的配置参数如表 5-6 所示。

**表 5-6　邮件服务器的配置参数**

| 设　备 | Domain Name（设备名） | User（用户名） | Password（用户密码） |
|---|---|---|---|
| MAIL_Serv_1 | fjnu.edu.cn | zj | zj |
| MAIL_Serv_2 | fzu.edu.cn | zp | zp |

关闭 MAIL_Serv_1 和 MAIL_Serv_2 设备的其他服务。

3）预配置主机的邮件账号

预先在 PC0 及 PC1 的 Configure Mail（配置邮件）窗口中分别对其进行邮件账号的设置，配置信息如表 5-7 所示。

**表 5-7　PC0 与 PC1 的邮件账号设置配置信息**

| 项　目 | | PC0 | PC1 |
|---|---|---|---|
| User Information（用户信息） | Your Name（用户名） | zj | zp |
| | E-mail Address（邮箱） | zj@fjnu.edu.cn | zp@fzu.edu.cn |
| Server Information（服务器信息） | Incoming Mail Server（收件服务器） | pop.fjnu.edu.cn | pop.fzu.edu.cn |
| | Outcoming Mail Server（发件服务器） | smtp.fjnu.edu.cn | smtp.fzu.edu.cn |
| Logon Information（登录信息） | User Name（用户名） | zj | zp |
| | Password（密码） | zj | zp |

## 5.4.4　实验步骤

打开练习文件“5-4 电子邮件协议分析.pka”。

### 1．任务一：分析用 SMTP 发送邮件的工作过程

✧　**步骤 1：在 PC0 设备发邮件并捕获 SMTP 事件**

在 Simulation（模拟）模式下的 Event List Filters（事件列表过滤器）区域中单击 Edit Filters（编辑过滤器）按钮，选择 SMTP、POP3 事件。

单击逻辑工作空间中的 PC0，再单击 Desktop（桌面）选项卡中的 E-mail（电子邮件），打开 MAIL BROWSER（邮件浏览器）窗口，单击 Compose（撰写）按钮，将会打开 Compose Mail（撰写邮件）窗口。

新邮件的信息如下：

在“To:”（收件人）栏中输入 zp@fzu.edu.cn。

在“Subject:”（主题）栏中输入该邮件的主题（如 hello）。

在下方的空白框中撰写邮件内容（如 Hello,ZP! I am ZJ. I miss you very much!）。

其中，邮件的主题和内容可以自由撰写，但收件人地址必须确保为 zp@fzu.edu.cn。

新邮件撰写完成后，单击 Send（发送）按钮后，最小化 PC0 窗口。

在 Simulation Panel（模拟面板）中单击 Auto Capture/Play（自动捕获/播放）按钮进行捕获，当捕获结束出现 Buff Full（缓冲区满）对话框时，单击 View Previous Events（查看历史事件）按钮，关闭对话框。

✧ **步骤 2：理解 SMTP 发送邮件的工作过程**

注意重点观察 PC0 与 MAIL_Serv_1 之间，以及 MAIL_Serv_1 与 MAIL_Serv_2 之间 SMTP 报文的交互过程，而忽略交换机的转发过程。

SMTP 发送邮件的完整过程（含 TCP 的连接及释放过程）大致如下。

① PC0 建立一条到 MAIL_Serv_1 的 TCP 连接。

② 发送邮件：从 PC0 发送到 MAIL_Serv_1。此时 PC0 中的电子邮件客户端软件充当发件人用户代理 MUA，该用户代理充当 SMTP 客户角色，向 MAIL_Serv_1 发送一个 SMTP 请求报文。

③ MAIL_Serv_1 作为 SMTP 服务器向 PC0 回发一个 SMTP 响应报文。

④ PC0 收到 SMTP 响应报文后释放与 MAIL_Serv_1 之间的 TCP 连接。

⑤ MAIL_Serv_1 建立一条到 MAIL_Serv_2 的 TCP 连接。

⑥ 发送邮件：从 MAIL_Serv_1 发送到 MAIL_Serv_2。此时 MAIL_Serv_1 充当 SMTP 客户角色，向 MAIL_Serv_2 发送一个 SMTP 请求报文。

⑦ MAIL_Serv_2 作为 SMTP 服务器向 MAIL_Serv_1 回发一个 SMTP 响应报文。

⑧ MAIL_Serv_1 收到 SMTP 响应报文后释放与 MAIL_Serv_2 之间的 TCP 连接。

至此，SMTP 发送邮件的过程全部结束。

注意观察并分析 SMTP 报文中的以下几项内容。

- 当 PC0 向本地邮件服务器 MAIL_Serv_1 发送邮件时，PC0 及 MAIL_Serv_1 使用的端口号。
- 当 MAIL_Serv_1 作为 SMTP 客户端向接收方邮件服务器 MAIL_Serv_2 发送邮件时，MAIL_Serv_1 及 MAIL_Serv_2 使用的端口号。

完成后单击 Reset Simulation（重置模拟）按钮，将原有的事件全部清空，并关闭 PC0 窗口。

### 2. 任务二：分析用 POP3 接收邮件的工作过程

**✧ 步骤 1：在 PC1 设备收邮件并捕获 POP3 事件**

保持 Simulation（模拟）模式下的 Event List Filters（事件列表过滤器）的设置不变，单击逻辑工作空间中的 PC1，再单击 Desktop（桌面）选项卡中的 E-mail（电子邮件），打开 MAIL BROWSER（邮件浏览器）窗口，单击 Receive（收邮件）按钮，最小化 PC1 窗口。

在 Simulation Panel（模拟面板）中单击 Auto Capture/Play（自动捕获/播放）按钮，进行捕获，当捕获结束出现 Buff Full（缓冲区满）对话框时，单击 View Previous Events（查看历史事件）按钮，关闭对话框。

**✧ 步骤 2：理解 POP3 的工作过程**

注意重点观察 PC1 与 MAIL_Serv_2 之间 POP3 报文的交互过程，而忽略交换机的转发过程。

POP3 接收邮件的完整过程（含 TCP 的连接及释放过程）大致如下。

① PC1 建立一条到 MAIL_Serv_2 的 TCP 连接。

② 读取邮件：PC1 向 MAIL_Serv_2 发送 POP3 请求报文，希望读取邮件，此时 PC1 中的电子邮件客户端软件充当收件人用户代理，该用户代理充当 POP3 客户角色，而 MAIL_Serv_2 则充当 POP3 服务器角色。

③ MAIL_Serv_2 收到请求后，将缓存的邮件封装到 POP3 响应报文中发送给 PC1。

④ PC1 收到 POP3 响应报文后释放与 MAIL_Serv_2 之间的 TCP 连接。

注意观察并分析 POP3 报文中的以下内容。

- 当 PC1 作为 POP3 客户端向接收方邮件服务器 MAIL_Serv_2 读取邮件时，PC1 及 MAIL_Serv_2 使用的端口号。

完成后单击 Reset Simulation（重置模拟）按钮，将原有的事件全部清空，并关闭 PC1 窗口。

### 5.4.5 思考题

（1）若希望同时捕获 SMTP 和 POP3 事件，具体应该如何操作？

（2）若电子邮件的发送方与接收方不在同一个网段，则本实验需要如何修改？

## 5.5 实验五：文件传输协议分析

### 5.5.1 文件传输协议简介

1．FTP

文件传输协议（File Transfer Protocol，FTP）是 Internet 上使用最广泛的文件传送协议，它是 TCP/IP 协议族中的协议之一，其目标是提高文件的共享性，提供可靠高效的数据传送服务。它由 RFC 959 定义，是基于 TCP 服务的应用层协议。FTP 服务一般运行在 TCP 的 20 和 21 两个端口，端口 20 用于在客户端和服务器之间传输数据流，端口 21 用于传输控制流，并且是控制命令通向 FTP 服务器的入口。

1）FTP 的工作原理

FTP 使用 TCP 可靠的运输服务，而 FTP 本身则只提供文件传输的一些基本服务，其目的在于向用户屏蔽不同主机中各种文件存储系统的细节。

FTP 使用客户—服务器的工作方式，其工作原理如图 5-31 所示。

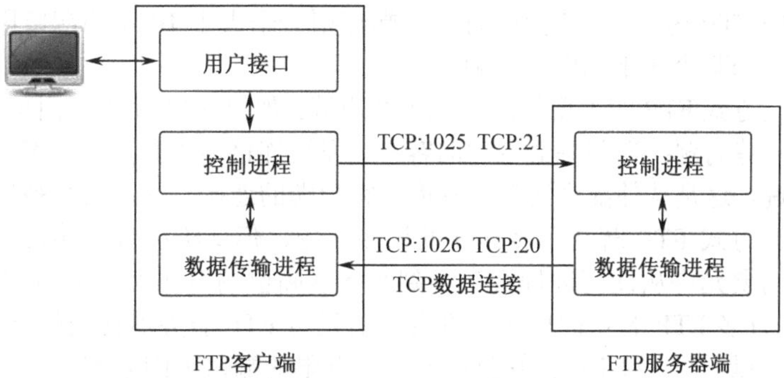


图 5-31 FTP 的工作原理

FTP 服务器端需使用两个 TCP 端口：21 和 20，以便和 FTP 客户端建立 TCP 控制连接和 TCP 数据连接。其主要的工作步骤如下。

① FTP 服务器进程打开熟知端口（端口号为 21），以便客户进程能够连接上，并等待客户进程发出连接请求。

② FTP 客户进程使用选定的端口（假设为 1025）寻找能够连接服务器进程的熟知端口（端口号为 21），向服务器进程发出连接建立请求，同时提供自己用于建立数据传输连接的端口号（假设为 1026）。

③ FTP 服务器进程使用自己的熟知端口（端口号为 20）与客户进程所提供的端口号（1026）建立数据传输连接。

由于数据连接和控制连接使用了两对不同的端口号，因此，不会发生冲突。

2）FTP 的工作模式

在 FTP 中，控制连接均由客户端发起，而数据连接则有两种工作模式：PORT 模式（主动方式）和 PASV 模式（被动方式）。

（1）PORT 模式（主动方式）。FTP 客户端首先和 FTP 服务器端的 TCP 端口 21 建立连接，并通过这个连接发送控制命令，客户端需要接收数据的时候在这个连接上发送 PORT 命令。PORT 命令中同时包含客户端选定的用于接收数据的端口（大于 1024）。在传输数据时，服务器端必须通过自己的 TCP 端口 20 与客户端建立一个新的连接用来发送数据。

（2）PASV 模式（被动方式）。FTP 客户端仍需先与 FTP 服务器端的 TCP 端口号 21 建立连接，并通过这个连接发送控制命令，但该模式下客户端需要接收数据时在这个连接上发送的是 PASV 命令，而且 FTP 服务器此时需要打开一个大于 1024 的随机端口，并通知客户端在这个端口上传送数据的请求，此后 FTP 服务器将通过这个端口进行数据的传输，而不再需要建立一条新的到客户端的连接用于数据的传输。

PORT 模式建立数据连接是由 FTP 服务器端发起的，且服务器使用 20 端口连接客户端的某个大于 1024 的端口；而在 PASV 模式下，数据连接的建立是由 FTP 客户端发起的，且客户端使用一个大于 1024 的端口用于连接服务器端的某个大于 1024 的端口。

主动方式 FTP 的主要问题来源于客户端。如果客户端安装了防火墙，则会产生一些问题：当服务器主动向客户端发送连接请求时，对于客户端的防火墙来说，这是从外部系统建立到内部客户端的连接，这通常会被过滤掉。

被动方式 FTP 解决了客户端的许多问题，但却给服务器端带来了一些问题：需要允许从任何远程客户端到服务器高位端口（大于 1024 的端口）的连接。许多 FTP 的守护程序允许管理员指定 FTP 服务器使用的端口范围，因此，可以通过为 FTP 服务器指定一个有限的端口范围来减小服务器高位端口的暴露。

3）FTP 的报文格式

（1）FTP 的命令报文。Packet Tracer 中 FTP 的命令报文格式比较简单，如图 5-32 所示。

| 命令码 | 参数或说明 |
|---|---|

图 5-32　FTP 命令报文格式

FTP 的命令包括访问控制命令、传输参数命令及 FTP 服务命令 3 种。其中，较常用的命令如表 5-8 所示。

**表 5-8　FTP 的常用命令**

| FTP 命令类型 | 命 令 码 | 命 令 名 | 含　义 |
|---|---|---|---|
| 访问控制命令 | USER | 用户名 | 参数是标记用户的 Telnet 串 |
| | PASS | 口令 | 参数是标记用户口令的 Telnet 串 |
| | QUIT | 退出登录 | 终止 USER，如果没有数据传输，服务器关闭控制连接；如果有数据传输，在得到传输响应后服务器关闭控制连接 |
| 传输参数命令 | PORT | 数据端口 | 参数是要使用的数据连接端口，通常情况下对此不需要命令响应。如果使用此命令时，要发送 32 位的 IP 地址和 16 位的 TCP 端口号 |
| | PASV | 被动 | 此命令要求服务器 DTP 在指定的数据端口侦听，进入被动接收请求的状态，参数是主机和端口地址 |
| | MODE | 传输模式 | 参数是一个 Telnet 字符代码指定传输模式。S 表示流（默认值）；B 表示块，C 表示压缩 |
| FTP 服务命令 | RETR | 获得文件 | 此命令使服务器 DTP 传送指定路径内的文件副本到服务器或用户 DTP |
| | RNFR | 重命名 | 这个命令和我们在其他操作系统中使用的一样，只不过后面要跟"rename to"指定新的文件名。参数为重命名之前的文件名 |
| | RNTO | 重命名为 | 此命令和 RNFR 命令共同完成对文件的重命名。参数为新的文件名 |
| | DELE | 删除 | 此命令删除指定路径下的文件 |
| | LIST | 列表 | 返回指定路径下的文件列表或指定文件的当前信息 |

（2）FTP 的应答报文。Packet Tracer 中 FTP 的应答报文格式也较简单，

如图 5-33 所示。

| | |
|---|---|
| 应答码 | 参数或说明 |

图 5-33　FTP 应答报文格式

FTP 命令的响应是为了对数据传输请求和过程进行同步，也是为了让用户了解服务器的状态。每个命令必须最少有一个响应。FTP 响应由 3 个数字构成，后面是一些文本。常用的应答如表 5-9 所示。

**表 5-9　FTP 的常用应答**

| 应 答 码 | 含　　义 |
|---|---|
| 125 | 数据连接已打开，准备传送 |
| 220 | 对新用户服务准备好 |
| 221 | 服务关闭控制连接，可以退出登录 |
| 227 | 进入被动模式 |
| 230 | 用户登录 |
| 250 | 请求的文件操作完成 |
| 331 | 用户名正确，需要口令 |
| 350 | 请求的文件操作需要进一步命令 |

### 2. TFTP

TFTP（Trivial File Transfer Protocol，简单文件传输协议）是一个传输文件的简单协议，通常使用 UDP 实现，其目标是在 UDP 之上建立一个类似于 FTP 的但仅支持文件上传和下载功能的传输协议，所以，它不包含 FTP 中的目录操作和用户权限等内容。TFTP 传输 8 位数据，它将返回的数据直接返回给用户而不是保存为文件。传输中有 3 种模式：netascii（8 位的 ASCII 码形式）、octet（8 位二进制类型）和 mail（已不再使用）。目前使用的版本 2 由 RFC 1350 定义，使用熟知端口号 69。

## 5.5.2　实验目的

① 了解 FTP 的作用。
② 熟悉 Packet Tracer 中 FTP 常用命令的使用并进行验证。
③ 学会简单分析 FTP 的 PDU，查看 FTP 的命令报文及应答报文各字

段的含义。

④ 理解 FTP 的各类事务的处理过程。

## 5.5.3　实验配置说明

本实验对应的练习文件为“5-5 文件传送协议分析.pka”。

### 1. 网络拓扑图

本实验的网络拓扑如图 5-34 所示。

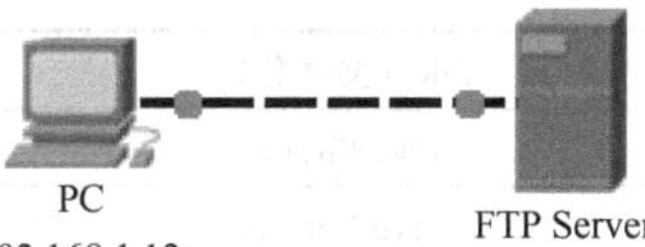


图 5-34　文件传送协议分析实验的网络拓扑

### 2. IP 地址配置

网络拓扑中各设备的 IP 地址配置如表 5-10 所示。

表 5-10　IP 地址配置

| 设　备 | 接　口 | IP 地址 | 子网掩码 | 网　关 |
|---|---|---|---|---|
| FTP Server | Fa0 | 192.168.1.1 | 255.255.255.0 | 192.168.1.254 |
| PC | Fa0 | 192.168.1.12 | 255.255.255.0 | 192.168.1.254 |

### 3. 需要的其他预配置

本实验 PC 设备中已有一个默认的文件“sampleFile.txt”，此外再手动创建一个文本文件“a.txt”（已完成），文件列表如表 5-11 所示。

表 5-11　PC 设备上的文件列表

| NO.（序号） | File（文件名） | Size（大小） |
|---|---|---|
| 1 | a.txt | 80B |
| 2 | sampleFile.txt | 26B |

同时，需开启 FTP Server 设备的 FTP 服务并新增一个 FTP 用户 fjnu，

该用户的配置信息如表 5-12 所示。

表 5-12　FTP 新账号的配置信息

| UserName（用户名） | Password（密码） | Permission（权限） |
|---|---|---|
| fjnu | fjnu | RWDDL |

FTP 文件目录也需要做相应的调整，调整后的文件列表如表 5-13 所示。

表 5-13　FTP Server 设备上的调整后的文件列表

| NO.（序号） | File（文件名） | Size（大小） |
|---|---|---|
| 1 | ServerFile1.txt | 26 B |
| 2 | ServerFile2.txt | 126 B |
| 3 | c3560-advipservicesk9-mz.122-37.SE1.bin | 8662192 B |

## 5.5.4　实验步骤

打开练习文件“5-5 文件传送协议分析.pka”。

### 1. 任务一：PC 登录 FTP Server

✧ **步骤 1：PC 登录 FTP 服务器端并捕获相关的 FTP 事件**

单击 Simulation（模拟）进入 Simulation Mode（模拟模式），在 Event List Filters（事件列表过滤器）区域中单击 Edit Filters（编辑过滤器）按钮，仅选择 FTP 事件。

单击逻辑工作空间中的 PC，在 Desktop（桌面）选项卡中打开 Command Prompt（命令行提示符）窗口。

登录 FTP Server 的过程需要在 PC 的 Command Prompt（命令行提示符）窗口和 Simulation Panel（模拟面板）之间进行多次切换。

- 在 PC 的 Command Prompt（命令行提示符）窗口中输入命令“ftp 192.168.1.1”并按 Enter 键，最小化 PC 的配置窗口。
- 返回到 Simulation Panel（模拟面板），单击 Capture/Forward（捕获/前进）按钮进行手动捕获。
- 当捕获不到事件时回到 PC 的 Command Prompt（命令行提示符）窗口中输入用户名“fjnu”，按 Enter 键。

- 返回到 Simulation Panel（模拟面板），进行手动捕获。
- 当再次出现捕获不到事件时，回到 PC 的 Command Prompt（命令行提示符）窗口中输入密码“fjnu”（输入的密码不显示），按 Enter 键。
- 返回到 Simulation Panel（模拟面板）进行手动捕获，直到捕获不到事件为止。

此时可以看到 PC 的 Command Prompt（命令行提示符）窗口的提示符已变成“ftp>”，表示登录成功。

✧　**步骤 2：分析登录过程中 FTP 的工作过程**

返回 Simulation Panel（模拟面板），在 Event List（事件列表）的 Info（信息）列中单击彩色正方形，打开 PDU 信息对话框，在 OSI Model（OSI 模型）选项卡（见图 5-35）中选择 Layer7（第 7 层）并观察下方的说明，还可以使用 Inbound/Outbound PDU Details（入站/出站 PDU 详细数据）选项卡（见图 5-36）查看 FTP 报文的详细信息。

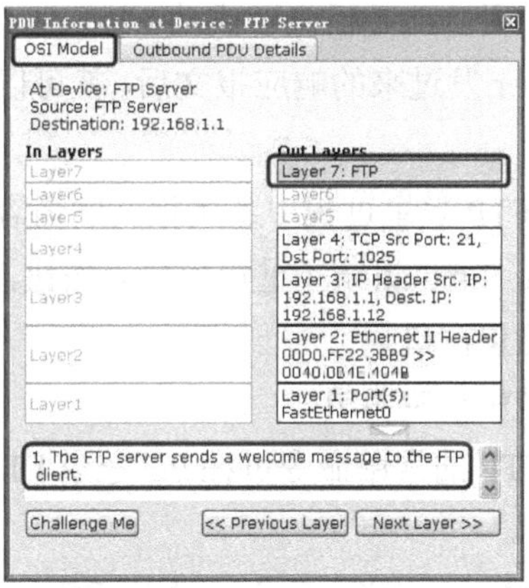


图 5-35　OSI Model（OSI 模型）选项卡

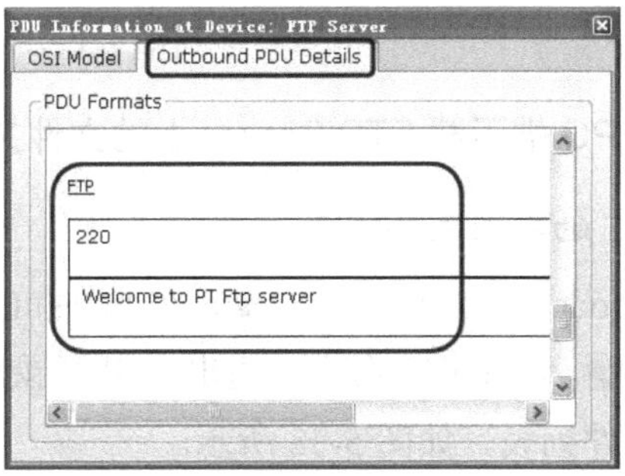


图 5-36　Inbound/Outbound PDU Details（入站/出站 PDU 详细数据）选项卡

通过分析报文交互的过程，观察 FTP 登录时 PC 和 FTP Server 之间 FTP 的工作过程。

PC 登录 FTP Server 的过程大致如下。

① FTP Server 作为 FTP 服务器向 PC 发送一个 Welcome Message（欢迎报文）。

② PC 收到 FTP Server 发过来的 Welcome Message（欢迎报文）后向服务器发送 username（用户名）。

③ FTP Server 收到 PC 发送的 username（用户名）信息后回发一个响应报文，告知 PC 用户名合法并需要登录密码。

④ PC 收到 FTP Server 发过来的响应报文后向服务器发送 password（登录密码）。

⑤ FTP Server 收到 PC 发送的 password（登录密码）信息后回发一个响应报文，告知 PC 密码合法并已登录成功。

PC 收到 FTP Server 发过来的响应报文后，就可以正常访问 FTP 服务器上的资源了。

注意观察并分析 FTP 登录过程中各类报文的内容及含义。

完成后单击 Reset Simulation（重置模拟）按钮，将原有的事件全部清空，同时关闭 PC 的配置窗口。

✧ **步骤 3：FTP 常用命令的使用**

Packet Tracer 中 FTP 的常用命令可在 PC 登录 FTP 服务器后使用“help”或“?”命令直接查看。

切换到 Realtime Mode（实时模式），返回 PC 的 Command Prompt（命令行提示符）窗口中输入“help”或“?”，按 Enter 键后可以看到常用的 FTP 命令，如图 5-37 所示。

### 2. 任务二：在 PC 端下载 FTP Server 上的文件并进行验证

✧ **步骤 1：查看 PC 的本地文件列表**

保持 Realtime Mode（实时模式）不变，在 PC 的 Command Prompt（命令行提示符）窗口中输入“quit”命令，退出 FTP 登录状态，并用“dir”命令显示 PC 的本地文件列表，如图 5-38 所示。

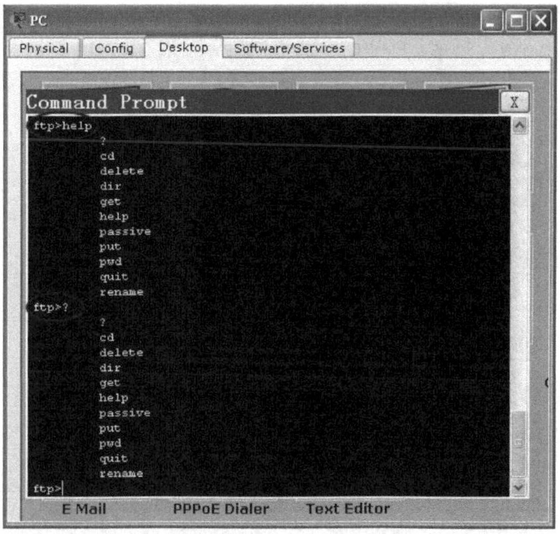


图 5-37　使用“help”或“?”查看 FTP 的常用命令

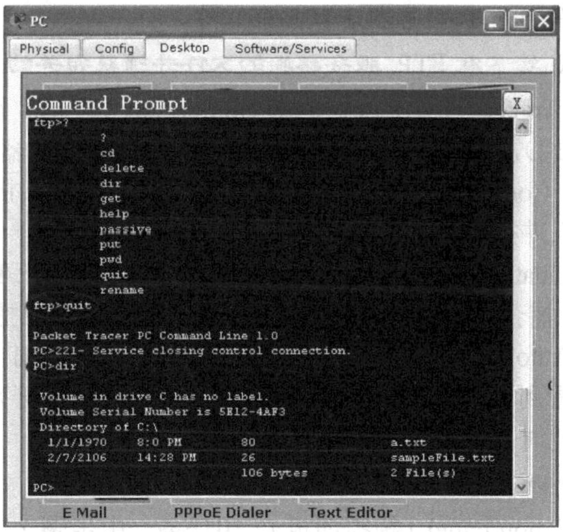


图 5-38　PC 退出 FTP 并查看本地文件列表

此时可以看到 PC 的本地文件有两个：a.txt 和 sampleFile.txt。

✧　**步骤 2：查看 FTP 服务器端的文件列表**

在 Realtime Mode（实时模式）下，PC 再次使用命令“ftp 192.168.1.1”登录 FTP Server。登录成功后，使用“dir”命令查看 FTP 服务器端的文件列表，结果如图 5-39 所示。

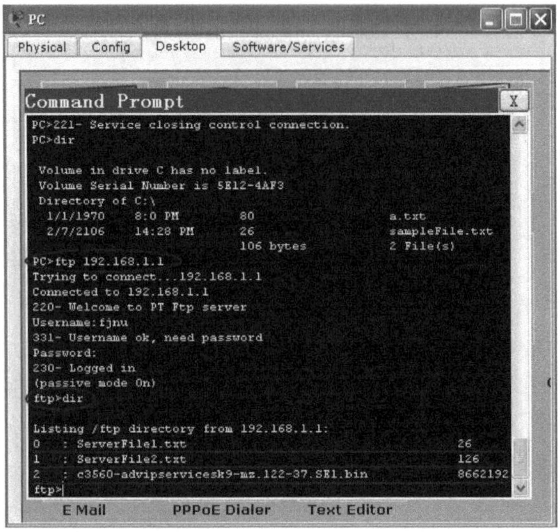


图 5-39　PC 重新登录 FTP 并查看 FTP 服务器端的文件列表

此时可以看到 FTP 服务器端有 3 个文件。

### ✧　步骤 3：PC 端下载 FTP 服务器端的文件并捕获相关的 FTP 事件

在 Packet Tracer 的主窗口中单击 Simulation（模拟）进入 Simulation Mode（模拟模式），保持 Event List Filters（事件列表过滤器）的设置不变。

在 PC 的 Command Prompt（命令行提示符）窗口中输入命令“get ServerFile1.txt”并按 Enter 键，最小化 PC 的配置窗口。

返回到 Simulation Panel（模拟面板），单击 Auto Capture/Play（自动捕获/播放）按钮进行捕获。当动画结束时表示已没有更多事件要捕获，捕获结束。此时再次单击 Auto Capture/Play（自动捕获/播放）按钮取消自动捕获。

此时可以看到 PC 的 Command Prompt（命令行提示符）窗口显示下载的文件大小、耗时及下载速率等信息。

### ✧　步骤 4：分析下载过程中 FTP 的工作过程

返回 Simulation Panel（模拟面板），用任务一中步骤 2 的方法查看 FTP 报文的相关信息，并通过分析报文交互的过程观察 FTP 下载文件时 PC 和 FTP Server 之间 FTP 协议的工作过程。

PC 从 FTP 服务器端下载文件的过程大致如下。

① PC 作为 FTP 客户端向 FTP Server 发送一个 Binary（二进制）类型的 TYPE command（类型请求）报文，表示希望使用二进制模式传送文件。

② FTP Server 收到 PC 发过来的类型请求报文后，向 PC 发送响应报文，接受 PC 的请求。

③ PC 收到 FTP Server 发送的响应后，继续向 FTP 服务器发送一个 PASV command（被动请求）报文，表示希望使用 PASSIVE（被动）模式，即服务器被动地等待客户端连接数据端口。

④ FTP Server 收到 PC 发过来的被动请求报文后，向 PC 发送响应报文，接受 PC 的请求，同时监听被动的数据端口，等待客户端连接并传输数据。

⑤ PC 收到 FTP Server 发送的响应后，向 FTP 服务器发送一个 RETR command（检索文件请求）报文，希望下载文件 ServerFile1.txt。

⑥ FTP Server 收到 PC 发过来的检索文件请求报文后，向 PC 发送响应报文，同意请求，同时打开数据连接，并开始传送数据。

⑦ PC 收到 FTP Server 发送的响应，并接收 FTP 服务器发来的数据。

注意观察并分析 PC 从 FTP 服务器下载文件过程中各类报文的内容及含义。

完成后单击 Reset Simulation（重置模拟）按钮，将原有的事件全部清空。

✧　**步骤 5：验证已下载的文件**

切换到 Realtime Mode（实时模式），返回 PC 的 Command Prompt（命令行提示符）窗口，使用 quit 命令退出 FTP 登录状态，再用 dir 命令查看本地文件列表，结果如图 5-40 所示。

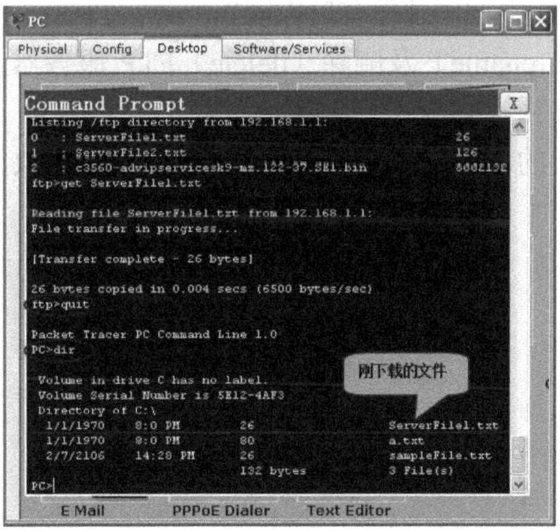


图 5-40　PC 退出 FTP 并查看新的本地文件列表

可以看到此时 PC 上新增了一个文件 ServerFile1.txt，表明文件下载成功。

### 3. 任务三：将 PC 端的文件上传到 FTP 服务器上并进行验证

✧　**步骤 1：查看 FTP 服务器端的文件列表**

具体步骤参考任务二中的步骤 2。

✧ **步骤 2：将 PC 端的文件上传到 FTP 服务器上并捕获相关的 FTP 事件**

具体步骤参考任务二中的步骤 3。此处用 put 命令将 PC 端的文件 a.txt 上传到 FTP 服务器端。

✧ **步骤 3：分析下载过程中 FTP 的工作过程**

具体步骤参考任务二中的步骤 4。分析从 PC 端上传文件到 FTP 服务器端的详细过程，观察分析各类报文的内容及含义。

✧ **步骤 4：验证已下载的文件**

具体步骤参考任务二中的步骤 5。在 Realtime Mode（实时模式）下返回 PC 的 Command Prompt（命令行提示符）窗口，保持 FTP 的登录状态，使用 dir 命令查看 FTP 服务器端的文件列表，观察是否发生了变化。

完成后单击 Reset Simulation（重置模拟）按钮，将原有的事件全部清空，同时关闭 PC 的配置窗口。

## 5.5.5 思考题

（1）若从 FTP 服务器端下载较大的文件“c3560-advipservicesk9-mz.122-37.SE1.bin”，FTP 协议的工作过程有何不同？

（2）重命名（rename）及删除（delete）FTP 服务器上的文件并分析其过程。

（3）若任务一的步骤 1 不使用手动捕获的方式而改为自动捕获，会出现什么情况？

6

# 第 6 章 网络安全实验

## 6.1 实验一：访问控制列表

### 6.1.1 背景知识

#### 1. 访问控制列表的定义

访问控制列表（Access Control List，ACL）是应用在路由器和三层交换机上的一种访问控制技术。ACL 是应用在路由器或三层交换机接口上的一组处理数据包转发的规则，路由器或三层交换机使用这组规则决定哪些数据包允许转发，哪些数据包拒绝转发。ACL 实质上就是一系列对数据包进行分类的条件。使用 ACL 后，路由器或交换机接收到数据包后读取其第三层和第四层包头部中的相关信息，根据预先设置好的一组规则对包进行过滤，从而达到控制访问的目的。

ACL 在定义过滤规则及对数据包过滤时使用到的主要参数包括第三层包头部中的源 IP 地址、目的 IP 地址和协议类型、第四层包头部中的源端口、目标端口号。

### 2. 标准 IP 访问控制列表

标准访问控制列表只允许过滤源 IP 地址，且功能十分有限。标准访问控制列表只检查数据包的源 IP 地址，所以，只能允许或拒绝基于某个源 IP 地址的整个协议组的数据包，无法区分 IP 流量类型。

### 3. 扩展 IP 访问控制列表

扩展访问控制列表允许过滤源 IP 地址、目的 IP 地址及数据包的上层协议。因此，可以适应各种复杂的网络应用。扩展访问控制列表既检查数据包的源 IP 地址，也检查数据包的目的 IP 地址，还检查数据包的特定协议类型、端口号等。扩展访问控制列表更具有灵活性和可扩充性，有能力在控制流量时做细粒度的数据包过滤。例如，针对同一源端主机访问某一目的主机的不同应用类型（FTP、Web 等）做出不同的处理。

## 6.1.2 实验配置说明

本实验对应的练习文件为“6-1 访问控制列表.pka”。

### 1. 拓扑图

图 6-1 所示为访问控制列表实验的网络拓扑。

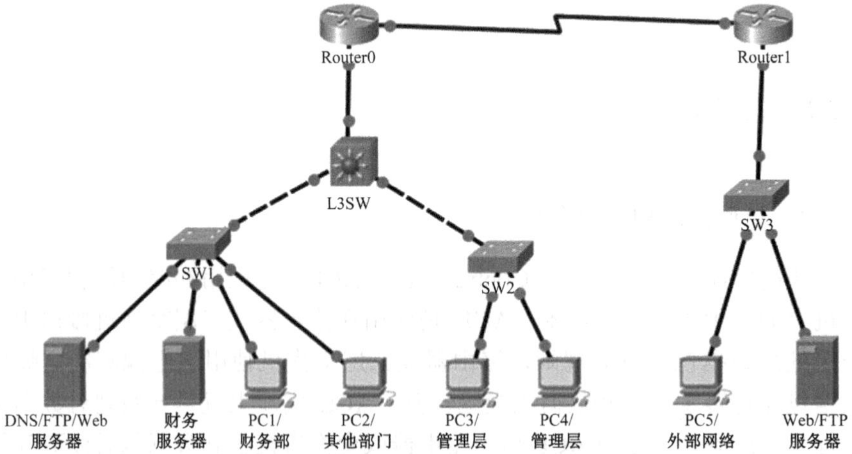


图 6-1 访问控制列表实验的网络拓扑

该实验拓扑分为两个主要组成部分：公司内部网络、外部网络。该实验具体配置说明如下。

- 公司内部网络按照部门职能划分为四个 VLAN。
  - VLAN2：VLAN 名为 server，服务器子网。

  - ➢ VLAN3：VLAN 名为 CWB，财务部子网。
  - ➢ VLAN4：VLAN 名为 Other，其他部门子网。
  - ➢ VLAN5：VLAN 名为 mange，管理层子网。
- 公司内部各子网间访问权限设置：只有财务部员工和管理层可以访问服务器子网内的财务服务器；所有部门员工及管理层均可访问服务器子网所有其他服务器。其他各子网间均可互相访问。
- 公司内部网络访问外部网络的权限设置：管理层可以访问外部所有所有主机和服务；财务部和其他部门员工只能访问外部网络中的 Web 和 FTP 服务。
- 外部网络访问公司内部网络的权限设置：外部网络主机不能 ping 内部网络任意主机或服务器；外部主机不能访问内部网络中的财务服务器以及 FTP 服务器，但可以访问公司内部 Web 服务器。

### 2. IP 地址配置

表 6-1 所示为设备接口 IP 地址信息。

**表 6-1　设备接口 IP 地址信息**

| 设 备 名 | 接 口 名 | IP 地 址 | 子网掩码 |
|---|---|---|---|
| Router0 | F0/0 | 192.168.1.1 | 255.255.255.0 |
| | S0/0/0 | 192.168.2.1 | 255.255.255.0 |
| Router1 | S0/0/0 | 192.168.2.2 | 255.255.255.0 |
| | F0/0 | 192.168.3.254 | 255.255.255.0 |
| L3SW | F0/1 | 192.168.1.2 | 255.255.255.0 |
| | Vlan2 | 192.168.20.254 | 255.255.255.0 |
| | Vlan3 | 192.168.30.254 | 255.255.255.0 |
| | Vlan4 | 192.168.40.254 | 255.255.255.0 |
| | Vlan5 | 192.168.50.254 | 255.255.255.0 |

表 6-2 所示为 PC 的 IP 地址信息。

**表 6-2　PC 的 IP 地址信息**

| 设 备 名 | 所属网段/VLAN | IP 地 址 | 默认网关 |
|---|---|---|---|
| 内部 FTP/Web 服务器 | VLAN2 | 192.168.20.1 | 192.168.20.254 |
| 财务服务器 | VLAN2 | 192.168.20.2 | 192.168.20.254 |
| PC1 | VLAN3 | 192.168.30.1 | 192.168.30.254 |

续表

| 设 备 名 | 所属网段/VLAN | IP 地 址 | 默认网关 |
|---|---|---|---|
| PC2 | VLAN4 | 192.168.40.1 | 192.168.40.254 |
| PC3 | VLAN5 | 192.168.50.1 | 192.168.50.254 |
| PC4 | VLAN5 | 192.168.50.2 | 192.168.50.254 |
| PC5 | 外部网络 | 192.168.3.1 | 192.168.3.254 |
| 外部 Web/FTP 服务器 | 外部网络 | 192.168.3.2 | 192.168.3.254 |

### 6.1.3 实验目的

① 了解访问控制列表的概念。

② 理解内部网络通过 ACL 的使用，限制不同子网间的访问权限，起到保护重要设备、重要数据的作用。

③ 理解内部网络和外部网络之间通信过程中，通过 ACL 的使用限制某些访问，起到保护内部网络的作用。

### 6.1.4 实验步骤

#### 1．任务一：验证内部网络各子网间的访问权限

✧ **步骤 1：准备工作**

打开该实验对应的练习文件“6-1 访问控制列表.pka”，若此时交换机端口指示灯呈橙色，则单击主窗口右下角的 Realtime 和 Simulation 模式切换按钮数次，直至交换机指示灯呈绿色。此步骤可加速完成交换机的初始化。

单击下方的 Delete（删除）按钮，删除练习文件中预设场景。

✧ **步骤 2：测试财务部和管理层访问财务服务器**

进入 Simulation 模式，单击 Add Simple PDU 按钮，在拓扑图中添加 PC1 向财务服务器发送的数据包。单击 Auto Capture/Play 按钮，当财务服务器发送的响应包返回 PC1 时，再次单击 Auto Capture/Play 按钮。

认真观察通信过程，并记录 PC1 访问财务服务器的过程是否正确完成（PC1 发送的 ICMP 包经转发到达财务服务器，财务服务器发送的响应包经转发返回 PC1，信封图标上出现闪烁的“ √ ”即正确完成）。

此时，如果出现如图 6-2 所示的缓冲区满（Buffer Full）对话框，单击 Clear Event List 按钮关闭窗口。单击下方的 Delete（删除）按钮，删除所有场景。

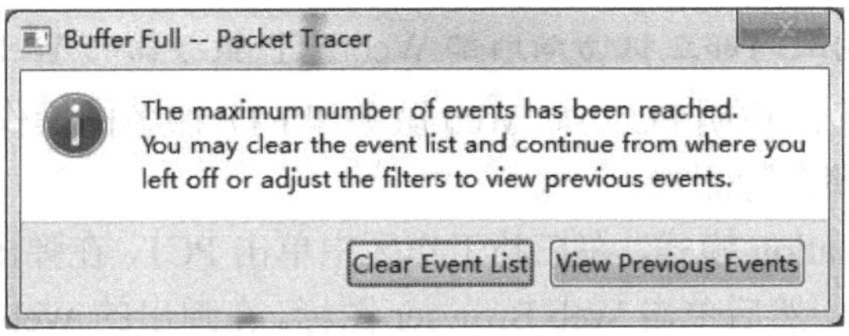


图 6-2 缓冲区满对话框

参照上述步骤，测试 PC3 或 PC4 访问财务服务器的情况，并记录实验结果。完成测试后，单击下方的 Delete（删除）按钮，删除所有场景。

✧ **步骤 3：测试其他网段访问财务服务器**

进入 Simulation 模式，单击 Add Simple PDU 按钮，在拓扑图中添加 PC2 向财务服务器发送的数据包。单击 Auto Capture/Play 按钮，当有响应包返回 PC2 时，再次单击 Auto Capture/Play 按钮。认真观察通信过程，与步骤 1 的观察结果进行比较，并记录 PC2 发送的数据包传输过程中发生的事件。

在此次通信过程中，通过观察会发现，当 PC2 发送的数据包到达 L3SW 时，出现如图 6-3 所示的结果。当 PC2 发送的数据包到达 L3SW 时，代表 PC2 发送的数据包的信封图标上出现闪烁的“×”号，这表示 L3SW 丢弃了 PC2 的数据包。这是因为在 L3SW 上设置的 ACL 拒绝转发其他部门（PC2 所在部门）访问财务服务器的数据包，即不允许其他部门访问财务服务器。同时，L3SW 生成了一个新的 ICMP 包，并最终返回 PC2，这是 L3SW 在丢弃了 PC2 发送的数据包后，向 PC2 发送的 ICMP 报错包。

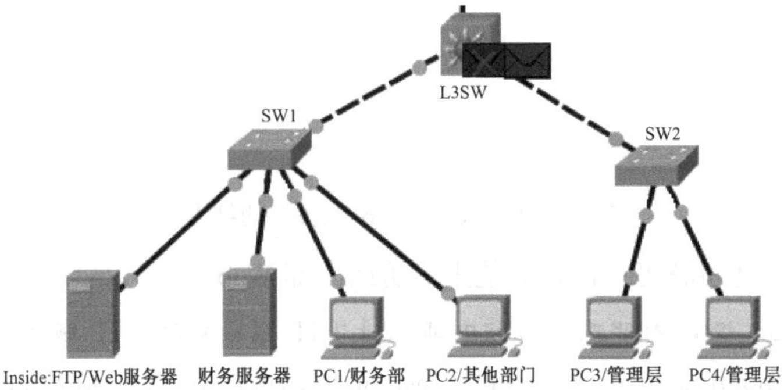


图 6-3 L3SW 拒绝转发 PC2 向财务服务器发送的 PDU

此时，如果出现缓冲区满（Buffer Full）对话框，则单击 Clear Event List 按钮关闭窗口。单击下方的 Delete（删除）按钮，删除所有场景。

✧ **步骤 4：测试内部主机访问内部 Web/FTP 服务器的 Web 服务**

以 PC1 为例，说明 PC 访问 Web 服务和 FTP 服务的操作步骤。其他 PC 可参照下述步骤自行测试。

进入 Simulation 模式，在拓扑工作区中单击 PC1，在弹出的窗口中选择 Desktop 选项卡，然后单击 Web Browser 图标。在弹出的 Web 浏览器的 URL 文本框中输入：www.inside.com，即内部 FTP/Web 服务器的域名地址，然后按 Enter 键或单击文本框右侧的 Go 按钮。

单击 Auto Capture/Play 按钮，当响应包返回 PC2 时，再次单击 Auto Capture/Play 按钮。在此过程中认真观察数据包的转发流程，并记录观察结果。此时，如果出现缓冲区满对话框，则单击 Clear Event List 按钮关闭窗口。在桌面任务栏中找到 PC1 的窗口并打开，此时在 Web 浏览器中可以看到如图 6-4 所示的信息。由此可见，PC1 成功地访问 Web 服务器并收到 Web 服务器的响应信息，PC1 拥有访问内部 Web 服务器的权限。

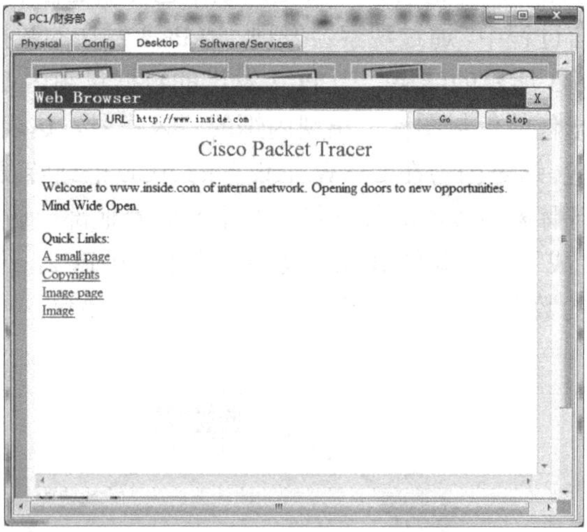


图 6-4 PC1 访问 Web 服务器的结果

参照上述步骤可以测试其他主机访问内部 Web 服务器的情况。

✧ **步骤 5：测试内部主机访问内部 Web/FTP 服务器的 FTP 服务**

进入 Realtime 模式，单击 PC1 Desktop 窗口内的 Command Prompt 图标，在打开的窗口中输入 ftp ftp.inside.com 命令并按 Enter 键，即访问内部网络中的 FTP 服务器，如图 6-5 所示。

图 6-5　PC1 访问 FTP 服务器的操作命令

当出现如图 6-6 所示的信息时，表示 PC1 连接内部 FTP 服务器成功，此时可输入用户名（cisco）和密码（cisco），进入 FTP 服务器的操作界面。由此测试结果可知，PC1 具有访问内部 FTP 服务器的权限。

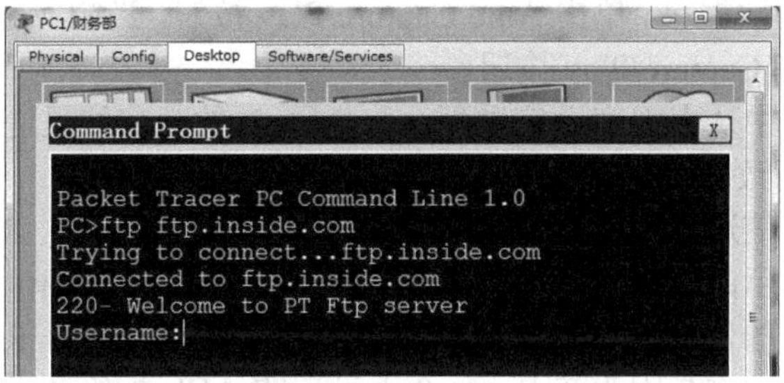


图 6-6　PC1 访问内部 FTP 服务器的连接结果

单击下方的 Delete（删除）按钮，删除所有场景。参照上述步骤，可以测试其他 PC 访问 FTP 的情况。

### 2．任务二：验证公司内部网络访问外部网络的权限

✧　**步骤 1：测试内部 PC 访问外部网络 Web 服务器和 FTP 服务器**

参照任务一中步骤 4 的操作，测试内部网络中各 PC 访问外部网络 Web 服务器的通信情况。注意，在 Web 浏览器的 URL 文本框中输入的地址为外部网络 Web 服务器的域名：www.outside.com。

参照任务一中步骤 5 的操作，测试内部网络中各 PC 访问外部网络 FTP 服务器的通信情况。注意，在 Command Prompt 窗口中输入的访问 FTP 的命令应为 ftp ftp.outside.com。

因为 Router0 上设置的用于控制内部网络访问外部网络权限的 ACL 中，管理层可以访问外部网络所有节点及服务，而其他部门可以访问外部网络的 Web 服务器和 FTP 服务器，所以，测试结果应均可正常通信。

✧　**步骤 2：测试管理层与外部网络通信**

进入 Simulation 模式，单击 Add Simple PDU 按钮，在拓扑图中添加 PC3

向 PC5 发送的数据包。单击 Auto Capture/Play 按钮，当响应包返回 PC3 时，再次单击 Auto Capture/Play 按钮。

在此过程中认真观察数据包的传输过程。并记录 PC3 与外部网络 PC5 的通信是否成功（PC3 发送的 ICMP 包经转发到达 PC5，PC5 发送的响应包经转发返回 PC1，信封图标上出现闪烁的“ √ ”即通信成功）。

此时，如果出现 Buffer Full 对话框，则单击 Clear Event List 按钮关闭该对话框。单击下方的 Delete 按钮，删除所有场景。

✧ **步骤 3：测试财务部或其他部门与外部网络通信**

进入 Simulation 模式，单击 Add Simple PDU 按钮，在拓扑图中添加 PC1 向 PC5 发送的数据包。单击 Auto Capture/Play 按钮，当响应包返回 PC1 时，再次单击 Auto Capture/Play 按钮。

在此过程中认真观察通信过程，与步骤 2 的观察结果进行比较，并记录 PC1 发送的数据包传输过程及发生的事件。

在此次通信过程中，会发现当 PC1 发送的数据包到达 Router0 时，出现如图 6-7 所示的结果。当 PC1 发送的数据包到达 Router0 时，代表 PC1 发送的数据包的信封图标上出现闪烁的“×”号，这表示 Router0 丢弃了 PC1 的数据包。这是因为在 Router0 上设置的 ACL 拒绝转发财务部和其他部门的 PC 与外部网络除 Web 和 FTP 之外的服务通信。

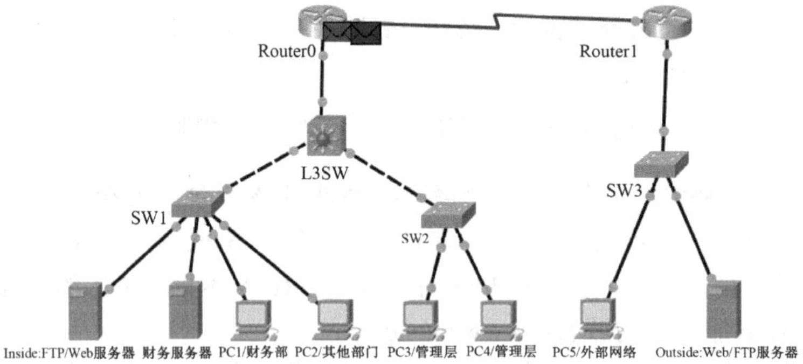


图 6-7　Router0 拒绝转发 PC1 向 PC5 发送的数据包

此时，如果弹出 Buffer Full（缓冲区满）对话框，则单击 Clear Event List 按钮关闭该窗口。单击下方的 Delete（删除）按钮，删除所有场景。

### 3. 任务三：验证外部网络访问公司内部网络的权限

✧ **步骤 1：测试外部网络 ping 公司内部网络任意节点**

参照上述任务一或任务二中的相关步骤，通过添加 PC5 到内部网络任意主机（包括财务服务器和内部 Web/FTP 服务器）的简单 PDU，测试外部网络主机 ping 公司内部的通信情况，认真观察并记录通信过程及结果。

✧ **步骤 2：测试外部网络访问内部 Web 和 FTP 服务器**

参照上述任务一中步骤 4 和步骤 5 的操作，分别测试 PC5 访问内部网络 Web 服务器：www.inside.com，内部网络 FTP 服务器：ftp.inside.com，认真观察并记录通信过程及结果。

### 6.1.5 思考题

（1）在任务三步骤 2 中，比较 PC5 访问内部 Web 服务和 FTP 服务的结果。

（2）结合实验，说明访问控制列表在企业网络安全中起的作用。

## 6.2 实验二：IPSec VPN

### 6.2.1 背景知识

#### 1. VPN 的隧道机制

VPN（Virtual Private Network）即虚拟专用网，是为了实现在公网上安全传输私有数据而产生的。VPN 采用隧道机制、数据加密、身份认证等技术来保证私有数据在公网传输的安全性。VPN 隧道机制就是在公网之上建立一条虚拟的点到点专线。隧道是利用一种协议来传输另一种协议的技术，共涉及三种协议：乘客协议、隧道协议和承载协议。图 6-8 所示是使用隧道技术对乘客协议进行封装的示例。其中，乘客协议是 IP 协议，隧道协议是 IPSec，承载协议也是 IP 协议。

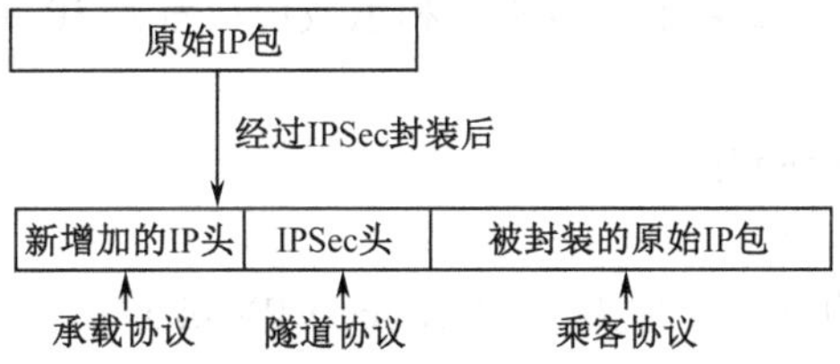


图 6-8 使用隧道技术对乘客协议进行封装的示例

采用隧道技术，通过对私网乘客协议的重新封装，保证了 VPN 中的分组的封装方式及使用的地址与承载网络的封装方式及使用的地址无关。从私网的角度来看，这一通信过程就像是通过双方的专用通道完成的，而不是通过公网传输完成的；而该分组在公网中传输时，公网通过承载协议新的封装头部对该分组进行处理。隧道技术的工作原理如图 6-9 所示。

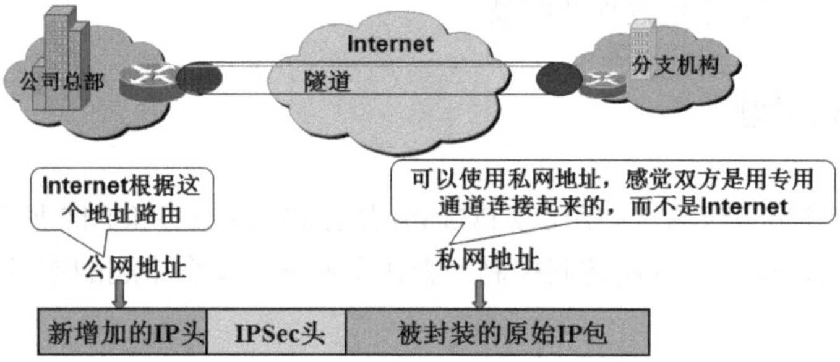


图 6-9　隧道技术的工作原理

2. IPSec VPN 简介

IPSec VPN是指采用 IPSec协议来实现远程接入的一种 VPN 技术，IPSec 全称为 Internet Protocol Security，是由 Internet Engineering Task Force（IETF）定义的一种开放标准的安全框架。

IPSec 协议不是一种单独的协议，它给出了一整套安全体系结构，包括网络认证协议 AH（Authentication Header，认证头）、ESP（Encapsulating Security Payload，封装安全载荷）、IKE（Internet Key Exchange，因特网密钥交换）和用于网络认证及加密的一些算法。其中，AH 协议和 ESP 协议用于提供安全服务，IKE 协议用于密钥交换。

IPSec 工作在网络层，其基本目的是将安全机制引入 IP 协议，通过使用隧道技术和现代密码学方法来保证数据包在 Internet 网络上传输时的私密性（confidentiality）、完整性（data integrity）和真实性（数据源验证）（origin authentication）。IPSec 要求乘客协议和承载协议都是 IP 协议。

### 6.2.2 实验配置说明

本实验对应的练习文件为“6-2 IPSec VPN.pka”。

1. 拓扑图

图 6-10 所示为 IPSec VPN 实验的网络拓扑。

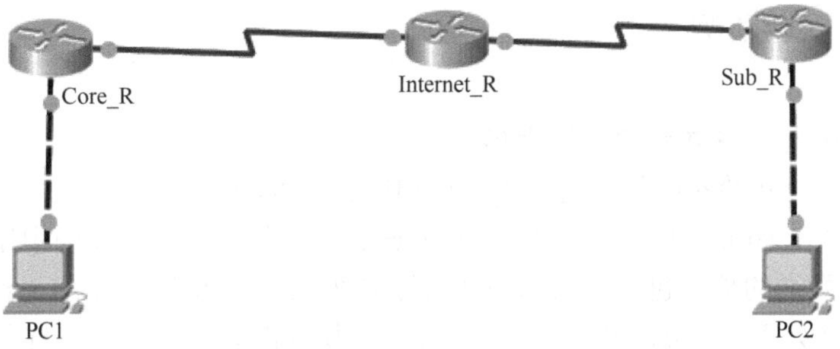


图 6-10　IPSec VPN 实验的网络拓扑

该实验拓扑配置说明如下：

- 路由器 Internet_R 模拟 Internet 网络。
- 路由器 Core_R 和 Sub_R 分别模拟在不同地理位置的公司总部和分公司的出口网关路由器。
- 公司总部和分公司内部使用私有 IP 地址，在 Core_R 和 Sub_R 之间建立 IPSec VPN，实现公司总部和分公司通过 Internet 安全地传输内部数据的要求。

### 2. IP 地址配置

表 6-3 所示为设备接口 IP 地址信息。

**表 6-3　设备接口 IP 地址信息**

| 设 备 名 | 接 口 名 | IP 地 址 | 子网掩码 | 默认网关 |
|---|---|---|---|---|
| Core_R | F0/0 | 192.168.1.254 | 255.255.255.0 | — |
| | S0/0/0 | 23.1.1.1 | 255.255.255.0 | — |
| Sub_R | S0/0/0 | 23.1.2.2 | 255.255.255.0 | — |
| | F0/0 | 192.168.2.254 | 255.255.255.0 | — |
| Internet_R | S0/0/0 | 23.1.1.2 | 255.255.255.0 | — |
| | S0/0/1 | 23.1.2.1 | 255.255.255.0 | |
| PC1 | Fa0 | 192.168.1.1 | 255.255.255.0 | 192.168.1.254 |
| PC2 | Fa0 | 192.168.2.1 | 255.255.255.0 | 192.168.2.254 |

## 6.2.3　实验目的

① 了解虚拟专用网的概念和作用。

② 了解 IPSec VPN 的隧道机制和封装方式。

③ 理解 IPSev VPN 如何通过不安全的公网安全地传输私有数据。

## 6.2.4 实验步骤

✧ **步骤 1：添加并捕获数据包**

打开该实验对应的练习文件“6-2 IPSec VPN.pka”。

进入 Realtime 模式，单击 Add Simple PDU 按钮，在拓扑图中添加 PC1 向 PC2 发送的数据包。观察右下角处事件列表中的事件状态（Last Status）是否已经处于 Successful 状态。如不是，重复双击 Fire 项下的暗红色椭圆图标，直至事件状态（Last Status）为 Successful。

进入 Simulation 模式，单击 Auto Capture/Play 按钮，捕获数据包。当响应包返回 PC1 时，再次单击 Auto Capture/Play 按钮。

此时，如果弹出 Buffer Full 对话框，则单击 View Previous Events 按钮关闭该对话框，如图 6-11 所示。

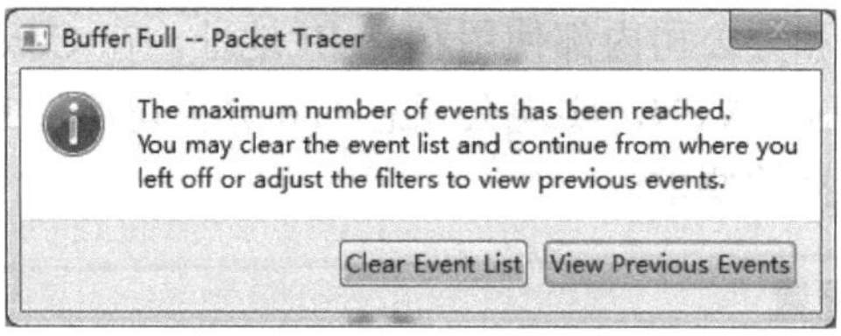


图 6-11　缓冲区满对话框

✧ **步骤 2：观察 IPSec VPN 的封装**

在窗口右侧事件列表中找到第一个 At Device 为 Core_R 的数据包，如图 6-12 所示。

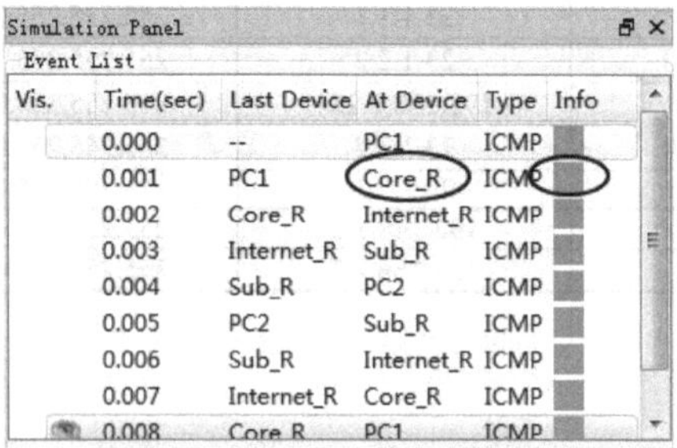


图 6-12　事件列表

单击该事件 Info 项下对应的色块，打开该事件的 PDU 信息对话框，并选择 Inbound PDU Detail 选项卡，打开如图 6-13 所示的入口 PDU 详细信息（Core_R 接收到的 PDU 原始信息）。可见该 IP 包的源 IP 地址和目标 IP 地址分别为 PC1 和 PC2 的私有 IP 地址 192.168.1.1 和 192.168.2.1。

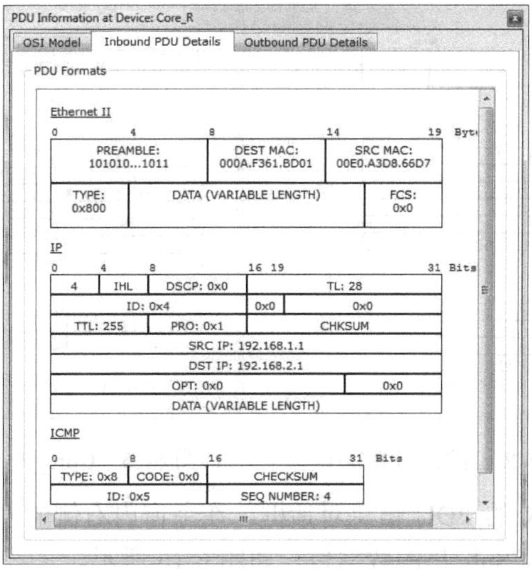


图 6-13 Core_R 上的入口 PDU

选择 PDU 信息对话框中的 Outbound PDU Detail 选项卡，打开如图 6-14 所示的出口 PDU 详细信息（Core_R 即将通过外部接口向 Internet 转发的 PDU 信息）。

由图 6-14 所示的信息可见，当两个分支机构内部的 PC（PC1 和 PC2）间进行通信时，在数据包进入 Internet 网络之前，网关路由器 Core_R 对原始的 IP 包进行重新封装，在新增的 IP 包头部中，源 IP 地址被设置为网关路由器 Core_R 的外部接口的 IP 地址 23.1.1.1，而目标 IP 地址被设置为公司分部网关路由器 Sub_R 的外部接口的 IP 地址 23.1.2.2。

而从 IPSec VPN 的头部信息可见，IPSec 对其所承载的原始 IP 包使用 3DES 算法进行加密，并使用 MD5 算法进行身份认证，以保证私有数据在 Internet 网络中传输的安全性。

向下拖动 PDU 信息窗口右侧的滚动条，显示如图 6-15 所示的原始 IP 包头部信息，可见原始 IP 包头部与 Core_R 路由器入口 PDU 信息完全一致。该原始 IP 包是经 IPSec 加密后作为 Core_R 重新封装的 IP 包的数据在 Internet 网络中传输的，因此，Internet 网络中的路由器无须读取其头部信息。

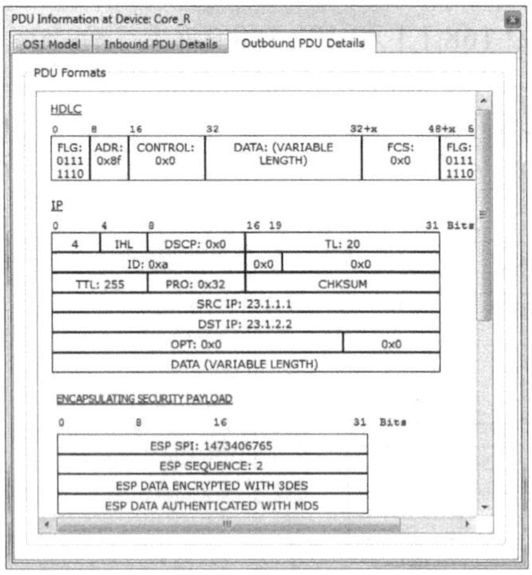


图 6-14　Core_R 上的出口 PDU1

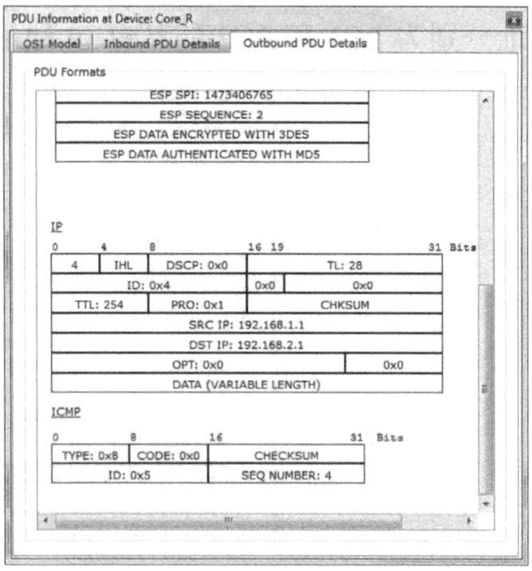


图 6-15　Core_R 上的出口 PDU2

关闭 Core_R 的 PDU 信息对话框。在主窗内右侧的事件列表中找到第一个 At Device 为 Sub_R 的数据包，如图 6-16 所示。

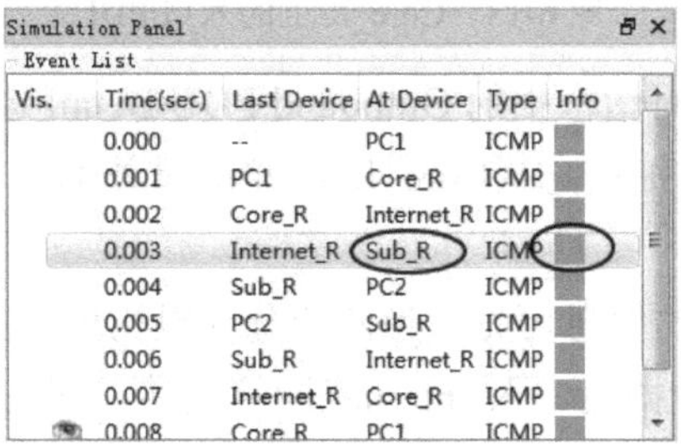


图 6-16　事件列表

单击该事件 Info 项下对应的色块，打开该事件的 PDU 信息对话框，并选择 Inbound PDU Detail 选项卡，打开如图 6-17 所示的入口 PDU 详细信息（Sub_R 通过外部接口接收到的 PDU 信息），可见其信息与 Core_R 的出口 PDU 信息一致。选择 Outbound PDU Detail 选项卡，打开如图 6-18 所示的出口 PDU 详细信息（Sub_R 通过内部接口向内部网络转发的 PDU 信息），可见此时 IP 包已经恢复为原始的 IP 包。

通过 IPSec VPN 的实验可见，当处于不同地理位置的两个分支机构通过公网（通常为 Internet）互联时，为了保证两个分支机构间安全的信息传输，可以使用 IPSec VPN 技术（或其他 VPN 技术）在两个分支结构的网关路由器之间建立一条安全的虚拟专用通道，私网内部节点之间的通信在通过 Internet 网络时，通过隧道技术（承载协议重新封装）、加密、认证等安全机制，保证私有数据在公网传输的安全性。

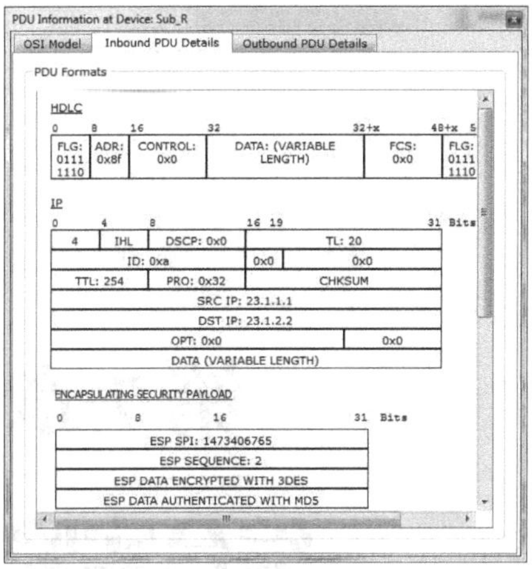


图 6-17　Sub_R 上的入口 PDU

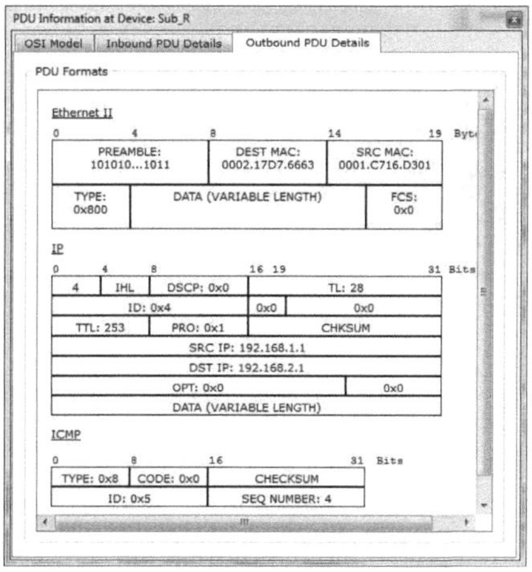


图 6-18　Sub_R 上的出口 PDU

## 6.2.5　思考题

（1）在实验过程中，发现 Core_R 出口 PDU 信息中有两个 IP 包封装，那么 Internet 网络中的路由器根据哪个 IP 头部信息进行数据包转发？

（2）结合实验说明 IPSec VPN 是如何保护数据在公网中的安全传输的。

7

# 第7章 综合实验

## 7.1 实验一：协议综合分析

### 7.1.1 背景知识

1．ADSL

ADSL（Asymmetric Digital Subscriber Line，非对称数字用户线路）是一种能够通过普通电话线提供宽带数据业务的技术，是目前最常见的Internet 接入方式。它采用频分复用技术把普通的电话线分成了电话、上行和下行三个相对独立的信道，4kHz 以下频段仍用于传送 POTS（传统电话业务），从而避免了相互之间的干扰。ADSL 采用 DMT（离散多音频）技术，将 40kHz 以上的高端频带划分为 256 个 4kHz 左右的子频宽，其中 25 子信道用于上行通道，其余 239 个子信道用于下行通道。在更高的 ADSL2+标准中，其下行速率最高可达 8Mbps，而上行速率可达 800kbps。

### 2. 分组交换技术

Internet 的通信方式是采用分组交换。源端首先将一个完整报文切割成多个适合传输的分组，沿途路由器采用存储—转发的机制接力传送这些分组，目的端接收到所有分组后将其重新组成一个完整报文。“存储—转发”机制采用逐段并行利用信道，按需使用链路带宽资源。分组交换带来的最大好处是：较小的分组有利于路由器的并行传输和存储，明显提高了通信效率，从而减少网络时延。分组交换又可进一步分为无连接的数据报交换和面向连接的虚电路交换。

## 7.1.2 实验目的

本实验搭建了一个小型互联网，并模拟了 Internet 的典型 Web 服务过程。通过该实验，可以进一步理解 Internet 的工作原理和协议过程，并提高综合知识的运用能力和分析能力。具体目标如下。

① 掌握网络拓扑的分析能力，以及简单的故障排除方法。

② 进一步理解 TCP/IP 协议栈的工作过程及其数据封装方法。

③ 进一步理解数据分组在互联网中的传输过程。

④ 进一步理解路由协议的工作原理。

⑤ 综合了解各种协议如何协同工作，完成 Internet 信息服务。

## 7.1.3 实验配置说明

本实验对应的练习文件为“7-1 协议综合分析.pka”。

### 1. 网络拓扑图

其中，模拟的 Internet 由四部分组成：家庭网络、ISP 接入提供商、Internet 核心交换网、网站。具体配置说明如下。

- 家庭网络：采用 ADSL 接入 Internet，IP 地址采用 DHCP 从 ISP 自动获取。
- ISP：通过传统电话线将用户的家庭网络接入 Internet 核心网；并配备一个 DNS 服务器为用户提供 DNS 解析服务；通过路由器 Router0 为用户提供 DHCP 服务，可分配的 IP 地址池为 192.168.1.1～192.168.1.140。
- Internet 核心部分由 Router0、Router1 和 Router2 互连模拟组成，采

用 RIPv2 动态路由协议，实现 IP 数据包的分组交换。

- 网站：包含一台 Web 服务器，用于提供 Web 服务。

图 7-1 所示为综合实验的网络拓扑。

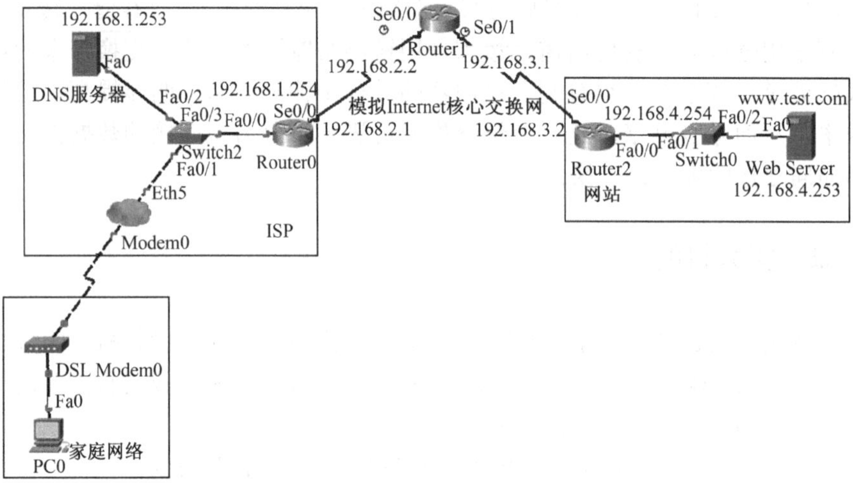


图 7-1　综合实验的网络拓扑

## 2. 各设备的 IP 配置

表 7-1 所示为综合实验的地址分配。

**表 7-1　综合实验的地址分配**

| 设　备 | 接　口 | IP 地 址 | 掩　码 | 默认网关 |
|---|---|---|---|---|
| PC0 | Fa0 | DHCP 获得 | | |
| DNS Server | Fa0 | 192.168.1.253 | 255.255.255.0 | 192.168.1.254 |
| Router0 | Fa0/0 | 192.168.1.254 | 255.255.255.0 | — |
| | Se0/0 | 192.168.2.1 | 255.255.255.0 | — |
| Router1 | Se0/0 | 192.168.2.2 | 255.255.255.0 | — |
| | Se0/1 | 192.168.3.1 | 255.255.255.0 | — |
| Router2 | Se0/0 | 192.168.3.2 | 255.255.255.0 | — |
| | Fa0/0 | 192.168.4.254 | 255.255.255.0 | — |
| Web Server | Fa0 | 192.168.4.253 | 255.255.255.0 | 192.168.4.254 |

### 3．路由器的主要配置

表 7-2 所示为各路由器的配置命令。

**表 7-2　各路由器的配置命令**

| Router0 | Router1 | Router2 |
|---|---|---|
| interface FastEthernet0/0<br>ip address 192.168.1.254<br>255.255.255.0<br>interface Serial0/0<br>ip address 192.168.2.1 255.255.255.0<br>clock rate 125000<br>router rip<br>version 2<br>network 192.168.1.0<br>network 192.168.2.0<br>ip dhcp excluded-address<br>192.168.1.240 192.168.1.254<br>ip dhcp pool test<br>network 192.168.1.0 255.255.255.0<br>default-router 192.168.1.254<br>dns-server 192.168.1.253 | interface Serial0/0<br>ip address 192.168.2.2<br>255.255.255.0<br>interface Serial0/1<br>ip address 192.168.3.1<br>255.255.255.0<br>router rip<br>version 2<br>network 192.168.2.0<br>network 192.168.3.0 | interface FastEthernet0/0<br>ip address 192.168.4.254<br>255.255.255.0<br>duplex auto<br>speed auto<br>interface Serial0/0<br>ip address 192.168.3.2 255.255.255.0<br>router rip<br>version 2<br>network 192.168.3.0<br>network 192.168.4.0 |

### 4．DNS 服务器的主要配置

该服务器需要开启 DNS 服务，并添加一条资源记录，将 www.test.com（模拟网站的域名）解析成 192.168.4.253，如图 7-2 所示。

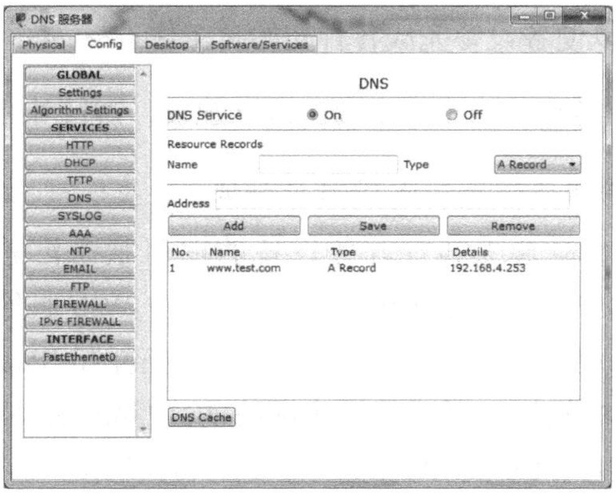


图 7-2　DNS 服务器配置

### 5. Web 服务器的主要配置

该服务器需要开启 HTTP 服务，默认的主页内容如图 7-3 所示。

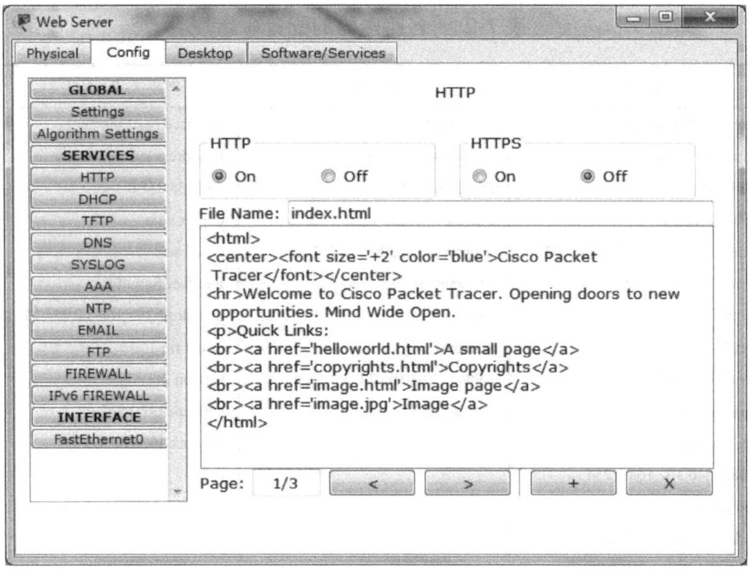


图 7-3　默认的主页内容

## 7.1.4　实验步骤

打开练习文件“7-1 协议综合分析.pka”，并在模拟模式和实时模式之间进行多次切换，以便各设备完成各种初始化工作。

### 1. 任务一：综合检查整个实验的网络配置，测试并修复拓扑

✧　**步骤 1：熟悉网络拓扑以及 IP 地址编址**

使用 Inspect 检查工具打开各设备的端口状态汇总表（Port Status Summary Table），分别检查 PC0、DNS 服务器、Web 服务器，以及各路由器物理接口的 IP 地址配置，熟悉本实验的网络拓扑和 IP 编址方案。完成该步骤后可知，组成模拟互联网的四个网络的 IP 编址分别为 192.168.1.0~192.168.4.0。其中，PC0 的 IP 地址配置如图 7-4 所示。

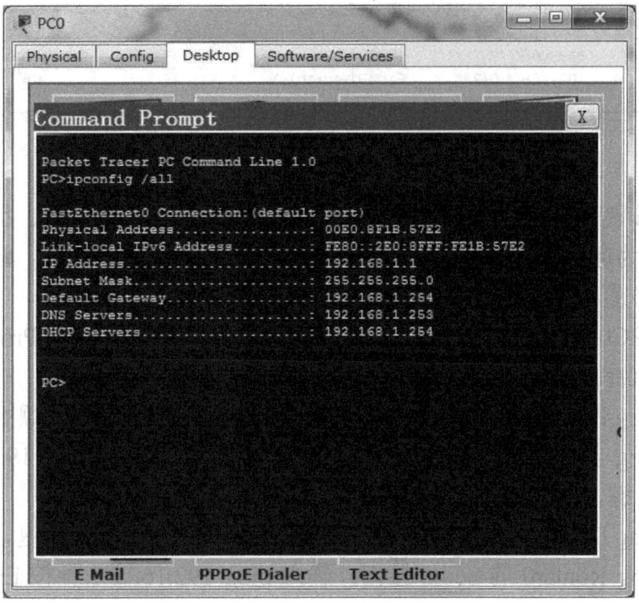


图 7-4 PC0 的 IP 配置

✧ **步骤 2：检查路由表，测试并修复网络拓扑**

在实时模式下，从 PC0 的桌面上打开 Web 浏览器，输入 Web 服务器的 URL“ www.test.com”，按 Enter 键。此时发现无法打开网页，表明初始网络存在故障。使用 Inspect 检查工具，分别打开 Routcr0、Route1 和 Router2 的路由表，可以发现各路由器的路由信息并不完整，如图 7-5～图 7-7 所示。由图 7-1 可知，完整的路由表应包含 4 个网络的路由信息。

Routing Table for Router0

| Type | Network | Port | Next Hop IP | Metric |
|---|---|---|---|---|
| C | 192.168.1.0/24 | FastEthernet0/0 | --- | 0/0 |
| C | 192.168.2.0/24 | Serial0/0 | --- | 0/0 |

图 7-5 Router0 路由表

Routing Table for Router1

| Type | Network | Port | Next Hop IP | Metric |
|---|---|---|---|---|
| C | 192.168.2.0/24 | Serial0/0 | --- | 0/0 |
| R | 192.168.1.0/24 | Serial0/0 | 192.168.2.1 | 120/1 |

图 7-6 Router1 路由表

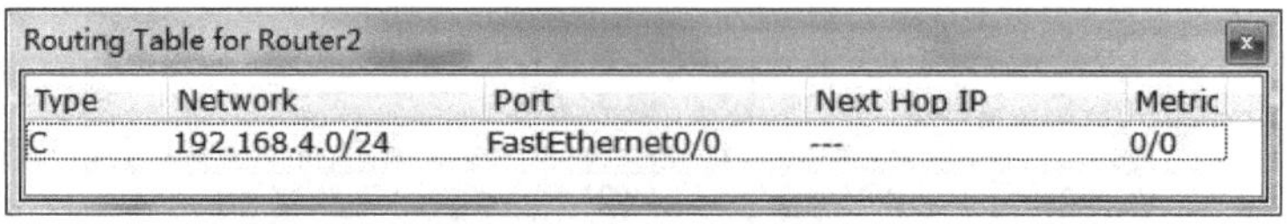

Routing Table for Router2

| Type | Network | Port | Next Hop IP | Metric |
|---|---|---|---|---|
| C | 192.168.4.0/24 | FastEthernet0/0 | --- | 0/0 |

图 7-7　Router2 路由表

由于步骤 1 已经检查过各设备的 IP 地址配置，并无错误。因此，只需要以 PC0 为起点，由近到远分别测试到各设备端口的连通性，逐步查找网络故障的位置。

打开 PC0 的窗口，选择 Desktop（桌面）中的 Command Prompt 工具，在字符界面中逐步进行如下测试。

① Ping PC0 自身：输入 ping 192.168.1.1 并按 Enter 键；测试成功。

② Ping 网关地址（Router0 的 Fa0/0 接口）：输入 ping 192.168.1.254 并按 Enter 键，测试成功。

③ Ping DNS 服务器：输入 ping 192.168.1.253 并按 Enter 键，测试成功。

④ Ping Router0 的 Se0/0 接口：输入 ping 192.168.2.1 并按 Enter 键，测试成功。

⑤ Ping Router1 的 Se0/0 接口：输入 ping 192.168.2.2 并按 Enter 键，测试成功。

⑥ Ping Router1 的 Se0/1 接口：输入 ping 192.168.3.1 并按 Enter 键，测试失败。

通过上述测试步骤，可以发现故障发生在 Router1 的 Se0/1 接口。双击 Router1，通过 GUI 界面检查各接口，可以发现 Se0/1 接口未被启用，如图 7-8 所示。启动该端口后，在 PC0 重新访问网站，即可成功。

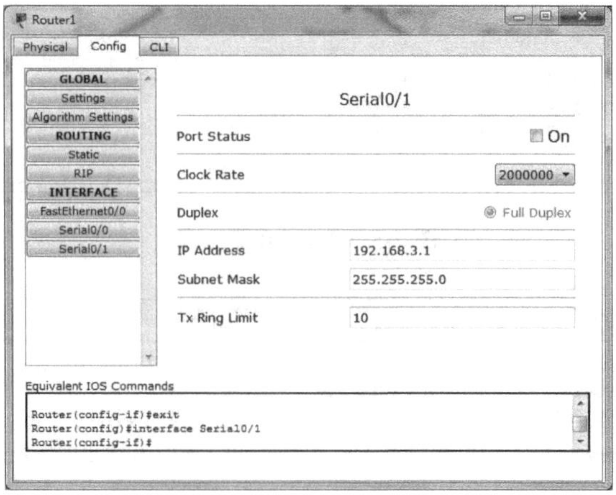


图 7-8　Router1 的 GUI 配置界面

### ✧ 步骤 3：重新检查路由表，理解 RIP 动态路由协议的功能

在修复完网络拓扑后，重新使用 Inspect 检查工具，分别打开 Router0、Route1 和 Router2 的路由表。如图 7-9～图 7-11 所示，各路由器已经拥有了完整的路由信息。由此可见，动态路由协议能根据网络拓扑的实时变化，自动更新路由信息。

Routing Table for Router0

| Type | Network | Port | Next Hop IP | Metric |
|---|---|---|---|---|
| C | 192.168.1.0/24 | FastEthernet0/0 | --- | 0/0 |
| C | 192.168.2.0/24 | Serial0/0 | --- | 0/0 |
| R | 192.168.3.0/24 | Serial0/0 | 192.168.2.2 | 120/1 |
| R | 192.168.4.0/24 | Serial0/0 | 192.168.2.2 | 120/2 |

图 7-9 修复完网络拓扑后 Router0 的路由表

Routing Table for Router1

| Type | Network | Port | Next Hop IP | Metric |
|---|---|---|---|---|
| C | 192.168.2.0/24 | Serial0/0 | --- | 0/0 |
| C | 192.168.3.0/24 | Serial0/1 | --- | 0/0 |
| R | 192.168.1.0/24 | Serial0/0 | 192.168.2.1 | 120/1 |
| R | 192.168.4.0/24 | Serial0/1 | 192.168.3.2 | 120/1 |

图 7-10 修复完网络拓扑后 Router1 的路由表

Routing Table for Router2

| Type | Network | Port | Next Hop IP | Metric |
|---|---|---|---|---|
| C | 192.168.3.0/24 | Serial0/0 | --- | 0/0 |
| C | 192.168.4.0/24 | FastEthernet0/0 | --- | 0/0 |
| R | 192.168.1.0/24 | Serial0/0 | 192.168.3.1 | 120/2 |
| R | 192.168.2.0/24 | Serial0/0 | 192.168.3.1 | 120/1 |

图 7-11 修复完网络拓扑后 Router2 的路由表

## 2. 任务二：观察 PC0 访问网站的过程，并综合运用所学到的计算机网络知识，分析该访问过程所涉及的协议事件，理解各协议如何协同工作

### ✧ 步骤 1：观察 DHCP 动态主机配置过程

重新打开练习文件，并快速进入模拟模式，注意：如果在实时模式停顿过久，则 DHCP 配置过程已经完成，无法进行后续的实验观察。

使用 Inspect 检查工具（右端放大镜）打开 PC0 的端口状态总表。此时

可以发现，PC0 在初始状态下并未配置 IP 地址。

接着，将 Event Filter（事件滤器）设置为只显示 DHCP；然后用 Event List（事件列表）中的 Capture/Forward（捕获/转发）按钮捕获 DHCP 的交互过程。当 DHCP 数据报在 PC0 和 Router0 之间有两次往返时，重新检查 PC0 的端口状态表，此时可以发现 PC0 已经获得了 IP 地址配置。

✧ **步骤 2：观察 ARP 的执行情况**

重新打开练习文件，进入模拟模式，并启用 Router1 的 Se0/1 接口。

使用 Inspect 检查工具（右端放大镜）分别检查 PC0、DNS 服务器、Router0、Router1 和 Web 服务器的 ARP 表，可发现所有的 ARP 缓存均为空。

将 Event Filter（事件滤器）设置为显示 ARP。从 PC0 的桌面打开 Web 浏览器，输入 www.test.com，按 Enter 键，然后用 Event List（事件列表）中的 Capture/Forward（捕获/转发）按钮观察 ARP 的执行情况。通过检查 ARP 数据单元，可以发现在 PC0 请求网页过程中先后总共执行 3 次 ARP，分别是：

① PC0 查询 DNS 服务器 192.168.1.253 的 MAC 地址。

② PC0 查询网关 192.168.1.254 的 MAC 地址。

③ Router2 查询网站 192.168.4.253 的 MAC 地址。

✧ **步骤 3：观察 PC 访问 Web 网站的协议执行过程**

单击 Reset Simulation 按钮，删除步骤 2 捕获的事件，并设置 Event Filter（事件过滤器）为显示 DNS、UDP、HTTP 和 TCP。从 PC0 的桌面打开 Web 浏览器，重新输入 www.test.com，按 Enter 键，然后用 Event List（事件列表）中的 Capture/Forward（捕获/转发）按钮捕获 DNS、UDP、HTTP 与 TCP 的交互。

通过观察上述访问过程，可以发现在 PC0 访问网页的过程中，各协议事件的发生顺序依次如下。

① DNS 查询过程：PC0 通过 DNS 服务器获得 www.test.com 域名的 IP 地址。

② TCP 建立连接过程：PC0 与 Web 服务器通过三次握手建立 TCP 连接。

③ HTTP 过程：PC0 与 Web 服务器之间的 HTTP 请求与响应过程。

④ TCP 拆除连接过程：PC0 与 Web 服务器通过四次挥手拆除 TCP 连接。

✧ **步骤 4：观察应用层数据单元的封装方式**

可以通过两种方式检查数据包：当数据包信封在动画中显示时，单击它，或者当该数据包实例列在 Event List（事件列表中）时，单击其 Info（信息）列。

在 Event List 窗口中打开任意一个类型（type）为 DNS 的数据包，可以发现 DNS 数据包的封装顺序自顶向下分别为：DNS 数据包→UDP 报文→IP 分组→Ethernet 数据帧，如图 7-12 所示。

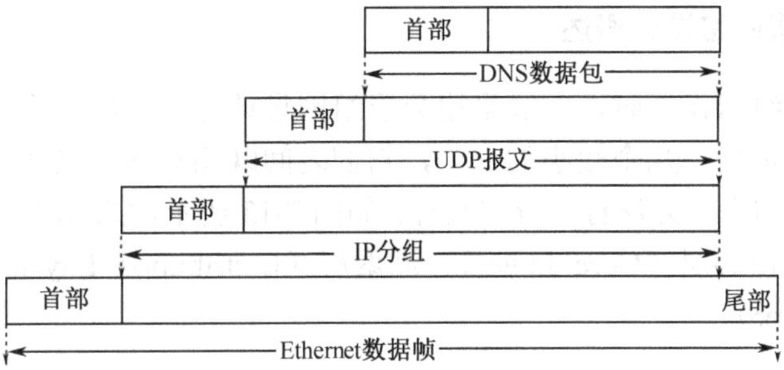


图 7-12　DNS 数据包的封装顺序

在 Event List 窗口中打开任意一个类型（Type）为 HTTP 并且上个设备（Last Device）为 Router0 的数据包。通过对比 Inbound PDU Details（入站 PDU 详细数据）和 Outbound PDU Details（出站 PDU 详细数据），可以发现 HTTP 数据包在链路层的封装会发生变化，一种方式为 HTTP 数据包→TCP 段→IP 分组→Ethernet 数据帧，另一种方式为 HTTP 数据包→TCP 段→IP 分组→HDLC 数据帧（PPP 帧）。

通过观察数据单元的传输过程可以发现，无论涉及的是哪种应用协议和传输协议，在 Inbound PDU Details（入站 PDU 详细数据）和 Outbound PDU Details（出站 PDU 详细数据）视图中，它们都始终封装在 IP 数据包中。另外，IP 分组在 Internet 网络的传输过程中，源目 IP 地址并没有发生变化，但是帧的封装及帧的 MAC 地址会根据实际物理网络发生改变。

### 7.1.5　思考题

（1）为什么在 PC0 请求网页过程中共执行 3 次 ARP？

（2）在 PC0 访问 Web 服务器的过程中，从数据链路层到应用层，共涉及哪些网络协议？说明这些协议的功能。

# 7.2 实验二：三层架构企业网络

## 7.2.1 背景知识

### 1. 分层网络设计概述

在进行组网设计时，一般采用分层组网设计思想，即一个大规模的网络系统往往被分为几个较小的部分，它们之间既相对独立又相互关联。这种化整为零的设计方法称为分层设计。如图 7-13 所示，Cisco 提出的三层分层模型包括核心层（Core Layer）、汇聚层（Distribution Layer）和接入层（Access Layer）。

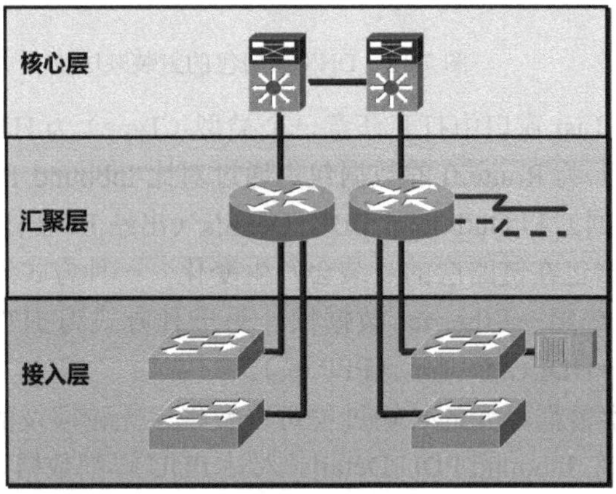


图 7-13 Cisco 的三层分层模型

其中，每一层都有其特定的功能，详细说明如下。

（1）核心层（Core Layer）位于网络的最顶层，被视为主干网络，其主要功能是实现快速、可靠的数据传输。核心层的性能和可靠性对整个网络的性能和可靠性是至关重要的。因此，在设计核心层时，只将高可靠性、高速的传输作为其设计目标，而影响传输速度的数据处理不放在核心层实现。核心层交换机需要具有较高的可靠性和性能。

（2）汇聚层（Distribution Layer）位于核心层和接入层中间，负责连接接入层和核心层，将众多的接入层接入点汇集起来，屏蔽接入层对核心层的影响。汇聚层需要实现一些网络策略，包括提供路由、实现包过滤、网络安全、创建 VLAN 并实现 VLAN 间路由、分割广播域、WAN 接入等。汇聚层交换机仍需要较高性能和比较丰富的功能。

（3）接入层（Access Layer）又称为桌面层，提供用户或工作站的网络接入，用户可以通过接入层访问网络设备。接入层交换机的数量较多，在设备选择上需要选择易于使用和维护、具有较高性价比和高端口密度的交换机。

分层设计的主要优点如下：①把复杂的网络问题进行层次分割，每层次执行特定的功能，使复杂的网络问题更易于解决；②各层间相对独立，某一层的拓扑结构变化不会影响到其他层；③使用分层模型设计的网络更易于实现和维护，具有更好的可扩展性。

### 2. 冗余网络

有些企业的网络对于稳定性要求很高（如服务类企业、证券等），一旦网络出现故障（即使很短的时间），就会造成很大的损失。所以，网络的稳定性对于大多数企业网络都是很重要的。为了增强企业网络的稳定性，往往会在网络中使用冗余链路，当其中一条链路出现故障时，另一条链路仍然可以保证网络的正常通信。

### 3. HSRP 协议

HSRP 协议用于解决冗余网络中的路由问题。HSRP 是 Hot Standby Routing Protocol（热备份路由协议）的缩写，它是 Cisco 公司的私有协议，与此相对应的标准协议是 IETF 制定的 VRRP 协议。HSRP 是一种容错协议，它能够在主机设置的默认网关路由器失效时，及时由另一台路由器来替代，从而保证通信的连续性和可靠性。

使用 HSRP 协议的网络中，主机的默认网关指向一台虚拟的路由器，该虚拟路由器有一个虚拟 IP 地址和一个虚拟 MAC 地址。虚拟路由器由一组路由器组成，这组路由器称为备份组。备份组由一台活跃路由器、一台备份路由器，以及群众路由器构成。一般情况下，一旦活跃路由器出现故障，备份路由器将成为活跃路由器，然后在备份组内选举组内的另一台路由器为备份路由器。主机把需要转发的数据包发往虚拟路由器，而实际负责转发数据包的是活跃路由器。活跃路由器故障时，备份路由器能快速替代活跃路由器，为网络中的主机提供数据包的转发任务，保证通信的连续性。通过共享一个虚拟 MAC 地址和虚拟 IP 地址，两台或者多台路由器可以作为一台虚拟路由器。虚拟路由器并不是实际存在的，但它是作为 HSRP

组中相互备份的路由器的公共默认网关。网络中的主机默认网关必须设置为虚拟 IP 地址。

### 7.2.2 实验配置说明

本实验对应的练习文件为“7-2 三层架构企业网络.pka”。

#### 1. 拓扑图

图 7-14 所示为三层架构企业网络拓扑。

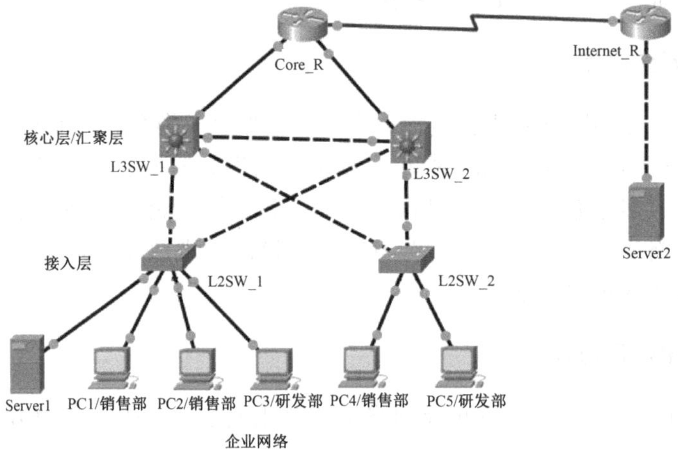


图 7-14　三层架构企业网络拓扑

该实验拓扑由两个主要的部分组成：企业网络、模拟外部网络（模拟 Internet 网络）。具体说明如下。

- 为了便于观察，简化了企业网络的三层架构拓扑，将核心层与汇聚层合并，因此，在拓扑图上看到的企业网络是由核心层/汇聚层和接入层构成的。
- 因本实验重点观察企业网络内部节点间的通信情况，因此，极大地简化了模拟 Internet 网络，仅使用一台路由器 Internet_R 和一台服务器模拟 Internet 网络。
- 企业网络采用 VLAN 技术，按部门职能划分为两个 VLAN：销售部为 VLAN2，研发部为 VLAN3。
- 企业网络内各 VLAN 间路由由三层交换机即拓扑图中名为

L3SW_1 和 L3SW_2 的交换机实现。

- 企业网络设计双核心拓扑，使用生成树协议避免环路问题；同时，在两台三层交换机上配置 HSRP（路由热备份协议），实现负载均衡和冗余备份。

### 2. IP 地址配置

表 7-3 所示为设备接口 IP 地址信息。

表 7-3　设备接口 IP 地址信息

| 设备名 | 接口名 | IP 地址 | 子网掩码 |
|---|---|---|---|
| Internet_R | S0/0/0 | 23.1.1.2 | 255.255.255.0 |
| | F0/0 | 23.1.2.254 | 255.255.255.0 |
| Core_R | S0/0/0 | 23.1.1.1 | 255.255.255.0 |
| | F0/0 | 172.16.1.1 | 255.255.255.0 |
| | F0/1 | 172.16.2.1 | 255.255.255.0 |
| L3SW_1 | F0/1 | 172.16.1.2 | 255.255.255.0 |
| | Vlan2 | 172.16.20.252 | 255.255.255.0 |
| | Vlan3 | 172.16.30.252 | 255.255.255.0 |
| L3SW_2 | F0/1 | 172.16.2.2 | 255.255.255.0 |
| | Vlan2 | 172.16.20.253 | 255.255.255.0 |
| | Vlan3 | 172.16.30.253 | 255.255.255.0 |

表 7-4 所示为 PC 的 IP 地址信息。

表 7-4　PC 的 IP 地址信息

| 设备名 | 所属网段/VLAN | IP 地址 | 默认网关 |
|---|---|---|---|
| Server1 | VLAN2 | 172.16.20.1 | 172.16.20.254 |
| PC1 | VLAN2 | 172.16.20.2 | 172.16.20.254 |
| PC2 | VLAN2 | 172.16.20.3 | 172.16.20.254 |
| PC3 | VLAN3 | 172.16.30.1 | 172.16.30.254 |
| PC4 | VLAN2 | 172.16.20.4 | 172.16.20.254 |
| PC5 | VLAN3 | 172.16.30.2 | 172.16.30.254 |
| Server2 | 外部网络 | 23.1.2.1 | 23.1.2.254 |

## 7.2.3　实验目的

① 了解一般企业网络的三层架构模型。

② 了解三层架构企业网络内部的通信流程。

③ 理解双核心路由的热备份和负载均衡。

### 7.2.4　实验步骤

#### 1．准备工作

打开该实验对应的练习文件“7-2 三层架构企业网络.pka”，若此时交换机端口指示灯呈橙色，则单击主窗口右下角 Realtime 和 Simulation 模式切换按钮数次，直至交换机指示灯呈绿色。此步骤可加速完成交换机的初始化。

#### 2．任务一：观察企业网络同一 VLAN 内的通信

✧　**步骤 1：观察同一交换机上同一 VLAN 内 PC 间的通信**

在 Realtime 模式下，单击 Add Simple PDU 按钮，在拓扑图中添加 PC1 向 PC2 发送的数据包。观察右下角处事件列表中事件状态（Last Status）是否已经处于 Successful 状态。如不是，重复双击 Fire 项下的暗红色椭圆图标，直至事件状态（Last Status）为 Successful，如图 7-15 所示。

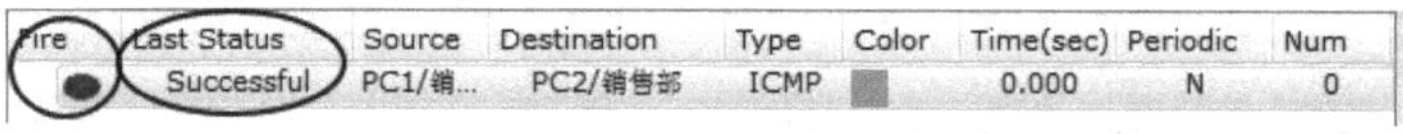

| Fire | Last Status | Source | Destination | Type | Color | Time(sec) | Periodic | Num |
|---|---|---|---|---|---|---|---|---|
| ● | Successful | PC1/销... | PC2/销售部 | ICMP | ■ | 0.000 | N | 0 |

图 7-15　事件列表

进入 Simulation 模式，单击 Auto Capture/Play 按钮，当 PC2 发送的响应包返回 PC1 时，再次单击 Auto Capture/Play 按钮。

在此过程中认真观察数据包的传播范围。通过观察可见，当同一 VLAN 内的 PC 与同一台交换机相连时，它们彼此之间的通信是由与之相连的交换机直接转发完成的。

此时，如果弹出 Buffer Full 的窗口，则单击 Clear Event List 按钮关闭该窗口（后续实验也类似）。

单击下方的 Delete（删除）按钮，删除所有场景。

✧　**步骤 2：观察不同交换机但同一 VLAN 内的 PC 机间的通信**

重新进入 Realtime 模式，单击 Add Simple PDU 按钮，在拓扑图中添加 PC1 向 PC4 发送的数据包。观察右下角处事件列表中事件状态（Last Status）是否已经是 Successful 状态。如不是，重复双击 Fire 项下的暗红色椭圆图标，

直至事件状态（Last Status）为 Successful。

进入 Simulation 模式，单击 Auto Capture/Play 按钮，当 PC4 发送的响应包返回 PC1 时，再次单击 Auto Capture/Play 按钮。

在此过程中认真观察数据包的传播范围，并与步骤 1 的观察结果进行比较。通过观察可见，当同一 VLAN 内的 PC 与不同交换机相连时，它们彼此之间的通信需经由核心层/汇聚层交换机转发完成。

单击下方的 Delete（删除）按钮，删除所有场景。

### 3. 任务二：观察企业网络不同 VLAN 间的通信

✧　**步骤 1：观察同一交换机但不同 VLAN 的 PC 间的通信**

进入 Realtime 模式，单击 Add Simple PDU 按钮，在拓扑图中添加 PC4 向 PC5 发送的数据包。观察右下角处事件列表中事件状态（Last Status）是否已经处于 Successful 状态。如不是，重复双击 Fire 项下的暗红色椭圆图标，直至事件状态（Last Status）为 Successful。

进入 Simulation 模式，单击 Auto Capture/Play 按钮，当 PC5 发送的响应包返回 PC4 时，再次单击 Auto Capture/Play 按钮。

在此过程中认真观察数据包的传播范围，并与任务一中步骤 1 的观察结果进行比较。通过观察可见，当两台 PC 属于不同 VLAN 时，即使它们与同一台交换机相连，也需经过核心层/汇聚层交换机转发完成。

单击下方的 Delete（删除）按钮，删除所有场景。

✧　**步骤 2：观察与不同交换机相连的不同 VLAN 内 PC 的通信**

重新进入 Realtime 模式，单击 Add Simple PDU 按钮，在拓扑图中添加 PC1 向 PC5 发送的数据包。观察右下角处事件列表中事件状态（Last Status）是否已经处于 Successful 状态。如不是，重复双击 Fire 项下的暗红色椭圆图标，直至事件状态（Last Status）为 Successful。

进入 Simulation 模式，单击 Auto Capture/Play 按钮，当 PC5 发送的响应包返回 PC1 时，再次单击 Auto Capture/Play 按钮。在此过程中认真观察数据包的传播范围。

单击下方的 Delete（删除）按钮，删除所有场景。

### 4. 任务三：双核心路由热备份实验

该任务主要了解双核心企业网络中，如何在两台核心设备间实现负载均衡，以及其中一台核心设备出现故障或其上行链路出现故障时，另一台核心设备自动接替其工作，实现冗余备份。

✧ **步骤 1：观察 VLAN2 内 PC 与外部通信**

进入 Realtime 模式，单击 Add Complex PDU 按钮并单击 PC4，在弹出的 Create Complex PDU 窗口内，参照图 7-16 的参数设置，创建一个源 IP 地址为 172.16.20.4（PC4）、目标 IP 地址为 23.1.1.1（Core_R 路由器的外部接口）的复杂 PDU。参数填写完毕后，单击 Create PDU 按钮。

图 7-16　创建 PC4 的复杂 PDU

观察右下角处事件列表中事件状态（Last Status）是否已经处于 Successful 状态。如不是，重复双击 Fire 项下的暗红色椭圆图标，直至事件状态（Last Status）为 Successful。

进入 Simulation 模式，单击 Auto Capture/Play 按钮，当响应包返回 PC4 时，再次单击 Auto Capture/Play 按钮。

在此过程中，认真观察数据包的转发路径。通过观察可见，VLAN2 内的主机 PC4 发送的与外部网络通信的数据包，经由拓扑图中左端的 L3SW_1 核心交换机转发，这是因为在 HSRP 协议配置时，将 L3SW_1 配置为 VLAN2 的活跃路由器，而 L3SW_2 为 VLAN2 的备份路由器。

单击下方的 Delete（删除）按钮，删除所有场景。

✧　**步骤 2：观察 VLAN3 内 PC 与外部通信**

进入 Realtime 模式，单击 Add Complex PDU 按钮并单击 PC5，在弹出的 Create Complex PDU 窗口内，参照图 7-17 的参数设置，创建一个源 IP 地址为 172.16.30.2（PC5）、目标 IP 地址 23.1.1.1（Core_R 路由器的外部接口）的复杂 PDU。参数填写完毕后，单击 Create PDU 按钮。

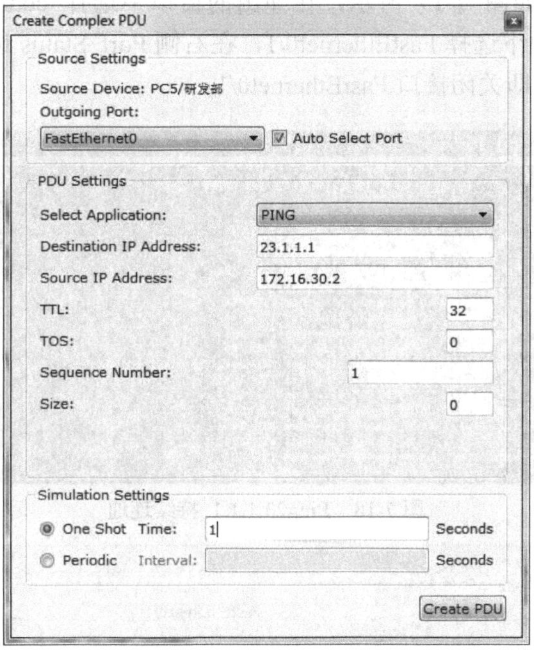


图 7-17　创建 PC5 上的复杂 PDU

观察右下角处事件列表中事件状态（Last Status）是否已经处于 Successful 状态。如不是，重复双击 Fire 项下的暗红色椭圆图标，直至事件状态（Last Status）为 Successful。

进入 Simulation 模式，单击 Auto Capture/Play 按钮，当响应包返回 PC5 时，再次单击 Auto Capture/Play 按钮。

在此过程中，认真观察数据包的转发路径。通过观察可见，VLAN3 内的主机 PC5 发送的与外部网络通信的数据包，经由拓扑图中右端的 L3SW_2 核心交换机转发，这是因为在 HSRP 协议配置时，将 L3SW_2 配置为 VLAN3 的活跃路由器，而 L3SW_1 为 VLAN3 的备份路由器。

单击下方的 Delete（删除）按钮，删除所有场景。

✧ **步骤 3：观察活跃路由器故障时，PC 与外部通信的情况**

进入 Realtime 模式，单击 PC1。在弹出的 PC1 配置窗口内选择 Desktop 选项卡，单击其中的 Command Prompt 图标，在弹出的窗口中输入“ping 23.1.1.1 –n 100”命令并按 Enter 键（该命令的含义为向 23.1.1.1 发送 100 个 ping）。

当 ping23.1.1.1 的返回结果为持续连通时（见图 7-18），单击三层交换机 L3SW_1。如图 7-19 所示，在弹出的窗口中选择 config 选项卡，在 INTERFACE 项下选择 FastEthernet0/1，在右侧 Port Status 选项组中取消选择 on 复选框，即关闭接口 FastEthernet0/1。

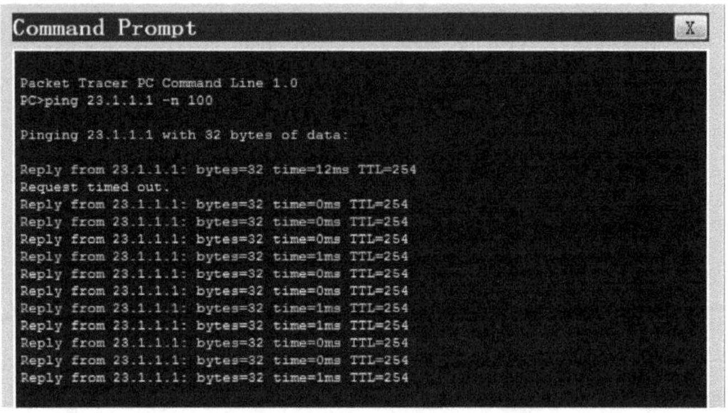


图 7-18　Ping23.1.1.1 持续连通

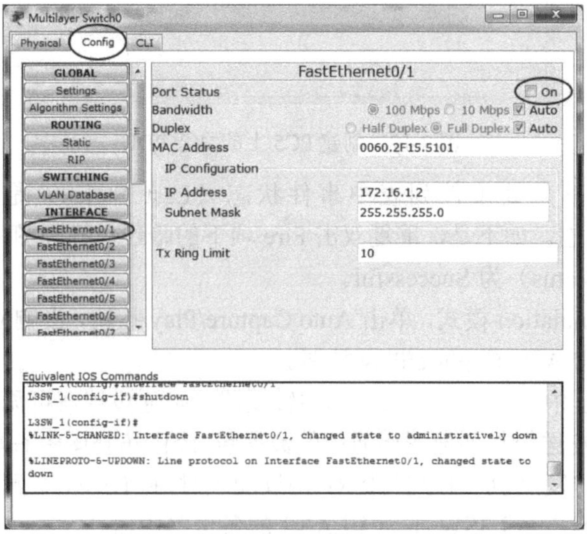


图 7-19　关闭接口 FastEthernet0/1

此时，再观察 PC1 的 Command Prompt 窗口，出现如图 7-20 中矩形框内所示的返回结果。其中 Request timed out.表示请求超时，Reply from 172.16.20.252: Destination host unreachable.表示目标主机（23.1.1.1）不可达。这说明，当关闭了 L3SW_1 的 FastEthernet0/1 接口后，PC1 与 23.1.1.1 之间的通信无法正常进行。

继续观察 PC1 的 Command Prompt 窗口，经过一个很短的时间后，可以发现返回结果重新变为连通。如图 7-20 所示，PC1 与 23.1.1.1 正常通信。

这是因为当 HSRP 协议发现 L3SW_1 的 FastEthernet0/1 接口关闭时，降低了 L3SW_1 的优先级，使其切换为备用路由器，而 L3SW_2 切换为活跃路由器，由 L3SW_2 接替 L3SW_1 完成 PC1 与 23.1.1.1 之间数据包的转发。

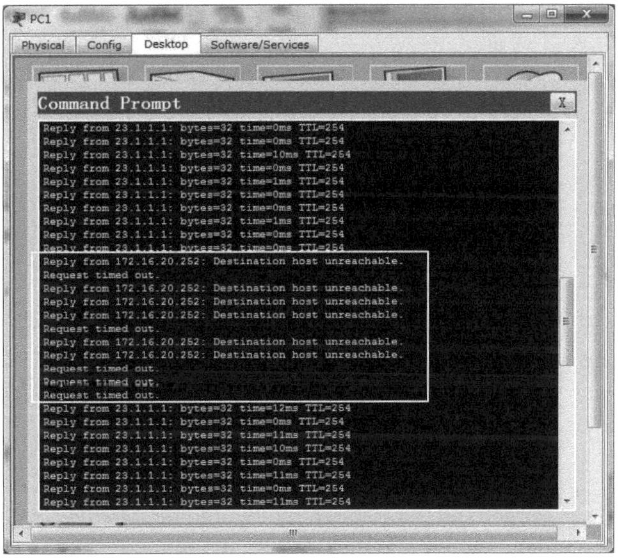


图 7-20　关闭 L3SW_1 的 FastEthernet0/1 后连通性的变化

### 7.2.5　思考题

（1）比较与同一台交换机相连的两台 PC 属于同一 VLAN 和属于不同 VLAN 时，彼此间通信的流程有何不同，并简单说明为什么存在这种不同。

（2）由任务三的步骤 2 和步骤 3 的实验结果可知，VLAN2 和 VLAN3 在与外部网络通信时分别经由 L3SW_1 和 L3SW_2 转发，那么请思考是否可以将 VLAN2 和 VLAN3 的活跃路由器设置在同一台三层交换机上？为什么？

（3）从表 7-4 所示的 PC 的 IP 地址信息可见，VLAN2 内主机的默认网关设置为 172.16.20.254，VLAN3 内主机的默认网关设置为 172.16.30.254。请思考，是否可以将 VLAN2 内主机的默认网关直接设置为其活跃路由器 L3SW_1 的 IP 地址 172.16.20.252，把 VLAN3 内主机的默认网关直接设置为其活跃路由器 L3SW_2 的 IP 地址 172.16.20.253？为什么？

# 附录 A 实验报告规范

## 2.2 以太网帧的封装实验

科目：×××××　　专业：×××××　　班级：×××××
姓名：×××××　　学号：×××××　　日期：×××××

### 1. 实验目的

① 观察以太网帧的封装格式。
② 对比单播以太网帧和广播以太网帧的目标 MAC 地址。

### 2. 实验拓扑图

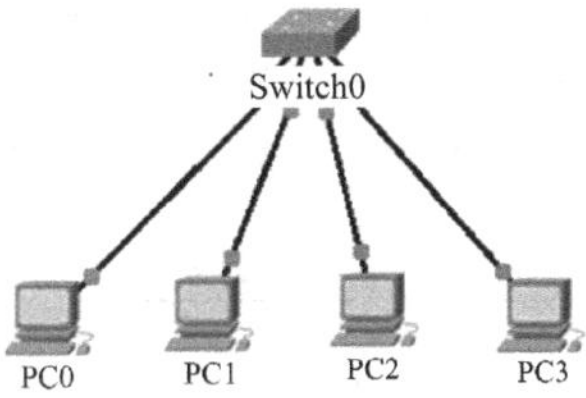


### 3. 主要操作步骤及实验结果记录

对实验过程中的主要操作步骤进行描述，并随时记录实验过程中观察到的结果，必要时可辅助截图。

## 任务一：观察单播以太网帧的封装

### 步骤 1：准备工作

切换 Realtime 和 Simulation 模式按钮数次，直至交换机指示灯呈绿色。

删除练习文件中的预设场景。

### 步骤 2：捕获数据包

添加 PC0->PC2 的简单 PDU，单击 Auto Capture/Play（自动捕获/执行）按钮，捕获数据包。通信结束后再次单击 to Capture/Play（自动捕获/执行）按钮停止捕获。

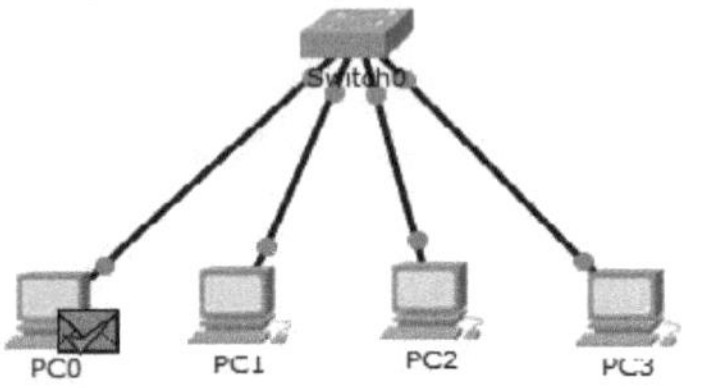


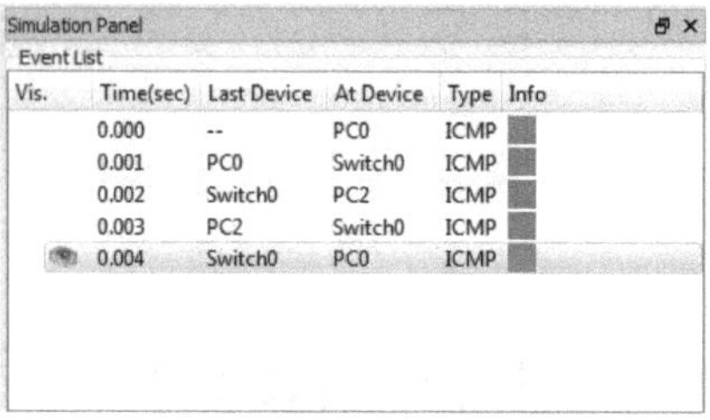


### 步骤 3：观察以太网帧的封装格式

打开事件列表中第二个数据包（PC0 到 Switch0 的数据包）的 PDU Information 窗口，并打开其 Inbound PDU Details 选项卡，观察其中 Ethernet（以太网）对应的封装格式。

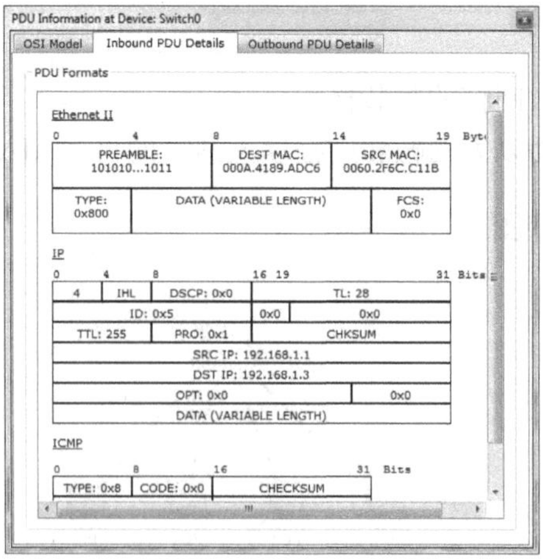


从图中可以观察到，以太网帧的前导码由一连串的 1010……组成，以 11 结尾。

PC0 到 Switch0 的以太网帧的源 MAC 是 0060.2F6C.C11B；目标 MAC 地址是 000A.4189.ADC6。

### 步骤 4：观察交换机是否会修改以太网帧各字段取值

打开事件列表中第三个数据包（Switch0 到 PC2 的数据包）的 PDU Information 窗口，并打开其

Inbound PDU Details 选项卡，观察其中 Ethernet（以太网）对应的封装格式。

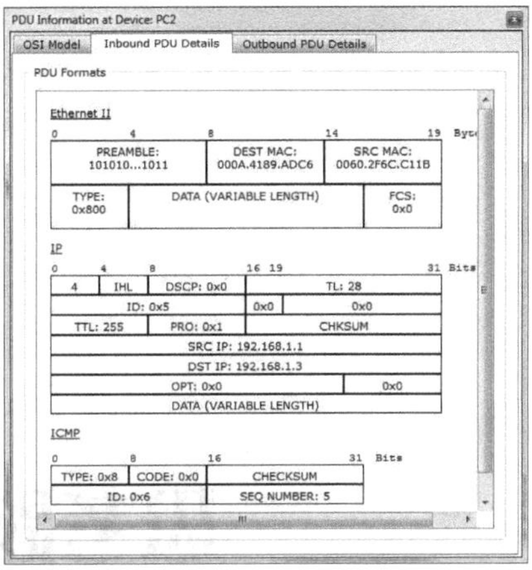

从图中可以观察到，以太网帧的前导码与步骤 3 相同。Switch0 到 PC2 的以太网帧的源 MAC 是 0060.2F6C.C11B；目标 MAC 地址是 000A.4189.ADC6。与步骤 3 中观察到的帧的封装信息完全相同。

## 任务二：

略。

### 4．实验结果分析

结合所学知识对实验过程中观察到的实验结果进行分析，以便加深对知识点的理解。

（针对任务一）从步骤 3 和步骤 4 的观察结果可见，PC0 向 PC2 发送的数据帧，在经 Switch0 发后，其源 MAC 地址和目标 MAC 地址并没有发生改变。这是因为交换机是数据链路层的设备，使用 MAC 地址进行数据帧转发，但并不对数据帧进行修改。

……

### 5．思考题

任务一中，观察到的以太网帧封装格式中前导码字段的取值是什么？阐述其在数据帧传输过程中的作用。

答：任务一中，前导码字段取值为 10101010…1010；以太网使用曼彻斯特编码传输数据，其特征是每个码元中间有一次电压的跳变，用于接收方提取同步信号，前导码的作用就是供接收方提取同步信号，实现与发送方的时钟同步。

# 附录 B
# 思考题参考答案

## 第 2 章　数据链路层实验

### 2.1　实验一思考题

（1）ADSL 接入采用 PPPoE 的优点有哪些？

答：①PPPoE 很容易检查到用户下线，可通过一个 PPP 会话的建立和释放对用户进行基于时长或流量的统计，计费方式灵活方便。②PPPoE 可以提供动态 IP 地址分配方式，用户无须任何配置，网管维护简单，无须添加设备就可解决 IP 地址短缺问题，同时根据分配的 IP 地址，可以很好地定位用户在本网内的活动。③用户通过免费的 PPPoE 客户端软件（如 EnterNet），输入用户名和密码就可以上网，与传统的拨号上网差不多，最大程度上延续了用户的习惯，从运营商的角度来看，PPPoE 对其现存的网络结构进行的变更也很小。

（2）PPPoE 中， PPP 帧和 Ethernet 帧的封装关系是什么？

答：在层次结构上，PPPoE 介于 PPP 和 Ethernet 之间。PPP 帧封装在 PPPoE 帧中，PPPoE 帧封装在 Ethernet 帧中。

## 2.2 实验二思考题

（1）任务一中，观察到的以太网帧封装格式中前导码字段的取值是什么？阐述其在数据帧传输过程中的作用。

答：任务一中，前导码字段取值为 10101010…1010；以太网使用曼彻斯特编码传输数据，其特征是每个码元中间有一次电压的跳变，用于接收方提取同步信号，前导码的作用就是供接收方提取同步信号，实现与发送方的时钟同步。

（2）任务一中，Switch0 在转发数据帧时是否修改其源 MAC 地址和目标 MAC 地址？

答：Switch0 转发给 PC2 的数据帧中源 MAC 和目标 MAC 地址并未进行修改。

（3）交换机接收数据帧后，依据什么判断该数据帧是单播还是广播？或依据什么判断向哪个目标节点转发？

答：交换机工作在数据链路层，依据数据帧中的目标 MAC 地址的取值判断数据帧是单播还是广播，依据目标 MAC 地址判断向哪个目标节点转发。

## 2.3 实验三思考题

（1）集线器在接收到发送给某节点的单播包时是如何转发数据的？交换机又是如何处理单播包的？

答：集线器工作在物理层，接收到单播包时向所有端口转发；交换机工作在数据链路层，依据目标 MAC 地址转发数据帧，所以，接收到单播包时仅向目标节点所连接的端口转发数据帧。

（2）在以集线器/交换机为中心的以太网中，当多个站点同时发送数据时，是否会发生冲突？为什么？

答：以集线器为中心的以太网中，多个站点同时发送数据会发生冲突，因为集线器是共享带宽的设备，集线器连接起来的所有站点通过共享总线传输数据。以交换机为中心的以太网中，多个站点同时发送数据不会发生冲突；因为交换机连接的每个站点独享带宽资源。

（3）使用集线器扩大以太网规模时，有没有可能会使以太网的性能下降？为什么？

答：会。因为集线器在扩大以太网规模的同时，也扩大了冲突域。当网络规模扩大，站点数量增加时，网络中发生冲突的可能性也将增加，这将导致网络性能下降。

（4）使用交换机扩大以太网规模时，有没有可能会使以太网的性能下降？为什么？

答：会。虽然使用交换机解决了冲突域的问题，但是交换机并不隔离广播域，使用交换机扩大网络规模的同时也扩大了广播域。这将使以太网中广播包的数量增加，当广播包的数据量达到一定数量时，网络性能下降。

## 2.4 实验四思考题

（1）在实验过程中，将观察结果填入下表。转发表栏内填写交换机接收到数据后 MAC 地址转发表中增加的项，如无增加或该交换机未收到该数据帧，则用横线表示。对数据的处理填写转发、洪泛或丢弃，如交换机未收到该数据帧，则用横线表示。

| 发送的帧 | Switch0 的转发表 | | Switch1 的转发表 | | Switch2 的转发表 | | Switch0 的处理 | Switch1 的处理 | Switch2 的处理 |
|---|---|---|---|---|---|---|---|---|---|
| | 地址 | 接口 | 地址 | 接口 | 地址 | 接口 | | | |
| PC0→PC2 | 00E0.F966.5625 | F0/1 | 00E0.F966.5625 | F0/1 | 00E0.F966.5625 | F0/1 | 洪泛 | 洪泛 | 洪泛 |
| PC1→PC0 | 00D0.BA0E.6EC7 | F0/3 | 00D0.BA0E.6EC7 | F0/3 | — | — | 转发 | 转发 | — |
| PC1→PC0 | — | — | 00D0.BA0E.6EC7 | F0/3 | 00D0.BA0E.6EC7 | F0/1 | 转发 | 转发 | 丢弃 |

（2）Switch0 收到 PC0 向 PC2 发送的数据帧后，其地址转发表是否有变化？如有，给出增加的条目并解释原因。

答：有，增加条目为：00E0.F966.5625　F0/1。交换机使用逆向自学习算法建立转发表，所以，当通过某个端口接收到某站点发送的数据帧时，将记录站点 MAC 地址与端口之间的映射关系。

（3）Swtich1 在收到 PC0 向 PC2 发送的数据帧后，是如何处理的？说明其如此处理的原因。

答：向除接收端口之外的所有其他端口转发，即洪泛转发。因为在 PC0 向 PC2 发送数据帧时，Swtich1 的转发表中没有 PC2 对应的转发表项，为了保证数据的传输，当转发表中没有目标主机对应的转发表项时，采用洪泛转发。

（4）在删除 Switch1 上的地址转发表前后，PC1 向 PC0 发送数据时 Swtch2 是如何处理的？说明其如此处理的原因。

答：丢弃数据帧。因为在之前的两个实验步骤中，Swtch2 已经建立了

PC1 和 PC0 两台主机的转发表项，且两台主机都与 F0/1 相连，即此传输过程中的源端主机与目的端主机与同一端口相连，此时交换机丢弃数据帧。

## 2.5 实验五思考题

（1）任务一中，为什么 PC0 无法 ping 通 PC1？

答：任务一中，网络中存在环路，所以，广播包无休止地在环路中传播，占用资源，使 PC0 向 PC1 发送的数据包无法正常传输，所以，PC0 无法 ping 通 PC1。

（2）结合任务二实验情况，简述生成树协议是如何解决环路问题的。

答：根据任务二观察到的拓扑图中端口指示灯的颜色可知，采用生成树协议后，在环路中有些端口被禁用，形成树形逻辑拓扑图。实验过程中还可观察到，当网络中有广播包时，禁用接口不接收和转发广播包。这就避免了广播包的复本无休止地在网络中传输的情况，从而解决了环路问题。

（3）任务三中，当网络中出现链路故障时，PC0 和 PC1 是否能通信？

答：任务三中，当网络中出现链路故障时，PC0 和 PC1 能够通信。因为在链路出现故障时，生成树协议会重新计算生成树，启用备用链路，保证网络的正常通信。

## 2.6 实验六思考题

（1）在任务一，两台交换机分别如何处理广播包？其广播包的传播范围有多大？

答：交换机向所有端口转发广播包，广播包的传播范围是交换机连接的所有站点。

（2）在任务三中，当一台 PC 发送广播包时，与之连接在同一台交换机上的其他 PC 是否一定能接收到该广播包？根据实验结果举例说明。

答：不一定。只有与发送广播包的 PC 划分到同一 VLAN 内的 PC 才能接收到该广播包。

（3）通过分析任务一和任务三的实验结果，说明划分 VLAN 的作用。

答：划分 VLAN 可以在数据链层隔离广播域。

## 2.7 实验七思考题

（1）802.11 数据帧的前导码与以太网数据帧中的前导码作用是否一样？

答：和以太网数据帧中的前导码一样，802.11 数据帧中的前导码主要用于接收端同步时钟，但在无线局域网中，前导码还有确定数据传输速率的功能，但前导码不是 MAC 帧的一部分。

（2）帧封装格式中的 4 个地址分别表示什么？

答：802.11 数据帧的 4 个地址字段用于确定源终端和目的终端、发送端和接收端的地址。其中，地址 4 用于自组网络。对于有固定基础设施的，只用到前面的 3 个地址，这 3 个地址的内容取决于帧控制字段中的“到 DS”和“从 DS”这两个子字段的数值。这两个子字段各占 1 位，合起来共有 4 种组合，其中地址字段最常用的两种情况可表示如下。

| 到 DS | 从 DS | 地址 1 | 地址 2 | 地址 3 |
|---|---|---|---|---|
| 0 | 1 | 目的地址 | AP 地址 | 源地址 |
| 1 | 0 | AP 地址 | 源地址 | 目的地址 |

# 第 3 章　网络层协议实验

## 3.1　实验一思考题

（1）一个 IP 分组经路由器转发后，有哪些字段会发生变化？

答：TTL 字段需要减 1，而 IP 头部的校验和需要重新计算，因此，这两个字段会发生变化。

（2）任务二的步骤 2 中，为什么数据单元的源 MAC 地址和目的 MAC 地址在转发时会发生变化？

答：因为链路发生变化，所以，源目 MAC 地址也自然需要改变。

（3）路由器如何处理无法继续转发数据包？

答：丢弃，并使用 ICMP 向源节点报告无法投递消息。

（4）任务四为什么将 Size 值改为 1500 就可以产生分片？

答：将 Size 设置为 1500，则整个 IP 分组长度为 1520（加上 IP 首部），超过了以太网帧的 MTU。

（5）为什么任务四中的两个分片的长度分别为 1500 和 48？

答：原数据长度为 1500+8（ICMP 报文头长度）=1508，超过以太网帧的最大传输能力，因此，需要分成两片；长度分别为 1480 和 28，封装成 IP 后，每片的长度分别为 1480+20=1500，28+20=48。

## 3.2 实验二思考题

（1）与分类的 IP 编址方法相比，CIDR 编址方案具有什么优点？

答：CIDR 的地址分配更高效，因为 CIDR 采用可变长掩码，能根据网络的实际大小，量身定制主机地址空间。而且，CIDR 具有路由聚合功能，能减少路由器的路由表项。

（2）在任务一中，分配给 PC0 的 IP 地址一定要使用 192.168.1.0 网段吗？为什么？

答：PC0 的 IP 地址一定要使用 192.168.1.0 网段，否则无法通过网关转发数据分组。

（3）在任务二中，选择不同前缀长度的依据是什么？

答：依据主机数量，例如 Net1 需要 170 个主机，至少需要 8 位后缀，因此，前缀长度应为 24。

（4）在任务二中，如果 Route0 不进行路由聚合，则需要配置哪些静态路由信息，才能确保 PC0 能访问 PC1 和 PC2？

答：需要两个静态路由，一个为 10.0.2.0/24，另一个为 10.0.1.0/23。

（5）路由器的不同接口能否使用相同的网络号？

答：不能，路由器的不同接口必须使用不同的网络号。

## 3.3 实验三思考题

（1）任务一完成后，哪些 PC 的 ARP 缓存拥有 PC0 的 MAC 地址记录？哪些 PC 新添加了 PC1 的 MAC 地址记录？

答：任务一完成后，PC1 和 PC2 拥有 PC0 的 MAC 地址记录，PC0 添加了 PC1 的 MAC 地址记录。

（2）ARP 缓存的作用是什么？缓存中记录的保存时间是否越长越好？请解释理由。

答：ARP 缓存可以提高工作效率，避免主机重复进行地址查询询问。

缓存时间不是越长越好，因为网络可能经常有设备动态加入或撤出，并且更换设备的网卡或 IP 地址会引起主机地址映射发生变化，如果缓存时间过长，会造成数据更新过慢，造成地址解析错误。

（3）主机使用 ARP 能查询到其他网段的 MAC 地址吗？为什么？

答：不能。因为 ARP 广播询问包会被路由器阻拦。

（4）在任务二的步骤 3 中，AR 被执行了几次？

答：共执行两次，第一次是 PC0 查找路由器 Fa0/0 的 MAC 地址，第二次是路由器查找 PC4 的 MAC 地址。

## 3.4 实验四思考题

（1）在 tracert 命令中，为什么源主机对于每个 TTL 值都要重复进行多次探测？

答：由于 IP 网络是不可靠的，通过多次重复探测可以避免因个别丢包而造成检测失败。

（2）ICMP 协议是否会给 Internet 带来安全隐患？

答：ICMP 是网络层控制协议，不仅可以对网络层设备进行各种探寻，也可能更改主机配置，功能强大；但从另一面来讲，这也是一个网络安全隐患，例如，死亡 Smurf 攻击就利用 ICMP 进行网络攻击，因此，许多操作系统的防火墙都拒绝 ICMP 包访问本主机。

## 3.5 实验五思考题

（1）如果路由器转发数据包的目的网络不在路由表中，会如何处理？

答：如果有默认路由，则按默认路由转发，否则丢弃处理。

（2）在任务四中的步骤 2 中，环路造成的循环转发过程会不会停止？原因是什么？

答：当被转发的 IP 包的 TTL 字段被降到 0 时，该循环转发的过程将停止。

（3）默认路由有何作用？

答：可以减少路由表项目，提高转发速率。

## 3.6 实验六思考题

（1）RIP 协议为什么采用 UDP 封装？

答：RIP 只和邻居交换信息，虽然 UDP 不保证可靠交付，但 UDP 开销小，而且支持组播，因此，满足 RIP 的需求。

（2）在任务二中，Router3 需要几个更新周期才能获得 10.0.0.0 的路由信息？

答：需要两个周期。

## 3.7 实验七思考题

（1）在任务一的步骤 1 中，为什么通往 13.0.0.0 的路由开销是 129？

答：前往 13.0.0.0 网络，要经过两个 T1 链路（代价为 64）和一个 10 以太网（代价为 1），所以，路由开销为 64+64+1=129。

（2）OSPF 为什么可以支持大型网络？

答：OSPF 收敛快，没有路由环路问题，而且支持分区，因此，可以支持大型网络。

### 3.8　实验八思考题

（1）在任务一中，Router1 如何区分 Server0 返回给不同主机的 HTTP 报文？

答：NAT 服务器（Router1）通过不同的端口号来识别不同主机的报文。

（2）在任务二中，VPN 中采用隧道技术的原因是什么？

答：由于 Net1 和 Net2 都是使用私有地址，因此，无法直接通过 Internet 进行通信；采用隧道技术可以方便地将源目地址转换为全局地址，而且到达目的路由器后，也很容易获得真正目的主机的 IP 地址。

（3）Net1 网络和 Net2 网络的 IP 地址能否编在同一段？

答：不行，这样容易造成两个网段间主机的 IP 地址发生冲突。

### 3.9　实验九思考题

（1）IPv6 取消了首部校验和，这样做的优点是什么？

答：取消首部校验和可以减少计算开销，提高路由器转发速率。

（2）与双协议栈相比，隧道技术有什么优点？

答：隧道技术不需要每个路由器都配置双协议栈，减少了网络开销。

## 第 4 章　传输层协议实验

### 4.1　实验一思考题

（1）运输层是如何区分不同的应用层进程的？

答：通过运输层的端口号区分。

（2）重新刷新网页时，UDP 请求报文的源端口和目的端口是否发生变化？分析其原因。

答：由于原先分配给客户端的端口号还未关闭，因此，重新捕获后客户端的端口号会往后推一位，但服务器的端口号保持不变。

### 4.2 实验二思考题

（1）TCP 报文首部中的序号和确认号有什么作用？

答：TCP 报文首部中的序号用于标识本报文数据部分第一字节的编号。而确认号仅当 ACK 字段为 1 时有效，用于表示该报文段的发送方期望收到对方 TCP 报文数据部分的第一字节编号。

（2）无连接的 UDP 和面向连接的 TCP 各有什么优点？

答：有连接才能保证可靠交付，而无连接则具有简单快捷的优点。

### 4.3 实验三思考题

（1）连接建立阶段的第一次握手是否需要消耗一个序号？其 SYN 报文段是否携带数据？为什么？第二次握手呢？

答：连接建立阶段的第一次握手需要消耗一个序号，其 SYN 报文段不能携带数据；第二次握手也同样需要消耗一个序号，其 SYN 报文段也不能携带数据。因为第一次和第二次握手都是 SYN 报文段，而 TCP 规定，SYN 报文段不能携带数据，但要消耗掉一个序号。

（2）本实验中连接释放过程的第二、三次挥手是同时进行的还是分开进行的？这两次挥手何时需要分开进行？

答：本实验中连接释放过程的第二、三次挥手是同时进行的。当双方均有数据需要发送，而只有一方数据发送完毕而关闭单方向的 TCP 连接时，第二、三次挥手才需要分开进行。

（3）本实验中连接释放阶段的第四次挥手，PC 向 Server 发送最后一个 TCP 确认报文段后，为什么不是直接进入 CLOSED（已关闭）连接状态，而是进入 CLOSING（正在关闭）连接状态？

答：因为此时 PC 还需要进入 TIME-WAIT（时间等待）状态，以保证 PC 发送的最后一个 ACK 报文段能够到达 Server，同时还可以防止失效的连接请求报文段出现在本连接中。

（4）本实验中 TCP 连接建立后的数据通信阶段，PC 向 Server 发送了多少数据？Server 向 PC 发送了多少数据？

答：本实验中 TCP 连接建立后的数据通信阶段，PC 向 Server 发送了 107B 的数据，Server 向 PC 发送了 333B 的数据。

### 4.4 实验四思考题

（1）起始序号为什么是随机的，而不固定从 0 或 1 开始？

答：采用随机起始序号可以确保重新连接的序号与原序号不同。

（2）接收方每接收到一个数据段是否都要回复确认？

答：TCP 采用累积确认，所以，不会对每个接收数据都进行确认。

# 第 5 章 应用层协议实验

## 5.1 实验一思考题

（1）DNS 协议使用运输层的什么协议？

答：DNS 协议使用运输层的 UDP。

（2）DNS 缓存有什么作用？在 Packet Tracer 中如何清空 DNS 缓存？

答：DNS 缓存用来存放最近解析过的域名等信息，因此，可以提高解析效率。若需要在 Packet Tracer 中清空某个 DNS 服务器的缓存，可以进入该 DNS 服务器的配置窗口，单击窗口下方的 DNS Cache 按钮，在弹出的窗口中单击下方的 Clear Cache 按钮，即可把 DNS 缓存清空。

（3）本实验中 PC 与本地域名服务器 cn_dns 之间的解析是递归还是迭代？本地域名服务器 cn_dns 与根域名服务器 root_dns 之间呢？若后者用另一种解析方法，则域名服务器之间 DNS 的请求和应答的交互过程应如何进行？

答：本实验中 PC 与本地域名服务器 cn_dns 之间的解析是递归查询，本地域名服务器 cn_dns 与根域名服务器 root_dns 之间也是递归查询。若后者用的是迭代查询，则当 cn_dns 向根域名服务器 root_dns 请求解析而 root_dns 无法解析出结果时，不是由 root_dns 全权帮助 cn_dns 直接解析出结果并将解析结果告知 cn_dns，而是 root_dns 会告诉 cn_dns 应该向哪一个域名服务器进行查询，剩下的解析由 cn_dns 自己进行。

## 5.2 实验二思考题

（1）如何判断报文的发送方式是单播还是广播？

答：由发送的报文首部中的目的 IP 地址来判断。若是某个具体的 IP，则说明该报文是单播发送方式；若是 255.255.255.255，则说明该报文是广播发送方式。

（2）任务二中为何需要在路由器 Router2 中配置 DHCP 中继？DHCP 中继有何作用？

答：因为任务二中 DHCP 服务器需要为外网主机动态分配 IP 地址，而

DHCP 报文以广播方式发出，路由器的端口默认又是隔离广播的，此时若需要路由器转发广播包，则必须在路由器收到广播包的端口配置 ip helper-address，才能转发 ip forward-protocol 中定义的广播包，并以单播方式送出。DHCP 中继的作用：DHCP 中继代理可以用来转发跨网的 DHCP 请求及响应，因此，可以避免在每个物理网络都建立一台 DHCP 服务器。

（3）分析 DHCP 服务器在分配 IP 地址时的规律。

答：从 DHCP 配置的地址池中的第一个地址开始往后分配。

（4）（略）。

## 5.3　实验三思考题

（1）HTTP 响应报文使用的 TCP 报文段的个数由什么值决定？该值在什么时候确定？本实验中该值为多少？

答：HTTP 响应报文使用的 TCP 报文段的个数由 MSS 决定，该值在 TCP 连接建立阶段确定。本实验中该值在 TCP 连接建立阶段确定为 536B。

（2）（略）。

（3）若在 PC 的 Web 浏览器中输入的域名有误，是否能捕获到 HTTP 事件？为什么？

答：若在 PC 的 Web 浏览器中输入的域名有误，将无法捕获到 HTTP 事件。因为无法从域名中解析出相应的 IP 地址，因而也就无法找到正确的 Web 服务器并向其发送 HTTP 请求。

（4）在 PC 的浏览器窗口向 Web1 请求网页 math.fjnu.edu.cn 并收到 Web1 返回的页面后，TCP 的连接会保持还是断开？若进一步单击页面中的超链接，是否需要重新建立一条 TCP 连接？

答：在 PC 的浏览器窗口向 Web1 请求网页 math.fjnu.edu.cn 并收到 Web1 返回的页面后，TCP 的连接将会断开。因此，当进一步单击页面中的超链接时，将需要重新建立一条 TCP 连接。

## 5.4　实验四思考题

（1）（略）。

（2）（略）。

## 5.5　实验五思考题

（1）（略）。

（2）（略）。

（3）若任务一的步骤 1 不使用手动捕获的方式而改为自动捕获，会出现什么情况？

答：自动捕获方式下，仍然要注意观察模拟面板中的事件列表，当发现没有捕获更多的事件时，要切换到 PC 的 Command Prompt（命令行提示符）窗口中进行进一步的交互，以保证后续事件的捕获能够正常进行。

## 第 6 章　网络安全实验

### 6.1　实验一思考题

（1）在任务三的步骤 2 中，比较 PC5 访问内部 Web 服务和 FTP 服务的结果。

答：PC5 不能访问内部 FTP 服务器，但可以访问内部 Web 服务器。

（2）结合实验，说明访问控制列表在企业网络安全中起到的作用。

答：访问控制列表的作用就是使用一系列规则来控制用户对于网络资源的访问，具体包括两方面：①限制流量，提高性能；②访问控制，提高安全。

### 6.2　实验二思考题

（1）在实验过程中，发现 Core_R 出口 PDU 信息中有两个 IP 包封装，那么 Internet 网络中的路由器根据哪个 IP 头部信息进行数据包转发？

答：以外面的 PDU 为转发依据。

（2）结合实验说明 IPSec VPN 如何保护数据在公网中的安全传输。

答：通过加密和认证的方法来保证数据包在 Internet 网络上传输时的私密性（confidentiality）、完整性（data integrity）和真实性（数据源验证）（origin authentication）。

## 第 7 章　综合实验

### 7.1　实验一思考题

（1）为什么在 PC0 请求网页过程中共执行 3 次 ARP？

答：在 PC0 到 Web 服务器的转发路径上共要经过 3 个以太网段，因此，需要执行 3 次 ARP，以获取下一跳接口的 MAC 地址。

（2）在 PC0 访问 Web 服务器的过程中，从数据链路层到应用层，共涉及哪些网络协议？并说明这些协议的功能。

答：①数据链路层。采用 Ethernet 协议，其功能将数据封装成帧，实现在以太网中的数据传输。②网络层涉及 IP 和 ARP，其中 IP 将数据分装成 IP 包，在互联网中实现点到点的数据传输；而 ARP 用于获取下一跳接口的 MAC 地址。③传输层涉及 TCP 和 UDP，前者为 HTTP 协议提供可靠传输服务，后者为 DNS 协议提供快捷传输服务。④应用层涉及 DNS 和 HTTP，前者实现域名解析，后者用于请求和相应网页文档。

## 7.2 实验二思考题

（1）比较与同一台交换机相连的两台 PC 属于同一 VLAN 和属于不同 VLAN 时，彼此间通信的流程有何不同？并简单说明为什么存在这种不同。

答：任务一步骤 1 中，PC1 与 PC2 与同一台交换机相连且属于同一 VLAN，PC1 发送的数据包经 L2SW_1 传输到 PC2；任务二步骤 1 中，PC4 与 PC5 与同一交换机相连，但属于不同 VALN，PC4 发送给 PC5 的数据包经 L2SW_2 转发给三层交换机 L3SW_1、L3SW_2，重新转给 L2SW_2，最后发送给 PC5。

存在这种不同的原因是因为属于不同 VLAN 的 PC 间的通信需要三层设备（路由器或三层交换机路由完成）。

（2）由任务三的步骤 2 和步骤 3 的实验结果可知，VLAN2 和 VLAN3 在与外部网络通信时分别经由 L3SW_1 和 L3SW_2 转发，那么请思考是否可以将 VLAN2 和 VLAN3 的活跃路由器设置在同一台三层交换机上？为什么？

答：不能。因为如果将 VLAN2 和 VLAN3 的活跃路由器设置在同一台三层交换机上，虽然可以实现两个 VLAN 与外部通信的需求，但是网络运行正常时，设置为活跃路由器的三层交换机需要承载所有与外部通信的流量，而另外一台三层交换机将被闲置，造成资源浪费。

（3）从表 7-4 的 PC 机 IP 地址信息可见，VLAN2 内主机的默认网关设置为 172.16.20.254，VLAN3 内主机的默认网关设置为 172.16.30.254。请思考，是否可以将 VLAN2 内主机的默认网关直接设置为其活跃路由器 L3SW_1 的 IP 地址 172.16.20.252，把 VLAN3 内主机的默认网关直接设置为其活跃路由器 L3SW_2 的 IP 地址 172.16.20.253？为什么？

答：不能。因为如果 PC 直接将默认网关设置为其活跃路由器，虽然可以实现负载均衡，但是当活跃路由器出现故障时，需要手工修改 PC 的默认网关才能实现与外部网络的通信，而设置为虚拟 IP 地址，当活跃路由器出现故障时，HSRP 协议自动将另外一台路由器设置为活跃路由器，PC 的默认网关不需要任何修改即可与外部网络通信。

# 反侵权盗版声明



举报电话：（010）88254396；（010）88258888

传　　真：（010）88254397

E-mail：　dbqq@phei.com.cn

通信地址：北京市万寿路 173 信箱

　　　　　电子工业出版社总编办公室

邮　　编：100036